RECUERDOS DE MOISÉS VILLE

Iván Cherjovsky

Recuerdos de Moisés Ville

La colonización agrícola en la memoria colectiva
judeo-argentina (1910-2010)

Colección UAI – Investigación

Cherjovsky, Iván
Recuerdos de Moisés Ville: la colonización agrícola en la memoria colectiva judeo-argentina 1910-2010 / Iván Cherjovsky. - 1a ed. - Ciudad Autónoma de Buenos Aires: Teseo; Ciudad Autónoma de Buenos Aires: Universidad Abierta Interamericana, 2017. 320 p. ; 20 x 13 cm. - (UAI investigación)
ISBN 978-987-723-124-3
1. Historia Regional. 2. Inmigración. 3. Desarrollo Agrícola. I. Título.
CDD 304.80980

© UAI, Editorial, 2017

© Editorial Teseo, 2017

Teseo - UAI. Colección UAI - Investigación

Buenos Aires, Argentina

Editorial Teseo

Hecho el depósito que previene la ley 11.723

Para sugerencias o comentarios acerca del contenido de esta obra, escríbanos a: **info@editorialteseo.com**

www.editorialteseo.com

ISBN: 9789877231243

Para Abraham Ingue Kanzepolsky, un judío muy gaucho

Autoridades

Rector Emérito: Dr. Edgardo Néstor De Vincenzi
Rector: Dr. Rodolfo De Vincenzi
Vice-Rector Académico: Dr. Mario Lattuada
Vice-Rector de Gestión y Evaluación: Dr. Marcelo De Vincenzi
Vice-Rector de Extensión Universitaria: Ing. Luis Franchi
Vice-Rector de Administración: Dr. Alfredo Fernández
Decano Facultad de Derecho y Ciencias Políticas: Dr. Marcos Córdoba

Comité editorial

Lic. Juan Fernando ADROVER
Arq. Carlos BOZZOLI
Mg. Osvaldo BARSKY
Dr. Marcos CÓRDOBA
Mg. Roberto CHERJOVSKY
Mg. Ariana DE VINCENZI
Dr. Roberto FERNÁNDEZ
Dr. Fernando GROSSO
Dr. Mario LATTUADA
Dra. Claudia PONS

Los contenidos de los libros de esta colección cuentan con evaluación académica previa a su publicación.

Presentación

La Universidad Abierta Interamericana ha planteado desde su fundación en el año 1995 una filosofía institucional en la que la enseñanza de nivel superior se encuentra integrada estrechamente con actividades de extensión y compromiso con la comunidad, y con la generación de conocimientos que contribuyan al desarrollo de la sociedad, en un marco de apertura y pluralismo de ideas.

En este escenario, la Universidad ha decidido emprender junto a la editorial Teseo una política de publicación de libros con el fin de promover la difusión de los resultados de investigación de los trabajos realizados por sus docentes e investigadores y, a través de ellos, contribuir al debate académico y al tratamiento de problemas relevantes y actuales.

La *colección investigación* TESEO – UAI abarca las distintas áreas del conocimiento, acorde a la diversidad de carreras de grado y posgrado dictadas por la institución académica en sus diferentes sedes territoriales y a partir de sus líneas estratégicas de investigación, que se extiende desde las ciencias médicas y de la salud, pasando por la tecnología informática, hasta las ciencias sociales y humanidades.

El modelo o formato de publicación y difusión elegido para esta colección merece ser destacado por posibilitar un acceso universal a sus contenidos. Además de la modalidad tradicional impresa comercializada en librerías seleccionadas y por nuevos sistemas globales de impresión y envío pago por demanda en distintos continentes, la UAI adhiere a la red internacional de acceso abierto para el conocimiento científico y a lo dispuesto por la Ley n°:

26.899 sobre *Repositorios digitales institucionales de acceso abierto en ciencia y tecnología,* sancionada por el Honorable Congreso de la Nación Argentina el 13 de noviembre de 2013, poniendo a disposición del público en forma libre y gratuita la versión digital de sus producciones en el sitio web de la Universidad.

Con esta iniciativa la Universidad Abierta Interamericana ratifica su compromiso con una educación superior que busca en forma constante mejorar su calidad y contribuir al desarrollo de la comunidad nacional e internacional en la que se encuentra inserta.

Dra. Ariadna Guaglianone
Secretaría de Investigación
Universidad Abierta Interamericana

Índice

Introducción 17

Capítulo uno. Colonización judía/memoria judía: un estado de la cuestión 33

Capítulo dos. ¿Gauchos judíos o colonos en pie de guerra? ... 73

Capítulo tres. Los libros de la buena (y de la mala) memoria 111

Capítulo cuatro. El pasado colono puesto en escena 141

Capítulo cinco. Un pueblo museo: activación patrimonial en Moisés Ville (1980-2012) 193

Capítulo seis. ¿Moisés se consideraba un israelita o un egipcio? 231

Capítulo siete. La colonización en el cine argentino 251

Conclusiones 275

Fuentes consultadas 283

Bibliografía 291

Introducción

En agosto de 1889, más de ochocientos inmigrantes judíos oriundos de la región ucraniana de Podolia arribaron al puerto de Buenos Aires a bordo de un vapor alemán. Se trataba de un grupo auto-organizado, compuesto por ciento treinta y seis familias que deseaban instalarse en el campo para dedicarse a la agricultura. En realidad, sus intenciones originales habían sido asentarse en la Palestina otomana, donde ya existía un temprano movimiento de retorno a Eretz Israel, pero ciertas trabas político-burocráticas los habían obligado a redefinir su destino con rumbo sudamericano. Una vez en tierra firme, un camino plagado de incertidumbres los llevó desde el Hotel de Inmigrantes porteño hasta el centro geográfico de la provincia de Santa Fe, donde fundaron la colonia Moisés Ville, es decir, la Villa de Moisés.

Si bien para ese entonces ya vivían en la Argentina cerca de mil quinientos judíos, cifra que incluía a unas decenas de familias que trabajaban la tierra en colonias pobladas por inmigrantes europeos, todavía el país era un destino dudoso para sus correligionarios que abandonaban la Rusia zarista, donde desde 1881 se había desatado un antisemitismo feroz y expulsivo. Sin embargo, muy pronto esas dudas comenzarían a despejarse, ya que el asentamiento de los podolier en Moisés Ville daría vida a un proyecto colonizador que traería hasta las fértiles llanuras de la pampa a miles de judíos. Su ideólogo, llamado Moritz von Hirsch auf Gereuth, pero mejor conocido como el barón Hirsch (1831-1896), era un empresario y banquero alemán interesado en encontrar una solución para el problema de los judíos rusos, cuyos planes de favorecer la integración en el país de los zares financiando la creación de escuelas de oficios habían sido declinados por las autoridades locales, que preferían que los judíos emigraran. Por eso, al enterarse del caso de Moisés Ville, el barón gritó Eureka y decidió crear la Jewish Colonization Association (JCA), una compañía filantrópica transnacional única en su género.

Aunque Hirsch puso a disposición de la JCA una verdadera fortuna, la tarea no era sencilla. En primer lugar, porque muy pocos de los candidatos a emigrar tenían experiencia en materia de agricultura. Los oficios más populares entre los judíos rusos estaban relacionados con el pequeño comercio, el artesanado y la gestión del cobro de los impuestos feudales. Además, está claro que la mayoría prefería probar suerte en los Estados Unidos, la verdadera Tierra de Promisión, adonde entre 1880 y 1920 llegaron cerca de tres millones. No obstante, el barón tenía un par de cartas bajo la manga. Una consistía en aprovechar la experiencia de algunos colonos agrícolas que un zar "progresista" había instalado al sudoeste del país a mediados del siglo XIX. Era justamente ahí dónde la JCA iría a buscar a los más experimentados, a quienes debían asumir el rol de pioneros en la aventura argentina. La otra carta señalaba que muchas familias, aun siendo de raigambre urbana, también se sumarían a las filas de la JCA porque adscribían a una suerte de credo fisiócrata que difundía desde hacía casi un siglo el movimiento iluminista judío. Los iluministas (o *maskilim*) pensaban que la forma de resolver la Cuestión Judía era dejar atrás el gueto medieval para insertarse en sociedades liberales y tolerantes, como ciudadanos *normales*. Para ello, consideraban necesario que las populosas masas del este abandonaran sus ocupaciones supuestamente parasitarias y adoptaran nuevos oficios productivos en la agricultura y en la industria, de ahí que ponderaran la vida en el campo mediante discursos idealistas que circulaban en la prensa, el teatro y la literatura. Sueltas las amarras del proyecto, el barón llegó a fantasear con la posibilidad de que tres de los cinco millones de judíos que vivían en el Imperio zarista y sus alrededores se instalaran en las colonias argentinas. Sin embargo, la compañía nunca logró acercarse a ese objetivo: durante su etapa de oro, entre 1920 y 1940, las dieciséis colonias de la JCA, más otras cuatro independientes que surgieron como desprendimientos de aquéllas, apenas llegaron a albergar a unos treinta mil judíos, es decir, al uno por ciento de la cifra anhelada. Aun así, sus méritos no deben ser menospreciados. La JCA actuó en el país durante más de ochenta años, apoyando a los colonos con créditos baratos y brindándoles diversos servicios, como educación para los hijos y asesoramiento en cuestiones agrícolas. En los años treinta, cuando la Alemania nazi dictó las leyes raciales y la Argentina había cerrado la inmigración, la JCA gestionó permisos especiales para instalar en sus colonias a cientos de familias alemanas que se salvaron del Holocausto. Y, si se me permite una pequeña especulación, el hecho de que la Argentina albergue a la comunidad judía más numerosa del mundo de habla hispana se debe, en buena medida, al proyecto del barón, cuyos colonos alentaron a otros miles de judíos a elegir ese destino al difundir sus experiencias sureñas en las cartas que enviaban a sus parientes y en las notas que les publicaban los periódicos rusos de lengua hebrea.[1] Méritos aparte, al proyecto también le caben

---

[1] La colectividad judía de la Argentina es la mayor de Latinoamérica y del mundo hispanoparlante. También es la séptima más numerosa del planeta. En torno a 1960 alcanzó su máximo pico demográfico con alrededor de 350.000 individuos, cifra que disminuyó en aproximadamente un 10% entre esa fecha y la actualidad (Jmelnizky y Erdei, 2005). Otros trabajos anteriores mostraban una cifra cercana al medio millón (Horowitz, 1962). Es probable que la diferencia de casi 150.000

algunas críticas. En su afán de demostrar al mundo que los judíos podían ser agricultores exitosos, a veces la JCA minó la libertad de empresa de sus propios beneficiarios, imponiéndoles cláusulas contractuales restrictivas que perjudicaron la marcha del emprendimiento. Sus funcionarios también hicieron gala de un trato paternalista y clasista que irritaba a los colonos, quienes incluso denunciaron algunas prácticas corruptas.

En la actualidad, las colonias judías ya no existen como tales. Aunque todavía hay argentinos judíos que explotan la tierra, desde los años cuarenta la mayoría de los descendientes de aquellos inmigrantes optó por dejar el campo para devenir en general profesionales, comerciantes, industriales, artistas e intelectuales en ciudades distantes de las chacras de los antepasados. Además, los tiempos han cambiado y, hoy en día, sostener el idealismo agrario resultaría una postura, cuando menos, arqueológica. No obstante, en algunos de los pueblitos surgidos al calor de aquellas colonias aun viven puñados de familias que conservan el judaísmo y que mantienen viva la memoria de los pioneros de los tiempos del barón. Algunas se han ocupado de fomentar el turismo cultural, de gestionar la patrimonialización de sinagogas y cementerios, de crear museos e incluso de recopilar miles de documentos en sendos archivos históricos.

En 2008 comencé a investigar el fenómeno de la memoria colona con el objetivo de escribir una tesis de doctorado en antropología para la Universidad de Buenos

---

judíos se deba tanto a las intenciones de la dirigencia comunitaria de inflar el número como a un problema metodológico: es difícil establecer un criterio universal respecto de a quién considerar o no judío/a. Adrián Jmelnizky y Ezequiel Erdei determinaron cuatro criterios: la *ascendencia* (tener, al menos, uno de los cuatro abuelos judío), la *autodefinición*, la *religión* (quien desciende de madre judía es necesariamente judío) y la *adopción* (mediante conversión religiosa) (ver al respecto DellaPergola, 2011 y Erdei, 2011).

Aires. Este libro es el producto de esa tesis, que concluí a mediados de 2013 y defendí en la Facultad de Filosofía y Letras al año siguiente. En él analizo la memoria de la colonización judía en la Argentina en extenso, abarcando un período de un siglo de duración e incluyendo diversos materiales, tales como libros conmemorativos, registros de celebraciones públicas, obras literarias, monumentos, películas de ficción, documentales, muestras museológicas y curriculum escolares. Esos *vehículos* de la memoria fueron producidos por escritores, líderes comunitarios, periodistas, intelectuales y artistas que, al pintar la aldea colona, participaron implícitamente en ciertas querellas acerca de las relaciones entre etnicidad y nacionalidad que tuvieron lugar en la Argentina moderna.

En las dos últimas décadas, la cuestión de la memoria colectiva ha cautivado la atención de los investigadores provenientes del campo de las ciencias sociales y las humanidades, saltando incluso las fronteras del mundo académico para repercutir en la prensa, el cine, la política, el arte y la literatura. La idea central de los estudios sobre la memoria es que nuestras nociones acerca del pasado son el producto de una construcción social de la que participan diversos actores. Los símbolos, mitos y representaciones que la conforman suelen ser objeto de disputa entre sectores que sostienen intereses divergentes, por lo que están teñidos de intencionalidades relacionadas con ciertas tensiones propias del momento en el que la memoria es inscripta. A veces, esas tensiones se suscitan entre determinado estado nacional y las minorías que integran la sociedad. Las minorías, sean étnicas, religiosas, de género, migratorias o de otro tipo, suelen tratar de insertar sus memorias en el discurso oficial de la nación a fin de obtener distintos beneficios. Por ejemplo, según la memoria *oficial* de los judíos ingleses, sus propios ancestros habían llegado de Europa Oriental a fines del siglo XIX escapando de la violencia antisemita. Sin embargo, en las regiones de las que provenían (Lituania y Bielorrusia) no se habían registrado pogromos. Como ha mostrado David Cesarani (2007), fueron los propios líderes de la comunidad judía inglesa quienes indujeron a sus correligionarios a declararse perseguidos, ya que la única forma de ingresar legalmente al país era pasar por refugiados políticos o religiosos. En otros casos, las memorias de las minorías apuntan a obtener un bien bastante menos tangible, aunque sumamente necesario para vivir en países multiculturales: la legitimidad social.

Mi hipótesis es que la experiencia de la colonización agrícola en la Argentina aportó los materiales necesarios para construir una memoria legitimante, que fuera capaz de presentar a los judíos como un componente deseable del crisol de razas. Desde este punto de vista, la reafirmación del origen rural de la colectividad –como veremos, a veces no exenta de cierta sobreactuación– resultó funcional a la construcción de una imagen pública apologética e integradora, orientada a morigerar el rechazo que generaba en algunos sectores la presencia judía en un país de mayoría católica, en el que, además, incluso a veces la propia identidad nacional se hallaba tensionada por distintas corrientes de opinión. Una memoria agrícola, focalizada en las colonias, tenía la ventaja de presentar a los judíos como sujetos productivos, redimidos de los estigmas del comercio y de la usura, lejanos incluso al peor de los comercios posible –la trata de blancas–, y fácilmente asociables a dos elementos centrales de la nacionalidad, al menos a comienzos del siglo XX: el mito del granero del mundo y la figura del gaucho.

Tales intensiones resultan evidentes en el título de la obra cumbre del género, *Los gauchos judíos* (1910), de Alberto Gerchunoff, pero también se dejan ver en episodios menos conocidos, donde a veces el pasado colono fue usufructuado por inmigrantes urbanos que necesitaron ampararse bajo su aura protectora. Por ejemplo, cuando en 1928 Bahía Blanca celebró sus primeros cien años de vida, la colectividad judía local donó al municipio un gran monumento en homenaje al barón Hirsch que las autoridades emplazaron en un parque céntrico. Lo curioso del caso es que la mayoría de los integrantes de la colectividad eran comerciantes minoristas que jamás habían pasado por el campo. Es probable que la decisión de erigir un monumento al barón haya obedecido a la influencia de Jaime Scheines en el comité organizador. Scheines, un importante líder comunitario y a la vez concejal por el partido Conservador, era originario de la colonia agrícola de Médanos, distante 47 kilómetros de Bahía Blanca. Pero, aun así, la figura de Hirsch sigue resultando incongruente, ya que Médanos no había sido organizada por la JCA, sino por un grupo de colonos disidentes que, justamente, se habían desprendido del tutelaje de la compañía buscando mayor independencia. En un discurso pronunciado por el presidente de la comunidad judía bahiense mientras se debatía internamente a qué figura colocar en el monumento, resuenan los verdaderos motivos de la elección:

> Por ser éste el mejor modo de demostrar nuestra fuerza, nuestro valer, nuestra asimilación con esta sociedad y para que la obra a realizar sea causa de orgullo para nuestra colectividad y un desmentido para todas las patrañas que se dicen y afirman de nosotros los judíos, los rusos (citado por Tolcachier, 2009: 3).

Como veremos a lo largo de este libro, referirse a los colonos como si se tratara de gauchos o erigir un monumento en homenaje al barón Hirsch en una comunidad urbana fueron decisiones intencionadas, políticas, que buscaron negociar simbólicamente el lugar que ocupaban los judíos en el discurso nacional y en el imaginario social. Por eso, antes que una excepción pintoresca, la distorsión de algunos hechos y datos históricos resultará más bien una constante, seguramente producto de la necesidad de la memoria de sostener un relato conveniente a los fines de sus artífices. A veces, las distorsiones podrán parecer algo grotescas, como ocurre en el caso de las imágenes de un mismo inmigrante judío que encontré en dos lugares diferentes:

La primera imagen, publicada en el libro *Pioneros de la Argentina. Los inmigrantes judíos* (1982, Manrique Zago), fue "sobre-judeizada" treinta años más tarde con el añadido de una *menorá* (el candelabro ritual judío) junto al equipaje, tal como se aprecia en la segunda foto. La versión retocada fue exhibida en la muestra "Del barco a la milonga. Judíos bien porteños", organizada por el Museo Judío de Buenos Aires en 2012. Aunque, en rigor, tampoco es del todo seguro que el hombre retratado haya sido un inmigrante judío, ya que la autora de *Pioneros de la Argentina* trabajó a partir de fotos que no pudo documentar fehacientemente.[2]

---

[2] Entrevista a Martha Wolff (febrero de 2013).

Sean sutiles o grotescas, las distorsiones de la memoria son puertas abiertas para deducir las intensiones de sus gestores. Por ejemplo, las autoridades de la ciudad bonaerense de Carlos Casares han erigido un monumento que homenajea a los tres grupos migratorios llegados a la ciudad a fines del siglo XIX. Consiste en tres mástiles con las banderas de España, Italia e Israel, que flamean juntas en la plaza central, en la municipalidad y en la iglesia. Sin embargo, los inmigrantes judíos llegados a partir de 1891 a la zona (donde la JCA creó la Colonia Mauricio) no eran israelíes. De hecho, no podrían haberlo sido bajo ninguna circunstancia, ya que el Estado de Israel recién vería la luz en 1948, es decir, cincuenta y siete años más tarde. Además, a fines del siglo XIX, el sionismo y el proyecto colonizador de Hirsch eran rivales ideológicos.[3] La bandera israelí también ha sido utilizada para representar a la colectividad judía vernácula de Moisés Ville durante el centenario de la colonización, realizado en 1989, como se aprecia en uno de los afiches que promocionaban los festejos:

---

[3] Ya en agosto de 1891, Hirsch había enviado un memorándum a los Jovevei Sion (Amantes de Sion) explicando por qué prefería establecer colonos en Argentina en lugar de en Palestina (Avni, 1990: 29). Más tarde, Theodor Herzl visitó al barón para pedirle que instalara colonias en la Palestina otomana, pero aquél se negó porque no creía en una solución nacionalista para la cuestión judía (Frischer, 2004; Issáev, 1954). Luego de la muerte de Hirsch, la Jewish Colonization Association inició actividades en Palestina. En la actualidad, la compañía se encuentra radicada en Israel (Norman, 1984: 54).

Está claro que, en ambos casos, la bandera de Israel tiene sentido: si se considera que durante la segunda mitad del siglo XX dicho país se ha transformado en el faro mundial de la identidad judía, es natural que varias colectividades de la diáspora la utilicen para auto-representarse. Pero, aun así, debemos concluir que a veces la memoria distorsiona por la simple inexistencia de soportes adecuados para representar lo que se evoca: en este caso, inmigrantes asociados a una determinada identidad nacional de origen.

Michel Pollak, un autor clásico de los estudios sobre la memoria colectiva, utiliza el concepto de *trabajo de encuadramiento* para referirse a esas deformaciones y acomodamientos de los hechos del pasado. Una parte del trabajo de encuadramiento de la memoria judeo-argentina ha consistido en mostrar a la colonización como el pasado oficial de *toda* la colectividad, cuando en realidad las colonias sólo recibieron flujos de inmigrantes consustanciados con el universo cultural ashkenazí. En consecuencia, el mito no interpela a todos los subgrupos culturales judíos que llegaron a la Argentina, ya que ni los sefaradíes ni los orientales (los judíos procedentes del Magreb, Turquía y Medio Oriente) se sienten incluidos en el relato agrario.

En el primer capítulo repaso los principales aspectos históricos de la colonización, vinculándolos con la experiencia judía en la Argentina y con el tema de la memoria y la identidad judía en la modernidad. En el segundo, me baso en fuentes literarias para analizar las principales representaciones contenidas en las dos versiones del pasado colono, la oficial y la subterránea. En el tercero, reviso un amplio corpus de libros conmemorativos publicados entre 1939 y 2010 que permiten observar cómo la memoria de la colonización pasó de calcar el modelo del crisol a reafirmar el modelo pluralista. En el cuarto capítulo analizo los rituales puestos en práctica durante las conmemoraciones más importantes que tuvieron lugar en Moisés Ville. El quinto también nos llevará de viaje a Moisés Ville, pero para observar la activación patrimonial que comenzó cuando se celebró el centenario de la colonia y que continúa hasta el presente, cuando es probable que el pueblo sea declarado Patrimonio de la Humanidad por la UNESCO. En el sexto capítulo indago cómo la red escolar de la colectividad judía transmite a sus alumnos contenidos acerca de la historia de la colonización en el curriculum del área judaica. El séptimo y último está dedicado a revisar las representaciones que puso en circulación uno de los soportes de la memoria más potentes y actuales: el cine.

La investigación que hizo posible este libro contó con la imprescindible colaboración de María Bjerg y Roxana Boixadós, directora y co-directora de la tesis, respectivamente. Permanentes dadoras de inteligencia y generosidad, ambas son para mí un modelo a seguir, tanto en un sentido académico como en cuanto a lo ético. Jorge Gelman y Julio Djenderedjian me orientaron sobre diversos aspectos relacionados con la historia rural argentina y me ayudaron a obtener una beca de culminación de doctorado otorgada por la Facultad de Filosofía y Letras de la UBA. Julio, además, en tanto máximo experto en la historia de las colonias agrícolas argentinas, formó parte del jurado durante la defensa de la tesis, junto a Carina Frid y a Sergio Visacovsky. Mis colegas del Núcleo de Estudios Judíos del IDES han iluminado, en innumerables encuentros, distintos aspectos relacionados con la colectividad judía argentina, en especial Alejandro Dujovne, Malena Chinski, Emmanuel Kahan, Laura Schenquer y Damián Setton. Las reuniones mensuales del Centro de Estudios de Historia, Cultura y Memoria de la Universidad Nacional de Quilmes fueron un laboratorio que me permitió observar el proceso de investigación de otros doctorandos y pasar mis propios avances por el tamiz de la crítica de especialistas en antropología e historia, como Judith Farberman y Patricia

Berrotarán, entre otras. Gastón Bosio me ayudó enviándome cientos de documentos que fotografió para mí en los archivos parisinos de la *Alliance Israélite Universelle*, y Alan Astro me envió por correo sus traducciones al inglés de cuentos sobre las colonias escritos originalmente en ídish. Mis consultas en la biblioteca del Seminario Rabínico Latinoamericano hallaron eco en Rita Saccal. Ana Weinstein y Julia Cuasnicu han puesto a mi disposición los materiales guardados en el Centro de Documentación e Información sobre Judaísmo Argentino Marc Turkow (AMIA). En el Instituto IWO de Buenos Aires debo agradecer la estrecha colaboración de Débora Kacowicz (quien tradujo varios de los originales en ídish que revisé), Silvia Hansman y Ezequiel Semo, mientras que Laura Szames y Marisa Bergman me facilitaron el ingreso al archivo y a la hemeroteca del Museo Judío de Buenos Aires. Mis numerosos viajes a Moisés Ville se vieron favorecidos por la amistad que entablé allí con Abraham "Ingue" Kanzepolsky, quien me alojó en su casa numerosas veces y oficíó de padrino de campo en mi trabajo etnográfico. También resultó fundamental la colaboración de Eva Guelbert de Rosenthal, la directora del museo local, así como la de las inestimables Ester Gabriel de Falcov, Golde Gerson, Hilda Zamory, Analía Nusan y Judith Blumenthal. También me han ayudado en diversas instancias Silvio Huberman, Javier Sinay, Yaacov Rubel, Alicia Bernasconi, Isaías Kremer y Ariel Raber. Finalmente, quiero agradecer muy especialmente a mi esposa, Valeria Furman, paciente y sagaz interlocutora durante el proceso de investigación, y a mi mamá, Rosa Fuksman, quien despertó mi interés por el tema judío con sus implacables inquietudes genealógicas. Con ella asistimos a los festejos por el centenario de Médanos, la colonia de la que era oriunda mi bobe, Elisa Siskindovich. También visitamos juntos la tumba de mi tatarabuelo, Jacobo Siskindovich, enterrado en Moisés Ville en 1905.

Capítulo uno

Colonización judía/memoria judía: un estado de la cuestión

1. Colonización judía

Cuenta un viejo chiste que un náufrago judío pasó varios años en una isla desierta. Cuando lo encontraron, los rescatistas le preguntaron por qué había construido dos sinagogas, si él era la única persona viva en la isla. Señalando una de las dos, el hombre respondió: "es que a esa no voy ni loco". Un refrán que va en la misma línea dice que donde hay dos judíos, hay tres opiniones. Ni el chiste ni el refrán funcionarían si, hoy en día, no existieran muchas formas distintas de "ser judío", algunas de ellas incluso irreconciliables. Pero ese pluralismo interno es un fenómeno bastante reciente. Hasta comienzos de la modernidad, los judíos no tenían dudas respecto de su identidad. Se era judío porque se mantenía el credo judaico, porque se procedía de padres judíos y porque se pertenecía a un grupo que poseía cierta autonomía cultural sostenida por instituciones comunitarias (Karady, 1999). Para el historiador Paul Mendes-Flohr, antes de "entrar en el ámbito de la sensibilidad laica, los judíos no cuestionaron por qué eran judíos; a pesar de que les preocupaba el sentido de su existencia colectiva y de su turbulenta historia, su identidad era clara e inequívoca" (2007: 515).

Todo indica que las dudas comenzaron cuando fueron invitados a formar parte del estado-nación moderno. A partir de la puesta en marcha de ese proceso, conocido como la *emancipación*, se abrieron las puertas del viejo gueto medieval y los judíos pudieron elegir entre varias opciones de identificación respecto de su religión, su cultura y su nacionalidad, que desde entonces pasaron a ser componentes independientes de la personalidad. Evidentemente, la emancipación obtenida durante la Revolución Francesa representó un logro notable. La adquisición de la ciudadanía igualitaria posibilitaba una participación mucho más justa en la *carrera abierta al talento* que se jugaba en las sociedades burguesas.[4] Sin embargo, los ideólogos que diseñaron el estado-nación moderno se propusieron construir un modelo de ciudadano homogéneo, basado en principios universalistas acerca de la condición humana, que a veces chocaban con ciertos particularismos culturales propios de las minorías. En consecuencia, los judíos fueron instados a cambiar varias de sus conductas y formas de pensar. Por ejemplo, debían mostrar sentimientos de pertenencia nacionales, abandonando la tradición mesiánica que presagiaba la futura restauración de un estado propio en la Tierra Prometida. También tenían que reemplazar el ídish por la lengua oficial del país que habitaban, lo que favorecería su integración con el resto de la sociedad, así como renunciar a algunos aspectos de la ley talmúdica que entraban en conflicto con los deberes

---

[4] La frase en itálica fue acuñada por el historiador Eric Hobsbawm. La emancipación se materializó entre fines del siglo XVIII y la primera mitad del XIX en los Estados Unidos, en los países de Europa occidental (Inglaterra, Francia, Países Bajos y Suecia), y más tarde en la zona central del continente. Fue facilitada por el hecho de que las comunidades judías residentes en esos países eran minúsculas en relación con la sociedad envolvente, por lo que no se podía argumentar que representaran un *peligro* para la nación. También pesó el rol económico que ejercían los judíos dentro de las burguesías locales, que ya los habían aceptado como un componente legítimo a título personal, así como el carácter protestante de varias de esas sociedades, que a veces tenían mayores conflictos con las minorías católicas (Karady, 1999: 51-83). Sobre la influencia del capitalismo en la integración de los judíos a la burguesía con anterioridad a las leyes emancipatorias, véase Rivkin, 1971: 159-180.

civiles, en especial, la asistencia al servicio militar. Además, debían modificar su comportamiento económico, supuestamente parasitario, para dedicarse a ocupaciones productivas en la industria y la agricultura (Caron, 1989). Formar parte del todo implicaba ajustarse a la norma, aun a costa de experimentar cierta aculturación. En un libro que repasa los orígenes del sionismo, el historiador israelí Shlomo Avineri cuenta que algunos matrimonios judíos comenzaron a sentir cierta incomodidad respecto de la emancipación cuando, por ejemplo, sus propios hijos aprendían en las escuelas francesas que las raíces profundas de la familia se encontraban en la antigua Galia (Avineri, 1981).

Pero el problema de la aculturación pasó a un segundo plano cuando, hacia fines del siglo diecinueve, en varias sociedades europeas comenzó a tomar cuerpo un nacionalismo secular y xenófobo que hizo de los judíos su objeto de odio predilecto. Según un mito conspirativo muy popular, la emancipación los había favorecido tanto que ahora militaban en una secta transnacional cuyo objetivo era dominar al país y, por qué no, al mundo. En la Francia que pronto conocería el affaire Dreyfus, esas representaciones fueron difundidas por el escritor Eduard Drummont, autor de *La France Juive* (1886), mientras que, en Rusia, circulaban en un famoso libelo anónimo titulado *Los protocolos de los sabios de Sion* (1901). Incluso hubo una versión argentina del mito conspirativo que se transformó en un clásico de la literatura local: *La bolsa*, de Julián Martel, publicada inicialmente como folletín en *La Nación* en 1891. Para el historiador Salo Baron, debido al gran número de periodistas, intelectuales y banqueros insertos en la sociedad como consecuencia de la emancipación, de pronto los judíos eran vistos como un grupo que controlaba la prensa y el discurso intelectual mucho más de lo conveniente. Judíos dueños de periódicos y de agencias de noticias fueron homologados a los también objetables judíos de la banca (1938: 59).

Lógicamente, los judíos reaccionaron ante las nuevas problemáticas que les planteaban la aculturación y el antisemitismo. No lo hicieron mediante grandes revueltas ni ocasionando disturbios, sino que idearon diferentes respuestas políticas. Para el historiador Paul Mendes-Flohr (2007), las políticas judías *pos-tradicionales* pueden agruparse en tres categorías: la liberal, la sionista y la autonomista. Según los liberales, los judíos no conformaban una nación, por lo que debían integrarse en las sociedades seculares y asumir plenamente la nacionalidad propia de sus respectivos países, aunque manteniendo sus creencias religiosas y particularismos culturales en la esfera de la vida privada. En cambio, para los sionistas y los autonomistas, los judíos no sólo conformaban una nación, sino que, además, su integración en otras sociedades llevaría indefectiblemente a la asimilación total, es decir, a la desaparición del judaísmo. Sin embargo, diferían entre sí respecto del tipo de unidad política que debían adoptar. Los sionistas consideraban que la verdadera emancipación sólo llegaría de la mano de la creación de un estado-nación propio que fuera política y territorialmente soberano, como planteó Theodor Herzl en *El Estado judío* (1896), mientras que los autonomistas apuntaban a vivir en regiones autónomas dentro de otros países, en las que pudieran detentar cierto grado de soberanía en materia cultural (en especial, en lo referido a la educación). Para ellos, la base del renacimiento nacional consistía en mantener la cultura y las lenguas étnicas, construyendo instituciones comunitarias fuertes y conformando una suerte de parlamento judío transnacional. Desde 1880, el autonomismo daría vida a una cultura moderna y secular que incluyó literatura, música, prensa y teatro en lengua ídish (Katz, 1975 y 1978; Brinker, 2007; Dubnow, 1951: tomo 10, 281-325).[5]

El barón Hirsch, él mismo un judío bávaro exitosamente integrado en la sociedad gentil, adscribía ideológicamente a la postura liberal, tributaria del programa político de la Haskalá o iluminismo judío, el movimiento surgido en Alemania durante la segunda mitad del siglo XVIII que había luchado por obtener la emancipación. En esa línea, opinaba que los judíos debían mezclarse con otros pueblos en diferentes países, compartiendo con ellos todos los aspectos de la vida, excepto en lo que respecta a la religión (Schwarz y Te Velde, 1939: 185-186). Consecuentemente, su proyecto filantrópico-colonizador buscaba sentar un precedente acerca de la posibilidad de transformar a los judíos del este en ciudadanos productivos. Así se expresaba en un artículo publicado en 1891:

> ¿Qué es más natural que encontrar mi propósito más elevado en brindar a los seguidores del judaísmo, quienes han vivido oprimidos durante miles de años y viven en la miseria, la posibilidad de regeneración física y moral; que yo intente liberarlos, convertirlos en ciudadanos capaces, y de ese modo aportar a la humanidad material nuevo y valioso? (...) Que los judíos no tienen inclinaciones por la agricultura o las tareas manuales se ha convertido en una máxima y un reproche típico. Este es un error contradicho no sólo por ejemplos modernos, sino también por la historia. Los israelitas de la época de Cristo eran agricultores

---

5 Para el historiador norteamericano Ezra Mendelsohn (1993) las políticas identitarias judías son el liberalismo o integracionismo, el nacionalismo (sea autonomista o sionista) y la ortodoxia religiosa (el resguardo de la identidad mediante el rechazo a la secularización y a la integración). A su vez, cada una de esas categorías presenta variantes internas en orden a cuestiones tales como la zona del espectro ideológico con el cual se relacionan, la lengua que utilizan y sus interpretaciones acerca del pasado.

por excelencia (...) mis observaciones y las de otras personas han demostrado que es bastante posible reavivar en la raza esta capacidad y el amor por la agricultura, y hacerla resurgir.[6]

Cuando Hirsch concebía su proyecto, aproximadamente la mitad de la población judía mundial vivía dentro de los límites del imperio zarista, que un siglo atrás había incorporando numerosas comunidades al anexar territorios pertenecientes a los reinos de Polonia y Lituania.[7] La Rusia de los zares era un imperio multiétnico en el que los judíos gozaban de cierta autonomía en materia educativa y religiosa, aunque por su condición de minoría se encontraban expuestos a políticas arbitrarias y cambiantes. Hacia el último tercio del siglo diecinueve, el gobierno había dispuesto una serie de medidas opresivas, entre las que sobresalían el cobro de impuestos especiales, la prohibición de habitar fuera de una zona de residencia situada al oeste, que iba del Báltico al Mar Negro, y el reclutamiento de jóvenes para un temible servicio militar cantonal de hasta veinticinco años de duración, que podía separar a los hijos de sus padres para siempre. El zarismo también redujo el cupo de estudiantes judíos admitidos en establecimientos educativos, prohibió el ejercicio de determinadas actividades económicas, la compra de tierras y las prórrogas de contratos de arrendamiento. A esa presión hay que añadirle los efectos negativos ocasionados por la emancipación de la servidumbre y por el ingreso tardío del capitalismo en la región, procesos que trastocaron los típicos roles judíos de intermediación entre señores y campesinos, como la

---

[6] "My Views on Philanthropy", *The North American Review*, Volume 153, Issue 416, July 1891.

[7] De acuerdo con Löwe (2000), en el año 1900, sobre un total de 10.602.000 judíos europeos, 5.190.000 vivían en Rusia. Las cifras de la *Jewish Encyclopedia* norteamericana, publicadas entre 1901 y 1906, difieren un poco: la población judía mundial habría sido de 11.273.076 personas, de las cuales 8.977.581 vivían en toda Europa.

recaudación de los impuestos feudales y el manejo concesionado de destilerías, molinos, posadas y despensas (Ain, 1975; Jonpol, 1995; Löwe, 1997 y 2000). Esa situación se vio agravada a partir del asesinato del zar Alejandro II, consumado en marzo de 1881 por la organización populista *Narodnya Volya* (voluntad popular), entre cuyos autores materiales había una mujer judía, circunstancia que fue aprovechada por sectores antisemitas para canalizar la ira de las masas hacia los judíos. Entre 1881 y 1884, las turbas arrasaron barrios y aldeas cometiendo asesinatos, violaciones y mutilaciones, y quemando sinagogas, viviendas y comercios.[8]

Empujados por la opresión política, la violencia y el empobrecimiento, los judíos comenzaron a abandonar masivamente el este europeo. Mientras que en la década de 1870 la cantidad de emigrados era de 9.000 personas por año, en la de 1880 el número fue seis veces mayor: 55.000. La tasa se triplicó entre 1900 y 1914, cuando subió a más de 150.000 emigrados por año (Leon, 1975). El destino principal era los Estados Unidos, cuyas cifras son notables: mientras que entre 1880 y 1910 la población total del país creció un 83%, pasando de 50 a 92 millones, la población judía aumentó un 836%, pasando de 250.000 a casi 2,5 millones (Johnpoll, 1995).

Las noticias acerca de la situación expulsora desatada tras el asesinato del zar no tardaron en llegar a la Argentina, donde el 6 de agosto de ese mismo año, el presidente Julio A. Roca firmó un decreto invitando formalmente a

---

[8] Más tarde, entre 1903 y 1906, los pogromos se repitieron en torno a la frustrada revolución de 1905. Sólo en el período 1903-1906 se registraron al menos 657 pogromos que dejaron unos 3.000 muertos, más de 2.000 heridos graves hospitalizados y unos 1.500 niños huérfanos. Las prácticas más terribles consistían en quemar viva a la gente, quitarles los ojos, seccionarles orejas y miembros y clavarles clavos en el cráneo. Además, los daños materiales sumieron en la pobreza a miles de familias (Lambroza, 1987).

los "rusos israelitas" a inmigrar. Roca dispuso además que un agente apostado en Europa se ocupara de realizar las gestiones correspondientes. Para ese entonces, ya había algunos judíos viviendo en el país del sur. En realidad, su presencia en este rincón del mundo databa de comienzos de la época colonial, cuando los conversos y criptojudíos expulsados de España y Portugal debían ocultar su identidad debido al accionar de la Santa Inquisición. Ya en el siglo XX, desde que ésta fue abolida por la Asamblea del año Trece, y a medida que la Provincia de Buenos Aires, y luego la nación, ampliaron las garantías a la libertad de culto, comenzaron a arribar judíos ingleses, alemanes, franceses, italianos y marroquíes.[9] La mayoría eran comerciantes o representantes de empresas internacionales que se radicaban en la capital, a donde también llegaron algunas prostitutas y tratantes de blancas. Otros fueron aventureros que recorrían el país en busca de fortuna, como el explorador patagónico Julius Popper. Incluso unas pocas familias se instalaron en las colonias agrícolas santafecinas Esperanza y Monigotes la Vieja. En 1862 surgió la primera institución: un grupo de judíos porteños creó la Comunidad Israelita de Buenos Aires, que pronto pasó a denominarse Comunidad Israelita de la República Argentina (CIRA). Se calcula que, para 1889, vivían en el país unos mil quinientos judíos, setenta de los cuales eran afiliados de la CIRA, que en ese entonces ya contaba un rabino reconocido por el gobierno (Avni, 2005; Mirelman, 1988).

Ese era el estado de las cosas al momento del arribo de los podolier, cuya llegada a bordo del Weser pronto iría a transformarse en el mito de origen de los judíos argentinos,

---

[9] Los antecedentes en materia de libertad de culto previos a la Constitución Nacional habían sido impulsados en 1825 para atraer inmigrantes protestantes a la provincia de Buenos Aires, en el contexto del Pacto de Libre Comercio con Gran Bretaña (Avni, 2005; Schopflocher, 1955).

una suerte de versión de los peregrinos del Mayflower en clave judeo sureña. Como suele suceder, los episodios que conforman el mito componen un relato mal documentado pero muy difundido, que ha sido reproducido en publicaciones académicas, notas de prensa, películas documentales, libros conmemorativos y textos divulgativos. Sabemos, con casi total certeza, que las 824 personas que conformaban el grupo estaban agrupadas en más de 130 familias, que habían decidido emigrar conjuntamente trayendo un rabino, un matarife ritual y varios objetos religiosos, y que ante la imposibilidad de allegarse hasta la Palestina otomana habían quedado varados en París, donde sus líderes solicitaron a dirigentes de la *Alliance Israélite Universelle* que los ayudaran a encontrar un destino sustituto.[10] De esa suerte, firmaron allí un acuerdo con un apoderado del terrateniente argentino Rafael Hernández para radicarse en la colonia bonaerense Nueva Plata, ubicada en la zona de Pehuajó. Sin embargo, cuando desembarcaron en Buenos Aires, los podolier se enteraron de que Hernández había roto el contrato, aparentemente debido a la vertiginosa escalada de precios de la tierra previa al estallido de la crisis económica de 1890. Los integrantes de la CIRA, que mantenían correspondencia con la Alliance y estaban pendientes de su llegada, se ocuparon entonces de relocalizarlos en campos del centro de la provincia de Santa Fe pertenecientes a Pedro Palacios, a quien conocían personalmente del ambiente de los negocios. Sin embargo, cuando los podolier bajaron del tren en la estación Palacios, del ferrocarril Mitre, sus chacras todavía no estaban disponibles, por lo que debieron pasar varias semanas viviendo en un galpón de materiales de la estación, en forma muy precaria. De acuerdo con el relato, la

---

[10] La Alliance Israélite Universelle es una institución cultural judía internacional creada en Francia en 1860 con fines de ayuda mutua.

incertidumbre, el hambre y una epidemia de tifus que se cobró la vida de alrededor de sesenta niños empujaron a aproximadamente dos tercios de las familias a dispersarse, trasladándose a otras colonias y ciudades del país o bien volviendo a Rusia. Pero las que se quedaron, unas cuarenta, fueron finalmente asentadas por Palacios quince kilómetros al este de la estación. El nombre original que le pusieron a la colonia, *Kiriat Moshé*, que en hebreo significa "villa de Moisés" o Moisés Ville, aludía al paralelismo entre el éxodo de los judíos de Egipto y la propia salida del grupo de la Rusia zarista.[11]

La persona que auxilió a los podolier gestionando que les fueran entregados los lotes fue un hombre llamado Wilheim Löwenthal. Según el mito, Löwenthal iba en el tren cuando vio a un grupo de niños pidiendo pan a la vera de la estación Palacios. Al oírlos hablar en ídish, bajó y se presentó ante los líderes del grupo como un correligionario dispuesto a ayudarlos. Sin embargo, el historiador norteamericano Zosha Szajkowski (1990) ha encontrado correspondencia que indica que el encuentro no fue casual, sino que su viaje a la Argentina había sido realizado por pedido de la Alliance, con el expreso fin de que asistiera a los inmigrantes hasta que éstos se encontraran establecidos y a salvo. Löwenthal era un médico higienista judeo-alemán que había asesorado anteriormente al gobierno argentino en cuestiones de salubridad, por lo que ya conocía el país. Desde hacía al menos cinco años, tenía en mente organizar colonias agrícolas americanas para resolver el problema de

---

[11] El sociólogo Yaacov Rubel se encuentra investigando cuál podría ser el número exacto de niños muertos por la epidemia, ya que no existen registros oficiales y las tumbas de la zona que datan de esa época son mucho menos que sesenta, aunque podrían haber sido enterrados colectivamente (consulta personal con Rubel). En el libro *Los crímenes de Moisés Ville* (Tusquets, 2013), Javier Sinay entrevistó a Eva Guelbert, la directora del museo local, y ella le dijo que nadie sabe dónde fueron enterrados los niños (2013: 90).

los judíos rusos, por lo que el caso que tenía ante sus ojos lo alentó a comunicar sus planes al barón Hirsch, quien pronto daría vida a un proyecto de colonización judía de largo aliento, que despertaría la curiosidad de políticos, escritores, periodistas e intelectuales a escala mundial.

El barón era un magnate de la banca y un exitoso constructor de ferrocarriles que había incrementado su fortuna al casarse con la baronesa Clara Bischofsheim, también proveniente de una familia de banqueros de la corte. Cuando, en 1886, el único hijo legítimo del matrimonio murió, a la edad de treinta años, ambos decidieron destinar su herencia a mejorar la situación de los judíos en el este del continente. Inicialmente, Hirsch propuso al gobierno del zar la creación de una red de escuelas de oficios y de lengua rusa para favorecer su integración y productivización, un plan que iba en línea con la política usual de las instituciones comunitarias judeo-occidentales: evitar la salida masiva de sus correligionarios del este resolviendo sus problemas *in situ*. Pero las autoridades rusas estaban decididas a resolver la Cuestión Judía por sus propios medios: en esos años, discutían si debían asimilarlos por la fuerza o expulsarlos del país, y de ninguna manera imaginaban la posibilidad de integrarlos socialmente, permitiéndoles conservar la etnicidad.[12] Decidido entonces a alentar la emigración, al tomar conocimiento del caso de los podolier, Hirsch dispuso la creación una empresa filantrópica de colonización judía de vastas proporciones, a la que denominó en primera instancia Empresa Colonizadora Barón de Hirsch, pero que pronto pasaría a llamarse *Jewish Colonization Association*. Fue constituida en

---

12 Según el historiador Simón Dubnow (1951), Pobiedonostev e Ignatiev, líderes del Santo Sínodo y de una organización aristocrático-militar ultrarreaccionaria, la Santa Unión, pretendían que un tercio de los judíos se viera forzado a emigrar, un tercio se convirtiera al cristianismo y un tercio muriese de hambre.

Londres, en agosto 1891, con un capital inicial de dos millones de libras esterlinas aportadas en su totalidad por el matrimonio Hirsch-Bischofsheim, que luego añadiría otros seis millones más.[13] Además, Hirsch asumió personalmente la presidencia de la JCA, haciendo ejercicio activo del cargo hasta su muerte, acaecida cinco años más tarde, en abril de 1896.[14] La estructura de la empresa estaba diseñada en forma piramidal, con una Dirección General asentada en París, a la que estaban subordinadas las oficinas de los directores regionales, ubicadas en los distintos países de colonización. En el caso argentino, esa oficina fue instalada en Buenos Aires.[15] A su vez, los directores locales controlaban a los administradores, agrónomos, maestros, supervisores, médicos y otros empleados asentados en las distintas colonias.

Las empresas colonizadoras, como la JCA, cumplieron un rol fundamental en el marco del desarrollo agrícola argentino de fines del siglo XIX. Mientras que el estado se ocupaba de crear la infraestructura necesaria para garantizar la exportación de los productos (rutas, trenes, puertos), las empresas debían generar las condiciones necesarias para que la vida en esas regiones aisladas fuera posible, lo

---

[13] Según Edgardo Zablotzky (2004), aquellos 8 millones de libras eran equivalentes a 40 millones de dólares, y hoy equivaldrían a unos 260 millones de dólares. Ese mismo año, el barón también creó el Baron de Hirsch Fund, una fundación dedicada a capacitar a los inmigrantes judíos que arribaban a los Estados Unidos enseñándoles oficios y el idioma inglés.

[14] Hirsch fue sucedido en la presidencia por Salomon Goldsmid (1896), Narcisse Leven (1896-1915), C. G. Montefiore (1915-1916), S. Reinach (1917-1918), Franz Philippson (1919-1929), Lionel Leonard Cohen (1929-1934), Sir Osmond d'Avigdor Goldsmid (1934-1940), Leonard Montefiore (1940-1948), el marqués de Reading (1948-1951), Sir Henry Joseph d'Avigdor Goldsmid (1951-1976) (Norman, 1984: 294).

[15] La Argentina no fue el único país en el que la JCA instalaría colonias, aunque fue el único en el que éstas fueron populosas y prosperaron por largo tiempo. Los otros destinos fueron Brasil, Canadá, Chipre, Turquía, Palestina y distintas regiones del centro-este europeo (Norman, 1984).

que implicaba construir casas, escuelas, hospitales y caminos, aportar animales de tiro, implementos de labranza y semillas, e incluso a veces subsidiar a los colonos hasta que vendieran sus primeras cosechas. En varios casos, también se ocuparon de reclutar a los inmigrantes en Europa, instalando allí agentes de propaganda y hasta abonando los boletos de barco. El beneficio que obtenían se daba en el mediano y el largo plazo, y provenía de la venta de las chacras a los colonos, ya que el estado les concedía la tierra a un costo muy bajo (Djenderedjian, 2008). Aunque la JCA era una empresa de colonización privada, que se ajustaba bastante a esta descripción, funcionó de acuerdo con principios filantrópicos y de economía moral.[16] Su estatuto no habilitaba el retiro de capitales por parte de sus accionistas, y preveía que los reembolsos sólo se reinvirtieran en la compra de más campos y en el establecimiento de nuevas familias. No obstante, las relaciones de la JCA con sus beneficiarios fueron asumidas con un espíritu "no asistencialista", por lo que los colonos debían pagar las tierras y demás implementos recibidos, abonando incluso un interés anual.[17] Esta política fue estricta, y los que incumplían el contrato a veces eran desalojados.

El lanzamiento de un proyecto de semejantes proporciones despertó grandes expectativas, tanto entre sus organizadores como en buena parte de sus potenciales beneficiarios. Más allá de los tres millones de judíos que deseaba trasladar a la Argentina en el largo plazo, la JCA planeaba asentar a unos 25.000 solamente durante su primer año de actividades, una cifra que multiplicaría casi por veinte

---

[16] El concepto de "economía moral" alude a comportamientos económicos que se definen a partir de valores morales o de normas culturales, y no en términos de conveniencia o de mercado (Thompson, 2000).

[17] El concepto "filantropía no asistencialista" referido a la JCA corresponde a Zablotzky, 2004.

la presencia judía en el país. Sin embargo, un lustro más tarde, cuando se produjo la muerte de Hirsch, apenas 6.757 personas vivían en los 910 lotes entregados. Peor aún, ese número sólo representaba dos tercios del total de colonos instalados por la JCA. El resto había desertado.[18]

El historiador israelí Haim Avni investigó los motivos que impidieron a la compañía cumplir con sus altas expectativas cuantitativas. Para ello, comparó el caso de la JCA con las trayectorias de otras colonias argentinas, tanto privadas como estatales, y concluyó que la JCA podría haber establecido a un número bastante mayor de inmigrantes, dadas las condiciones favorables que se le presentaron. Éstas eran su independencia económica, la existencia de un país receptivo hacia la inmigración judía y la situación expulsiva en Rusia, que puso a su disposición a miles de candidatos a emigrar. Algunos de los problemas que frenaron la expansión de la JCA durante sus años iniciales fueron típicos de la época y del medio en el que ésta actuaba. De hecho, fueron varias las empresas colonizadoras que se fundieron. Entre esos factores, Avni señala ciertas dificultades coyunturales propias de la actividad agropecuaria en general, como las fluctuaciones de los precios en los mercados mundiales de cereales y de carne, o como el predominio, en la Argentina, del modelo de arrendamiento por sobre uno basado en el acceso a la propiedad de la tierra, dado que, para crecer económicamente, los colonos muchas veces arrendaban campos linderos. También hay que consignar cierta dosis de mala suerte, ya que durante

---

[18] Hasta 1895, la JCA había construido 1.361 casas, 958 pozos de agua, 42 diques, 14 sinagogas, 12 escuelas, 2 hospitales y 14 baños rituales (Schwarz y Te Velde, 1939: 192).

los primeros años de actividades, las malas rachas climáticas y las constantes invasiones de langostas arruinaron las cosechas en varias colonias de la Argentina.[19]

Sin embargo, otros factores negativos parecen haber sido sólo característicos de la JCA. De acuerdo con Avni, entre los errores logísticos y organizativos comentados figuran la compra de tierras en zonas de bajo rendimiento agrícola, el diseño de una organización piramidal y burocrática y la contratación de administradores de "personalidad dudosa", es decir, corruptos (1990: 45-46).[20] También es discutible si la JCA acertó o no con el modelo de poblamiento, respecto del cual había dos alternativas: crear pueblos para que las familias vivieran en comunidades, o que cada familia viviera dentro de los límites de su propio campo. La primera opción favorecía la vida social, pero alejaba al colono de sus cultivos, lo que implicaba una pérdida de tiempo diario y una baja considerable en el rendimiento. La segunda, mejoraba la productividad pero minaba la sociabilidad, ya que al vivir en grandes lotes de entre 75 y 150 hectáreas, las familias quedaban prácticamente

---

19 En este aspecto del análisis de Avni resuena la tesis de James Scobie (1968), según la cual la colonización agrícola en el país habría fracasado. No obstante la popularidad que alcanzó esa hipótesis, cabe señalar que hoy existen nuevos enfoques que ven en ese proceso históricos aspectos más dinámicos y exitosos (véase Djenderedjián, Bearzotti y Martirén, 2010: 21-57). Por otra parte, es posible encontrar argumentos similares a los de Avni en Levin (2007) y en Schwarz y Te Velde (1939). Para Levin, la JCA pensaba en una agricultura de subsistencia cuyos sobrantes se vendiesen en áreas urbanas, pero en la Argentina la agricultura era capitalista y de exportación: había que producir toneladas de granos y el consumo doméstico se realizaba con el dinero que dejaban las cosechas.

20 La JCA fue organizada "según el método administrativo racional de las compañías de responsabilidad limitada. El sistema era burocrático piramidal y en su cima se encontraban los poseedores de las acciones [distintas instituciones comunitarias judeo-europeas]; los seguían funcionarios asalariados dirigidos por la administración general que se encontraba en París y una serie de empleados que estaban obligados a informar continuamente a sus superiores inmediatos sin saltear ningún eslabón de la cadena, que tenían libertad de acción en un área muy limitada y que debían pasar las órdenes a sus inferiores" (Levin, 2009: 38).

aisladas. La JCA optó por el segundo modelo, asumiendo así una carga extra para las familias, que estaban acostumbradas a la vida aldeana. De acuerdo con el historiador Yehuda Levin, el aislamiento provocó que muchos colonos dejaran el campo a instancias de sus esposas (2005). Además, producto de esa dispersión, también quedaron expuestos a la violencia de los gauchos, que se cobraron numerosas vidas en crímenes sangrientos.[21]

Otro de los problemas aducidos para explicar el bajo rendimiento de la JCA fue la mala selección de los candidatos a colonizar, muy pocos de los cuales poseían experiencia en materia de agricultura.[22] Esa hipótesis se apoya en la urgencia que suscitó la situación expulsora, y explicaría el alto índice de deserción temprana de numerosas familias. Roberto Schopflocher, uno de los últimos administradores de la compañía, ha manifestado que, a diferencia de lo que ocurría con los agricultores de otras nacionalidades que llegaban con experiencia, dispuestos a "hacer la América", los colonos judíos, los galeses y los alemanes del Volga emigraban fundamentalmente para mantener sus peculiaridades religioso-culturales.[23] Podemos compartir parcialmente esta opinión, pero las fuentes indican que los

---

[21] En el siglo XIX, los asesinatos de familias de colonos eran moneda corriente. Para el caso de Moisés Ville, véase "Las primeras víctimas fatales en Moisés Ville", reseña de la nota publicada por el periodista Mijl Hacohen Sinay en ídish, en 1947, traducida por Nejama Hansman, en www.generacionesmv.com. También, el trabajo de reconstrucción en la crónica de Javier Sinay (2013).

[22] En la última década del siglo XIX el gobierno ruso había censado a unos 150.000 agricultores judíos en sus provincias del sud oeste. Sin embargo, desde 1882 el zar prohibió la venta de tierras y la renovación de contratos de arrendamiento, con lo que se incrementó la presión demográfica sobre las tierras cultivadas, que se habían ido subdividiendo con el paso de las generaciones. Avni calcula que las chacras de 33ha por familia que habían recibido los agricultores judíos a comienzos del siglo XIX, cien años más tarde albergaban a tres familias cada una (1990: 34-35).

[23] Schopflocher, 1955: 58-68. Véanse también los paralelismos entre las memorias del líder galés Abraham Matthews y las del colono judío Marcos Alpersohn, detectados por Bjerg y Da Orden, 2006.

motivos que llevaron a miles de familias a enrolarse en las filas del proyecto del barón fueron bien diversos, tal como puede observarse en las cartas enviadas en 1902 por postulantes a colonos que revisó Levin (2007). Mi punto de vista al respecto es que la hipótesis de la falta de experiencia presenta dos problemas. Uno es que hubo varios colonos con probados antecedentes agrícolas, como por ejemplo los fundadores de la colonia Lucienville, que provenían de la zona de Novopoltavka, al sudoeste de Rusia, donde ya eran agricultores desde hacía décadas, por lo que se adaptaron con facilidad y tuvieron pocos conflictos con los administradores de la JCA (Avni, 1993: 9; Hurvitz, 1932). El otro problema es que numerosos judíos, aunque hubieran llegado al país sin experiencia, igualmente traían la firme convicción de trabajar la tierra para, retomando las palabras del barón, demostrar al mundo que podían ser buenos agricultores. Ese idealismo agrario de características redentoras, que buscaba responder a la consigna iluminista de la normalización económica, quedó reflejado en numerosos testimonios. Noé Cociovich, uno de los líderes de la colonia Moisés Ville, llegado al país en 1894, escribió en sus memorias que:

> Unos cuantos decenios antes de la empresa del Barón de Hirsch ya flotaba en el aire de Rusia el anhelo judío de cambiar radicalmente su forma de vida económica. Se creía que una productividad parcial elevaría su prestigio en el mundo gentil (Cociovich, [1947] 1987: 50).

Mijl Hacohen Sinay, pionero de la prensa en ídish de la Argentina, escribió en 1945 que su padre había emigrado "por los problemas que sufrían los judíos en Rusia y por el anhelo de que sus hijos (cinco varones y una mujer) se convirtieran en trabajadores de la tierra y tuvieran una vida productiva" (2013: 111). En un artículo que indagaba en los determinantes ideológicos de la colonización que publicó la revista *Judaica* en 1938, el colono Meier Bursuk se preguntaba (y se respondía) lo siguiente:

> ¿En qué ha consistido y en qué consiste el idealismo de los colonos de la Argentina? Ante todo, atraviesa a toda la colonización israelita de nuestro país, cual hilo rojo, el ansia de productivizarse. ¿No es un idealismo el deseo de convertirse en elemento útil para sí mismo, para el pueblo al que se pertenece y para la sociedad en medio de la cual se vive?[24]

Los numerosos testimonios acerca del idealismo agrario también fueron detectados por Levin, para quien la mayoría de los varones que llegaban a las colonias argentinas aspiraba al ideal de trabajar la tierra (2005: 63). Se trata de una consigna que se dejó oír hasta bien entrado el siglo XX, multiplicada por las voces de dirigentes, intelectuales, escritores y colonos. Por ejemplo, Elías Marchevsky escribió en sus memorias que:

> Lo más hermoso de la conferencia [dictada por el líder cooperativista Miguel Sajaroff] fue cuando tocaron el tema de los judíos que se hicieron labradores de la tierra, abandonando los pueblos, las ciudades, los mercados y todas esas profesiones sin fundamento. 'Esos colonos judíos son los que embellecerán a todo el pueblo judío' (Marchevsky, 1965: 173).

Pero el idealismo agrario se transformó en un arma de doble filo, ya que, a la vista de la magnánima tarea que había asumido, la JCA no estaba dispuesta a fracasar. Su máximo temor era que, al saldar sus deudas con la empresa, los colonos vendieran las chacras y se mudaran a las ciudades para dedicarse al comercio. Esa desconfianza llevó a los administradores a tratar a los colonos como "protegidos" que debían adecuarse a las pautas de econo-

---

[24] "¿Hubo idealismo en la colonización judía argentina?", *Judaica* n° 62.

mía moral que les imponían los contratos firmados (Levin 2007: 341-342), pautas que resultaron una carga pesada para quienes deseaban crecer económicamente. Entre las cláusulas antieconómicas figuraban la prohibición de contratar mano de obra externa (los colonos debían hacerlo todo con sus propias manos) y la de dedicarse a la ganadería, una actividad considerada comercial y especulativa. Además, los hijos que decidieran colonizarse no podían instalarse a menos de 5 km de distancia de sus padres, para no fomentar la creación de "latifundios". Para retener a los colonos, los contratos no eran hipotecarios, sino de "promesa de venta", por lo que los beneficiarios no podían tomar préstamos prendarios, pagar las anualidades por anticipado ni arrendar el campo a terceros. El incumplimiento de estas cláusulas podía derivar incluso en el desalojo sin derecho a indemnización. Numerosos casos concretos ilustran los perjuicios causados por esta política, sobre todo a aquellos que deseaban progresar a la par de sus vecinos de otras nacionalidades, sobre quienes no pesaban pautas de economía moral ni ideales de redención de la estirpe.[25] En muchos casos, los colonos vecinos de la Pampa Gringa pagaban sus lotes en apenas tres o cuatro años, luego los arrendaban a parientes o a paisanos que traían desde sus pueblos de origen y se instalaban nuevamente en tierras vírgenes más baratas, incrementando su patrimonio (Djenderedjian, 2008; Gallo, 1983).

---

25 Por ejemplo, en 1897 un administrador se negó a conceder un préstamo a un grupo de colonos que querían comprar una cosechadora alegando que prefería verlos convertirse en "verdaderos" agricultores (Levin, 2007). Eusebio Lapin, el administrador de la colonia Lucienville, de ideales tolstoianos, tampoco concedía préstamos a aquellos que compraran los modernos y confortables arados que venían con asiento (Levin, 1998). En 1905, la JCA expulsó al administrador de Moisés Ville, Miguel Cohan, por haber instado a los colonos a plantar alfalfares, una pastura que se usa para el engorde de ganado y que se daba bien en la zona (Cociovich, 1987).

Las muestras más explícitas de la sobrecarga que implicó la desconfianza de la JCA hacia sus protegidos se encuentran en los tres volúmenes de memorias de Marcos Alpersohn, quien relata los pormenores de la desintegración de la promisoria Colonia Mauricio, ubicada en la pampa húmeda, trescientos kilómetros al oeste de Buenos Aires. Entre 1910 y 1912, hubo allí una serie de juicios iniciados por la JCA a colonos que habían arrendado sus campos y se habían mudado a Carlos Casares. A su vez, otros colonos que querían cancelar sus deudas con la empresa anticipadamente, pero que se veían impedidos por el contrato, también demandaron a la JCA. Un informe redactado por el administrador de la colonia en 1910 describe los temores de la compañía:

> Una vez que sus terrenos sean vendidos o empeñados, se vería a una parte de los cultivadores israelitas largarse a las ciudades y ocuparse de negocios: sus esfuerzos de veinte años serían perdidos al mismo tiempo que los nuestros (citado por Aranovich, 2002).

Los conflictos que tuvieron lugar en distintas colonias llevaron a la JCA a revisar progresivamente varias de sus normas restrictivas, algunas de las cuales comenzaron a levantarse desde 1903, cuando la compañía permitió contratar jornaleros, cultivar forrajes, criar ganado y producir leche y sus derivados; también empezó a conceder lotes de mayor tamaño (Levin, 2007). Además, para asegurarse de las intenciones de continuidad, la JCA decidió que los nuevos colonos debían contar con un mínimo capital propio, y que sólo recibirían sus chacras después de haber pasado algunos años trabajando en campos de colonos experimentados. Aun así, los conflictos persistieron, e incluso se extendieron a otros aspectos de la vida en las colonias, como las negativas de la compañía a financiar la colonización de los hijos y su reticencia a vender a los colonos las tierras de reserva que éstos le reclamaban, asuntos que podían extenderse incluso más allá de la fecha de la escrituración. La resolución fue lenta y trabajosa, ya que la JCA tenía un sistema arbitral unilateral, que establecía que, en casos de desacuerdos, los administradores eran los únicos habilitados para interpretar el contrato (Levin, 2009). También eran los encargados de representar a los colonos ante las autoridades argentinas, por lo que éstos muchas veces buscaron puentearlos para dirigirse directamente a funcionarios superiores de la JCA en Buenos Aires o en París. En consecuencia, los conflictos recién se resolvieron definitivamente en 1950, gracias a las gestiones de los líderes de las cooperativas agrícolas judías, que hicieron las veces de "sindicato" de los colonos, representándolos ante la JCA en una reunión cumbre que se celebró en Londres (Cherjovsky, 2015).

En el balance final, ni los errores logísticos ni los conflictos pueden borrar los méritos y el valor histórico del proyecto de la JCA, que ayudó a miles de familias judías a rehacer sus vidas social y económicamente, incluso en un plazo corto o mediano. En este sentido, la frase "sembramos trigo y cosechamos doctores", que instaló en la memoria colectiva argentina la idea de que la primera generación se sacrificó para lograr el ascenso social de la segunda y de la tercera, oculta el hecho de que numerosas familias mejoraron rápidamente sus pautas de consumo. El progreso no sólo se mide en títulos universitarios, sino también en la mejora de la calidad de vida. Por ejemplo, cuando el pionero Marcos Alpersohn logró las primeras buenas cosechas, sus hijas le pidieron que comprara un piano, algo que unos meses antes hubiera sido inimaginable para la familia. Y, cuando el famoso dramaturgo judeo-ruso Péretz Hirschbein, radicado en los Estados Unidos, visitó la casa del colono entrerriano Israel Ropp, se sorprendió de que su biblioteca rural contara con más de 500 volúmenes, entre los que encontró numerosos clásicos rusos, judíos y argentinos junto con otros de la literatura universal, como Shakespeare, Víctor Hugo, Cervantes, Goethe, Dumas, Voltaire, Spinoza y Molière, además de miles de periódicos y revistas (Ropp, 1971).[26] Así describió la hija de Ropp la celebración de la pascua judía en su hogar paterno:

> Me acuerdo de nuestra mesa grande cubierta con un impecable mantel blanco y con la vajilla reluciente para usarla de un año a otro solamente durante los días de *Pésaj*. Las velas encendidas, puestas en los candelabros de bronce, parecían de oro. Las tres *matzot* (panes ácimos) estaban cubiertas de una carpetita de seda blanca bordeada por flecos de hilo dorado, que ostentaba en el medio la Estrella de David, de color celeste, y en el centro bordada la palabra Tzion (Sion) en letras de oro (Ropp, 1971: 27; itálica en el original).

Al inicio de la Primera Guerra Mundial, cuando se detuvo la inmigración, 19.000 judíos vivían en las colonias, mientras que otros 8.000 habían abandonado sus chacras.[27] Más tarde, en 1941, al cumplirse el cincuentenario de la JCA, la empresa había adquirido en la Argentina un total de 617.000 hectáreas, cifra cercana a un tercio de la superficie del actual Estado de Israel. La tierra colonizada ascendía a 416.059 hectáreas, y el número de colonos a 3.454. Las 3.946 familias que vivían en las colonias estaban conformadas por un total de 27.448 personas, aunque se calcula que otros diez mil judíos prestaban allí

---

[26] Sobre la lectura y las bibliotecas en las colonias, véase Levin, 2009b.
[27] De acuerdo con Levin, muchos de los que llegaron en esta segunda época eran adeptos a la Haskalá y a las ideologías de izquierda que circulaban en Rusia (2009b: 2).

servicios laborales, comerciales y profesionales.[28] Luego, en la década del cincuenta, la JCA terminó de entregar los últimos títulos de propiedad y comenzó a desprenderse rápidamente de las tierras que le quedaban ociosas, ya que el impuesto al ausentismo introducido por el peronismo la perjudicaba económicamente (Cherjovsky, 2015). El retiro definitivo de la Argentina, que se postergó por cuestiones burocráticas, se concretó en el año 1975 (Norman, 1984). Más tarde la compañía canalizó sus actividades hacia Israel, donde colaboraría en distintos proyectos hasta la actualidad.[29]

La lista de las colonias creadas por la JCA muestra que sus nombres constituyen lugares de memoria en sí mismos: Barón de Hirsch, Clara, Lucienville y Mauricio remiten a los cuatro integrantes de la familia Hirsch, mientras que Montefiore, Leonard Cohen, Narcisse Leven, Avigdor y Louis Oungre (éste último, director general y figura principal de la compañía desde la muerte del barón hasta fines de los años cuarenta) honran a distintos funcionarios de la JCA. Listado de colonias de la JCA en orden cronológico:

- Moisés Ville (Santa Fe, 1889 propiedad de Palacios; 1891 adquirida por la JCA)
- Mauricio (Buenos Aires, 1891)
- San Antonio (Entre Ríos, 1892)
- Clara (Entre Ríos, 1892)
- Lucienville (Entre Ríos, 1894)

---

[28] Cifras tomadas de *Medio siglo en el surco argentino*, editado por la JCA en 1942. Según el testimonio de uno de los administradores, los colonos que desertaron a lo largo de la historia del proyecto habrían llegado al 50% del total (Riegner, 1990).

[29] De acuerdo con Avni, es posible establecer tres períodos de poblamiento para las colonias de la JCA. Uno de "crecimiento", que va desde 1891 hasta la Primera Guerra Mundial, otro de "consolidación", que llega hasta mediados de la Segunda Guerra, cuando la población total osciló ente las 25 y 35 mil personas, y uno de "declinación", que va de la segunda posguerra hasta el retiro de la compañía.

- Barón Hirsch (Buenos Aires/La Pampa, 1904)
- El Escabel (La Pampa, 1907, no colonizada)
- López y Berro (Entre Ríos, 1907)
- Walter Moss y Curbelo (Entre Ríos, 1908)
- Santa Isabel (Entre Ríos, 1908)
- Narcisse Leven (La Pampa, 1908)
- Dora (Santiago del Estero, 1910)
- Montefiore (Santa Fe, 1912)
- Palmar Yatay (Entre Ríos, 1912)
- Leonard Cohen (Entre Ríos, 1930)
- Louis Oungre (Entre Ríos, 1930)
- Avigdor (Entre Ríos, 1936)

Listado de colonias independientes:

- Villa Alba (La Pampa, 1905)
- Médanos (Buenos Aires, 1905)
- Colonia Rusa (Río Negro, 1906)
- Charata (Chaco, colonia multiétnica poblada por numerosas familias judías llegadas entre 1917 y 1923)

2. Memoria judía

La idea de que existe una memoria colectiva corresponde al sociólogo durkheimiano Maurice Halbwachs (1877-1945), quien durante la década de 1920 advirtió que nuestros recuerdos no solo se nutren de experiencias individuales, sino también de relatos, imágenes y símbolos producidos por los grupos sociales a los que pertenecemos. Hasta entonces, dentro del campo científico, la memoria era considerada una función mental o cognitiva, cuyo estudio correspondía a la psicología. Halbwachs murió en un campo de concentración nazi durante la Segunda Guerra Mundial, pero su concepto sobrevivió, y en los años setenta fue retomado por el historiador Pierre Nora, quien armó un equipo conformado por ciento treinta colegas para investigar la memoria nacional de los franceses en extenso. Para Nora, la memoria se encuentra encanada en dispositivos culturales a los que denominó *lieux de mémoire*, o "lugares de memoria", cuya función consiste en transmitir a las nuevas generaciones las representaciones sobre el pasado que ciertos grupos eligen para favorecer la reproducción social.[30] Se trata de monumentos, museos, conmemoraciones de fechas históricas, curriculum escolares, libros conmemorativos, nombres de espacios públicos, mausoleos, textos literarios, objetos de arte, películas de cine, etc. Para Nora, en un mundo signado por la aceleración de los procesos de cambio cultural y tecnológico, los lugares de memoria han reemplazado a los antiguos *entornos de memoria*, es decir, a aquellos contextos culturales cargados de historia y de símbolos identitarios que actualizaban el pasado de forma constante e inequívoca (Nora, 1984 y 1998).

Los actores sociales que conciben, organizan y activan los lugares de memoria son conocidos en la en la terminología académica como *emprendedores de memoria*. Para Michael Pollak, quien acuñó este concepto durante los años ochenta, los emprendedores son sujetos "convencidos de tener una misión sagrada que cumplir, y se inspiran en una ética intransigente al establecer una equivalencia entre la memoria que defienden y la verdad" (2006: 26). Aunque ésta es la definición más difundida, Pollak la concibió pensando en las memorias traumáticas, por lo que

---

[30] Siguiendo a Emile Durkheim, las *representaciones colectivas* son el resultado o producto de estrategias simbólicas que los grupos sociales ponen en práctica para autorrepresentarse, para diferenciarse de otros grupos y para discutir con ellos las posiciones que ocupa cada uno en la estructura social, las que a su vez determinan relaciones de poder (Chartier, 1992: 56-57).

no se ajusta al caso de los emprendedores que activaron la memoria de la colonización. En consecuencia, he preferido tomar prestado el enfoque de John Bodnar (1992 y 1994), quien describe a los emprendedores de memorias étnicas como operadores políticos que median entre los intereses minoritarios y los estatales, una definición que se ajusta mucho más al caso de los intelectuales, escritores, dirigentes comunitarios, periodistas, museólogos, cineastas, académicos y políticos que elaboraron la memoria de la colonización judía.

También voy a referirme a las diversas actividades que realizan los emprendedores como los *trabajos de la memoria*, un término que utiliza la socióloga argentina Elizabeth Jelin (2002). La realización de trabajos de la memoria requiere creatividad intelectual, conocimientos y talento para modelar la historia de acuerdo con las intenciones de los emprendedores. Pero, aun si quisieran, éstos no podrían inventar un pasado "desde cero", ya que perderían credibilidad. Para que sus discursos resulten veraces, los emprendedores siempre deben apoyarse en elementos reales o verificables de la historia que se transmite. En este sentido, como ya mencioné en la Introducción, en la selección y el reordenamiento de los hechos y representaciones que conforman la memoria hay implícito un *trabajo de encuadramiento*. Aunque este concepto tiene su origen en un texto de Henry Rousso (1985), quien propuso usar el concepto de *memoria encuadrada*, su desarrollo corresponde a Michel Pollak, para quien "el trabajo permanente de reinterpretación del pasado es contenido por una exigencia de credibilidad que depende de la coherencia de los discursos sucesivos" (2006: 25).[31]

---

[31] Otros conceptos que ampliaron el horizonte teórico en los últimos años son memoria *social* (Frentress y Wickham, 1992), memoria *étnica* (Le Goff, 1991), memoria *oficial* y *vernácula* (Bodnar, 1992 y 1994), memoria *subterránea*

En algunos casos, aun cuando existen emprendedores interesados en difundir ciertas memorias, éstas pueden contener aspectos que dificultan su salida a la luz en la esfera pública. Los motivos pueden ser variados: trauma, vergüenza, inconveniencia política, existencia de un régimen totalitario, etc. Para referirme a este tipo de memorias me valdré de la categoría de *memoria subterránea*, propuesta también por Pollak, quien ha expresado que

> la frontera entre lo decible y lo indecible, lo confesable y lo inconfesable, separa (...) una memoria colectiva subterránea de la sociedad civil dominada o de grupos específicos, de una memoria colectiva organizada que resume la imagen que una sociedad mayoritaria o el Estado desean transmitir o imponer (2006: 24).

Esa condición diferencial entre memorias oficiales y subterráneas ha determinado que en el campo académico existan dos líneas de investigación complementarias. La primera sigue la dirección inaugurada por Nora para el caso de Francia, y focaliza en los materiales que delinean un pasado funcional a la identidad colectiva de la nación. La segunda busca sacar a la luz los reclamos de verdad y justicia de grupos que han sido víctimas de hechos traumáticos, como guerras, masacres y diversos abusos a los derechos humanos que el estado oculta deliberadamente y en los que, a veces, ha sido juez y parte. El tema de investigación predominante en la Argentina se relaciona con esta segunda línea, y su centro gravitacional está

(Pollak, 2006), memoria *totémica* (Nora, 1998), memoria *encuadrada* (Rousso, 1984), memoria *cultural*, memoria *vinculante*, memoria *conectiva*, memoria *funcional* y memoria *acumulada* (Assmann, 2008: 17-50).

conformado por los crímenes de lesa humanidad cometidos por las fuerzas armadas durante la dictadura militar de 1976-1983.[32]

En cambio, el proceso de construcción de una memoria oficial de la Argentina a lo largo de su historia ha recibido menos atención, aunque algunos investigadores se han acercado al tema desde distintos ámbitos. Por ejemplo, al focalizar en las relaciones entre literatura, elites, política e identidad, Beatriz Sarlo y Carlos Altamirano (1983), Adolfo Prieto (1988) y Oscar Terán (2008) han realizado aportes desde los marcos de la historia intelectual y la sociología cultural. Lilia Ana Bertoni (2001) ha analizado la construcción de la nacionalidad y la invención de una tradición localista a fines del siglo XIX, cuando la élite decidió adoptar políticas homogeneizantes para asimilar a los hijos de los inmigrantes. María Élida Blasco (2007, 2011 y 2012) y Andrea Roca (2012) trabajaron sobre los vínculos entre memoria, identidad, patrimonio y museos; mientras que Adrián Gorelik (2010 y 2011), estudió la geografía urbana como zona de disputas por los significados del pasado.

Este libro se inscribe en una tercera línea, que hasta ahora ha sido bastante menos transitada que las otras dos: la construcción de memorias por parte de las minorías étnicas o vernáculas, interesadas en canalizar sus demandas identitarias en el seno de sociedades multiculturales y en negociar con el estado las representaciones colectivas que se instalan en la memoria oficial. Se trata de un tema que ha sido trabajado, para el caso norteamericano, por Bodnar, quien ha mostrado cómo la memoria oficial estadounidense se nutre tanto de elementos estatales como

---

[32] El trabajo sistemático más importante es la Colección *Memorias de la Represión*, publicada por Siglo XXI Editores entre 2002 y 2005, que reúne diez volúmenes de artículos escritos por diversos autores, supervisados y dirigidos por Elizabeth Jelin, donde se aborda ese tema en el marco de los países del Cono Sur.

vernáculos o étnicos, para luego concretar una síntesis que tiende a estar desbalanceada en favor de los primeros. En este sentido, mi investigación sugiere que la memoria de la colonización es un constructo complejo que permitió a los líderes étnicos negociar las representaciones sobre el colectivo judío de la Argentina, tanto con el estado como con la sociedad nacional. Tzvi Tal lo ha expresado muy bien al manifestar que "la identidad judía argentina es una construcción simbólica híbrida producida en la negociación frente a los discursos hegemónicos" (Tal, 2010). De hecho, la mayoría de los especialistas ve a la memoria colectiva como una de las herramientas fundamentales para crear y reproducir identidades sociales, en tanto éstas se apoyan en recuerdos grupales cuya transmisión induce a los sujetos a imaginar que comparten un pasado común (Halbwachs, 1992: 47).[33] Por ejemplo, para Rousso, la memoria tiene "la función de estructurar la identidad del grupo o de la nación, y por ende, de definirlos [a sus integrantes] en tanto tales y distinguirlos de otras entidades equiparables" (1991: 6). Pollak ha escrito que la memoria "se integra en tentativas más o menos conscientes de definir y reforzar sentimientos de pertenencia y fronteras sociales entre colectividades", y que entre sus funciones se encuentra la de "mantener la cohesión interna y defender las fronteras de aquello que un grupo tiene en común" (2006: 25).

Como prueba de las estrechas relaciones existentes entre los conceptos de memoria e identidad, puede aducirse que la preocupación de los judíos por la memoria de los acontecimientos pos-bíblicos (es decir, por los sucesos

---

[33] Aunque la publicación original es de 1952 (*Les cadres sociaux de la mémoire*, Paris, Presses Universitaires de France), las ideas principales de Halbwachs ya habían aparecido en 1925, en *Les Travaux de L'Année Sociologique*, Paris, F. Alcan.

ocurridos durante la Edad Media y la Modernidad) es un fenómeno reciente, surgido como consecuencia de la aparición de las políticas judías modernas. El liberalismo, el sionismo y el autonomismo, en sus distintas vertientes, se vieron en la necesidad de crear representaciones acerca del pasado judío que sirvieran para justificar sus propias posturas acerca del camino a seguir en el mundo secular.[34] Para el historiador norteamericano Yosef Hayim Yerushalmi:

> El esfuerzo judío por reconstruir el pasado judío comienza en una época en que ocurre una violenta ruptura en la continuidad de la vida judía y, por lo tanto, también un creciente deterioro

---

[34] El camino que va desde la conformación de la asociación judeo-alemana de historiadores Wissenschaft des Judenthums, a inicios del siglo XIX, hasta la aparición del sionismo político, estuvo jalonado por una serie de publicaciones historiográficas y panfletarias que presentaban a los judíos como una nación. En 1851 Nachman Krochmal (Galitzia, 1785-1840) publica la *Guía para los perplejos de nuestro tiempo*, que presenta una versión hegeliana del judaísmo entendido como una fuerza viva poseedora de su propio Volkgeist. Entre 1856 y 1873 aparecen los once volúmenes de la *Historia de los judíos del comienzo hasta el presente*, de Heinrich Graetz (Poznan, 1817-1891), que muestra a los judíos como un pueblo y a la historia judía como una historia nacional dentro de la historia general de las demás naciones. En 1862 aparece el célebre *Roma y Jerusalén*, de Moisés Hess (Bonn, 1812-1875), colega de Marx y Engels y una de las figuras centrales de la socialdemocracia alemana. Si bien en su juventud Hess era favorable a la integración de los judíos dentro de un régimen universalista socialista, el brote antisemita alemán de 1860 lo impulsó a proponer la creación de un estado judío socialista en Palestina. En 1882 aparece *Autoemancipación*, panfleto escrito en un lenguaje llano y potente por Leo Pinsker (Odessa, 1821-1891), quien a partir de la violencia antisemita desatada en 1881 en Rusia sugiere que el actor de la emancipación sea el mismo pueblo judío, y no el entorno gentil (respecto de la historiografía judía durante el siglo XIX, ver Avineri, 1981: capítulo 1). Más tarde, el autonomismo tendría su propio historiador en Simón Dubnow (1860-1941), autor de los diez tomos de la *Historia Universal de Pueblo Judío*, mientras que el precursor de la versión marxista de la historia judía fue Abraham Léon (Abraham Wejnstok, 1918-1944), un militante sionista-socialista luego devenido trotskista-antisionista que murió en un campo de concentración nazi a los veintiséis años. En su *Concepción materialista de la cuestión judía*, Léon hizo especial hincapié en la variable económica como móvil de la emigración masiva de la Rusia zarista, colocando en primer plano el ingreso tardío del capitalismo en el este europeo, que trastocó las relaciones de intermediación de los judíos en el sistema tardofeudal.

de la memoria judía de grupo. (...) Por primera vez la historia, y no un texto sagrado, se convierte en el árbitro del judaísmo. Prácticamente todas las ideologías judías del siglo XIX, desde la Reforma hasta el sionismo, sentirán una necesidad de apelar a la historia para su validación. Como era previsible, la historia produjo las conclusiones más variadas para quienes se las pedían (2002: 102).

Si la memoria favorece la reproducción social y configura la identidad, es razonable que su elaboración genere tensiones. Por eso, a partir de los años ochenta, los investigadores focalizaron en la memoria como un terreno de disputa entre sectores hegemónicos y subalternos, retomando así algunas de las ideas propuestas por el historiador Ernest Renan (1823-1892), quien ya en el siglo XIX había advertido que los nacionalismos recurrían a la distorsión intencionada del pasado (Hobsbawm, 1998: 40).[35] Y la Argentina de la inmigración masiva no fue una excepción. Hacia fines del siglo XIX, el aluvión inmigratorio no sólo había traído brazos para trabajar la tierra, sino también una serie de problemas sociales potenciales que llevaron a la elite gobernante a ocuparse de "construir la nacionalidad". Con el fin de homogeneizar a una población cada vez más diversa, el estado y los intelectuales argentinos nacionalistas se abocaron a elaborar una memoria oficial que se comunicó por varias vías: a través de rituales escolares, de la creación de museos, de las efemérides patrióticas, de la repatriación de los restos de los próceres y de las denominaciones de calles y plazas (Bertoni, 2001). Medio siglo más tarde, los resultados de esa política asimilacionista, llamada "del crisol de razas", parecían haber sido

---

[35] En esa línea se inscriben los trabajos de Yosef Hayim Yerushalmi ([1982] 2002 y 1989), Pierre Nora (1984, 1986 y 1992), Henry Rousso (1987), Michel Pollak ([1989] 2006), John Bodnar (1992), John Gillis (1994) y Andreas Huyssen (2001), entre otros.

exitosos e, incluso, positivos. Según las investigaciones que realizó el sociólogo italiano Gino Germani, a comienzos de los años sesenta el país podía ser descrito como culturalmente homogéneo y socialmente integrado (Devoto, 2003; Devoto y Otero, 2003). Sin embargo, lo que no estaba del todo claro en el análisis de Germani era cómo se habían logrado esas metas.

De acuerdo con la historiadora María Bjerg (2009), existen tres posturas predominantes acerca de cómo se llevó a cabo la supuestamente exitosa integración cultural de los inmigrantes en la Argentina. Según la primera, las políticas homogeneizantes fueron tan eficaces que produjeron una casi total asimilación de los inmigrantes a la matriz cultural preexistente en la Argentina. La segunda postura plantea que, en realidad, esa matriz cultural también recibió los aportes particulares de los grupos migratorios arribados. En este sentido, aunque existe un acuerdo generalizado en cuanto a que el estado aplicó un modelo asimilacionista, existe una polémica acerca de la porosidad de los dispositivos y de las políticas implicadas, ya que las colectividades de inmigrantes crearon escuelas étnicas y asociaciones de ayuda mutua, publicaron sus propios periódicos y celebraron sus festividades públicamente sin mayores inconvenientes (Devoto y Otero, 2003). En cambio, la tercera postura no ve una contradicción entre integración y pluralismo, y propone que la sociedad argentina tiene una matriz multicultural en la que coexisten distintas identidades a las que el asimilacionismo no ha logrado aplanar (véase al respecto Bjerg y Da Orden, 2006).[36]

---

[36] Para Bjerg, la integración de los inmigrantes se jugó en ámbitos y en planos diferentes. La cohabitación en conventillos, barrios multiétnicos y fábricas, así como la participación en la lucha obrera jugaron roles importantes a la hora de poner en contacto a individuos de orígenes distintos, mientras que la concurrencia a los espacios de sociabilidad creados por las asociaciones étnicas y el contacto con ideas y noticias difundidos por la prensa, también étnica, posibilitaron la

Según el historiador Fernando Devoto, las lealtades de los inmigrantes llegados a la Argentina fueron disputadas por tres actores principales: las nuevas fuerzas políticas de la izquierda, el estado nacional y las elites étnicas. Estas últimas rivalizaban con el estado en cuanto a los sentidos de pertenencia nacionales que éste buscaba inculcar a la población, mientras disputaban con la izquierda las afinidades de clase pan-étnicas que aquel sector buscaba construir (2003: 270). Devoto también ha planteado que el grado de integración de los inmigrantes sólo ha sido estudiado teniendo en cuenta pautas cuantificables, como los patrones de residencia, el acceso a los bienes y servicios del estado, la movilidad social, el asociacionismo y los matrimonios exogámicos (2003: 328). Por ello, ha recalado la necesidad de trabajar con enfoques cualitativos, como es el caso de las memorias de los grupos migrantes.[37]

Como ocurrió con varios de los grupos migratorios llegados a la Argentina, los judíos conservaron lazos culturales con sus sociedades de origen. En la terminología de los estudios migratorios, los vínculos identitarios que se generan entre una comunidad emigrada y su matriz cultural originaria se denominan *relaciones centro-diáspora*. En el caso que nos compete, el marco de referencia transnacional (el centro) experimentó numerosas transformaciones y desplazamientos que impactaron en la colectividad local (diáspora). Me refiero a procesos tales como la Gran Migración a América, el Holocausto, la creación del Estado

---

permanencia (y muchas veces la elaboración *in situ*) de lazos y sentidos de pertenencia orientados hacia la madre patria. Bjerg también destaca el rol activo jugado por las elites de los distintos grupos en los procesos de apropiación de símbolos culturales (2009: 20, 35 y 47-48).

37 Devoto trató este tema en la Jornada sobre *Inmigración y Colectividades: Veinte años después*. IDES, 10 de septiembre de 2004, página 27, según consta en una tesis doctoral inédita de Paola Monkevicius sobre la memoria colectiva de los lituanos en la Argentina.

de Israel y la revelación de los episodios antisemitas en la Unión Soviética de Stalin. Ya incluso durante los primeros años de vida de la colectividad, cuando el proyecto colonizador del barón mostraba sus primeros resultados, en Europa tuvieron lugar acontecimientos decisivos. En el transcurso de 1897, Herzl reunió en Basilea el primer Congreso Sionista. El sionismo de Herzl buscaba obtener un territorio en Palestina por la vía política, negociando su concesión y legitimación con los líderes de las potencias europeas que tenían una injerencia decisoria en la zona. Durante ese mismo año, también se conformó la *Unión General de Trabajadores Judíos de Lituania, Polonia y Rusia*, más conocida como el Bund (es decir, "la liga"), un partido político socialdemócrata que inicialmente buscaba reclutar judíos para la causa marxista, pero que desde 1905 defendió el derecho del pueblo judío a la autodeterminación. Esas dos propuestas dividieron aguas en el seno del judaísmo argentino, cuyos integrantes seculares se manifestaron desde entonces como partidarios del sionismo o del progresismo, aunque la adscripción a una de estas dos ideologías no implicara necesariamente su puesta en acto.

En este sentido, el historiador Leonardo Senkman ha manifestado que los judíos de la Argentina "construyeron y reconstruyeron sus identidades colectivas a través de una negociación permanente de sus instituciones con la cambiante identidad nacional local, pero también con sus fluidas lealtades y solidaridades etno-transnacionales hacia la diáspora" (Senkman 2007: 403). Para Senkman, en la Argentina han existido dos matrices identitarias judías cronológicamente sucesivas: la *liberal-integracionista* y la *etno-transnacional*. La primera se habría ajustado al modelo de integración cívica propuesto por la Generación del Ochenta, que habilitaba la participación de los judíos en casi todas las esferas de la vida nacional y les posibilitaba conservar ciertas pautas culturales y religiosas en el hogar y dentro del marco de las asociaciones étnicas. Esa matriz hacía posible "sentirse un ciudadano local integrado al país y, simultáneamente, tener lealtades transnacionales judías sin temores" (2007: 418). En cambio, la segunda, que comenzó a imponerse desde mediados del siglo XX, ponía el énfasis en los vínculos del judaísmo argentino con aspectos transnacionales de la identidad, como los centros culturales ashkenazíes ubicados en Polonia y Lituania, que desaparecieron luego del Holocausto, y, sobre todo, con el Estado de Israel, creado en 1948, que vino a reemplazarlos.

Estableciendo un contrapunto con Senkman, el historiador israelí Raanan Rein y su colega norteamericano Jeffrey Lesser opinan que los enfoques sobre el judaísmo latinoamericano realizados desde fuera del subcontinente adolecen de "la idea de la primacía diaspórica", ya que presentan a los judíos como miembros de una nación global cuyo centro de gravedad va cambiando de coordenadas de acuerdo con los tiempos y las circunstancias. Según señalan, la diáspora "domina la historia y la imaginación del pueblo judío, y en la historiografía se ha acostumbrado a presentar el dilema como si a los judíos de la diáspora no les quedara más alternativa que escoger entre dos opciones: asimilarse a la cultura circundante diluyendo sus propias tradiciones o mantenerse separados del resto del mundo a fin de preservar la pureza de su religión y de su herencia" (Rein y Lesser, 2007: 14). Desde esa perspectiva, el lugar de residencia resultaría más bien un sitio de hospedaje temporario en el que los individuos no echan raíces. Sin embargo, de acuerdo con Rein y Lesser, diversos estudios habrían probado suficientemente que, para los judíos de Latinoamérica, pesan más los sentidos de pertenencia nacionales (es decir, locales) que los transnacionales. Rein sugiere incluso que el notable arraigo del sionismo en la región no sólo no implicó la emigración masiva de judíos a Israel, sino que además funcionó como un aglutinante de la etnicidad, en tanto "permitía a los judeo-argentinos ser hijos y herederos de una madre patria, de la misma forma que los ítalo-argentinos eran oriundos de Italia, los hispano-argentinos de España, etc. De esta manera, el apoyo al sionismo expresaba para muchos precisamente una manera de convertirse en un típico argentino en aquélla heterogénea sociedad de inmigrantes" (Rein, 2008: 90). Rein y Lesser ven a los judíos del subcontinente como un grupo étnico cuyo grado de integración varía según la época y la sociedad de residencia, que se autoidentifica como miembro de la nación que habita y como judío en proporciones cambiantes. Esa postura los ha llevado a utilizar el concepto de identidades guionadas, propio de la bibliografía sobre multiculturalismo, como se aprecia en el artículo de Lesser "Jewish-Brazilians or Brazilian-Jews? A Reflection on Brazilian Ethnicity" (2001) y en el libro de Rein *Judíos-argentinos o argentinos-judíos. Identidad, etnicidad y diáspora* (2011).

Por su parte, los investigadores argentinos Alejandro Dujovne (2010) y Damián Setton (2010) han optado por organizar conceptualmente el mapa identitario recurriendo al concepto de "campo judaico", tributario de la teoría sociológica de Pierre Bourdieu, lo que les permite enfocar lo judío como "un universo de referentes flotantes a disposición de los sujetos y las instituciones". En consecuencia, "en ausencia de una instancia con autoridad para estabilizar el sentido, muchos sujetos quedan atravesados por diferentes referentes sin que ninguno de ellos se constituya en el núcleo de una definición identitaria" (Setton, 2010: 2). Así, los significados respecto de lo judío se van generando a lo largo de procesos históricos de "lucha por ocupar posiciones hegemónicas en el espacio estructurado de posiciones (campo) donde el significado sobre lo judío se produce y se disputa entre intelectuales e instituciones" (2010: 14). Finalmente, "la estructura de todo campo es el resultado de esos procesos históricos que, marcados por la lucha por detentar la legitimidad de imponer sistemas de clasificación, generaron los *corpus* simbólicos que se actualizan en las interacciones" (2010: 16).[38]

Identidades aparte, la preocupación de la colectividad judía argentina por conservar la memoria colectiva referida a su trayectoria local ha recaído originariamente en algunas instituciones como la DAIA y la AMIA, que publicaron listas de acontecimientos en colecciones de libros de circulación interna. También en el Instituto Científico Judío (IWO, según sus siglas en ídish), creado en 1928 por un grupo de intelectuales que en 1939 inauguraron también una biblioteca y un archivo histórico y luego incluso un pequeño museo propio. Algo más tarde, en 1967, vio la luz el Museo Judío de Buenos Aires, una institución con intereses afines. Si ponemos el foco

---

[38] Existen otros trabajos acerca de la identidad judía local, como los de los antropólogos Rosana Guber (1984), Leonor Slavsky (1993) y Daniel Bargman (2011). Para Guber, aunque los prejuicios antisemitas de una parte de la sociedad argentina habrían contribuido a sostener la etnicidad, los judíos han tenido una buena inserción social, que reviste importantes diferencias respecto de otros grupos étnicos de Latinoamérica que presentan diferencias de clase y una mayor demarcación por rasgos fenotípicos (indios, negros, mestizos). La conservación de la identidad recayó en la extendida red institucional comunitaria y en la creación del Estado de Israel. Partiendo del incremento en la utilización de cementerios no judíos, Slavsky analiza las distintas identidades en relación con las prácticas funerarias. Su conclusión es que existen tres conjuntos de formas de concebir la etnicidad por parte de los actores: (1) el nacimiento de madre judía, (2) las prácticas culturales y rituales (circuncisión, casamiento religioso, etc.) y (3) la autoadscripción basada en sentidos de pertenencia a una comunidad. Apoyado en documentos de las landsmanshaftn (asociaciones de coterráneos) y en entrevistas personales, Bargman analiza la diversidad y heterogeneidad al interior del conjunto de inmigrantes polacos arribados en la década de 1920, que aportaron intelectuales y renovaron la vida cultural idishista.

en la producción académica referida a la memoria judía local, los temas predominantes se relacionan con hechos traumáticos. Por ejemplo, existen numerosos trabajos que exploran la memoria de acontecimientos como el pogromo de la Semana Trágica de 1919 (Dimenstein, 2007), las desapariciones de judíos durante la dictadura militar de 1976-1983 (Kahan, 2010; Lipis, 2010; Schenquer, 2011; Senkman y Sznajder, 1995), el rol de las mujeres en los reclamos de justicia por la voladura de la AMIA (Gurevich, 2005), las marcas territoriales que surgieron en el espacio público luego de los atentados a la embajada y a la AMIA (Tolcachier, 2009b) y la difusión de programas escolares en la red escolar judía destinados recordar los atentados (Fidel y Kacowikz, 2011). A su vez, Daniel Lvovich trabajó sobre el olvido de los disturbios antisemitas en el contexto del 17 de octubre de 1945 y su relación con la mitología antiperonista (2007). Otros trabajos resaltan los vínculos simbólicos entre la memoria de hechos traumáticos locales y transnacionales, como el de Ariana Huberman y Alejandro Meter, quienes sostienen que el recuerdo y el olvido desempeñan un papel vital en el contexto diaspórico de las sociedades latinoamericanas, "ya que en el proceso de inmigración y traslado los recuerdos se ven amenazados por la dispersión de los núcleos sociales que alimentan la memoria" (2006: 15). Para ambos, la metanarrativa del Holocausto permitió organizar las representaciones sobre los desaparecidos y los atentados terroristas de acuerdo con un marco de referencia conocido. En la misma línea, Yossi Goldstein sostiene que, a partir de fines de la década de 1980, habría surgido en la Argentina un "nuevo modelo de memoria colectiva y recordación" judío que toma por eje al Holocausto:

ante el peligro de desintegración y olvido, la intelectualidad judeo-argentina en conjunto con el liderazgo comunitario acuden a la Shoá para recuperar la memoria como motivo funcional que a la vez ayuda a agilizar la memoria histórica referente a la represión, la dictadura militar, los desaparecidos, la impunidad y la falta de justicia ante los atentados contra la embajada de Israel y la AMIA (2006: 60).

Para Goldstein, el tropo del Holocausto habría cumplido un papel clave en la lucha contra el antisemitismo y contra el surgimiento del neo-nazismo, factores que pusieron en duda la integración de los judíos en la sociedad argentina.[39] En una vertiente menos dramática, Fernando Fischman ha abordado las relaciones entre la memoria local y las identidades judías transnacionales al explorar relatos orales de hijos de inmigrantes judíos correspondientes al género de la *mantse* (en ídish, cuento basado en hechos reales), así como también la conmemoración pública de la fiesta de Purim, organizada por la AMIA desde 2004 en el barrio de Villa Crespo (2008; 2013). Por su parte, Alejandro Dujovne revisó los calendarios conmemorativos de dos instituciones judías cordobesas con orientaciones ideológicas divergentes para mostrar cómo las distintas conmemoraciones anuales que se celebran en ambos espacios societales representan usos del pasado diferenciales, vinculados a las posturas identitarias sostenidas por un sector sionista y por otro integracionista-culturalista-idishista-laico (2011).

El tema de la colonización ha sido objeto de algunos trabajos que focalizaron en la memoria de colonias individuales. Por ejemplo, en *The Invention of the Jewish Gau-*

---

[39] Para Daniel Bargman (2011), el Holocausto reavivó los sentidos de pertenencia étnicos en la comunidad judía, que ya durante la Segunda Guerra comenzó a edificar importantes sedes institucionales y que además asumió, ante la pérdida del centro irradiador de cultura idishista europeo, un deber de continuidad y de memoria.

cho. *Villa Clara and the Construction of Argentine Identity* (2009), la antropóloga Judith Freidenberg combina el análisis de fuentes históricas con un abordaje etnográfico para mostrar el impacto de las distintas oleadas migratorias en la configuración identitaria del pueblo rural de Villa Clara, que incluye a criollos, judíos, suizo-franceses, alemanes del Volga y migrantes internos recientes. La autora relevó algunos aspectos que se acercan a mis intereses en esta investigación, tales como el proceso de creación del Museo Histórico Regional y los festejos por el centenario, en 2002, observando incluso ciertas disputas por la memoria en la sociedad vernácula, de pequeña escala pero sumamente multicultural. El otro trabajo es la tesis doctoral *Historia y memoria de la colonización judía agraria en Entre Ríos. La experiencia de Colonia Clara, 1890-1950* (2011). Su autora, la historiadora Patricia Flier, se interesó por iluminar aspectos desconocidos, silenciados u olvidados dentro de un contexto de revalorización y difusión de la experiencia colonizadora que ella asocia con el giro memorialista de la posmodernidad. Otros autores provenientes también del mundo académico se ocuparon de publicar testimonios y documentos de primera mano acerca de la vida en las colonias, aunque se trata de trabajos en los que no hay un análisis propiamente dicho. Entre esos trabajos se destacan los de Chiarmonte, Rotman, Fistein y Finvarb (1995 y 2011), Freidenberg (2005), Gutkowski (1991), Senkman (1984) y Senkman y Avni (1993). Esas publicaciones constituyen lugares de memoria en sí mismas, y las revisaremos oportunamente en este mismo libro.

Capítulo dos

¿Gauchos judíos o colonos en pie de guerra?

Ese libro de Gerchunoff... tiene un título que no corresponde al texto. Porque, cuando uno lee el libro, se da cuenta de que esos inmigrantes judíos no eran gauchos sino chacareros. Y eso se ve en los mismos capítulos, que se titulan "El surco", "La trilla", etcétera. Eso no tiene nada que ver con un gaucho, que fue un hombre ecuestre, y no un agricultor.

Jorge Luis Borges[40]

La narrativa judeo-argentina ofrece numerosos cuentos, memorias de vida, novelas, dramas, ensayos y crónicas que constituyen lugares de memoria clave para observar cómo el pasado colono fue narrado selectivamente. Las temáticas más recurrentes que abordaron sus autores fueron los sueños y frustraciones de las familias que vivieron en las colonias, sus relaciones con la sociedad local, sus conflictos con JCA y los dilemas identitarios de los inmigrantes y de las sucesivas generaciones nacidas en el país. Considerando la gran extensión y dispersión del universo de fuentes literarias existente, aquí he seleccionado un corpus de trabajo en el que incluí a las obras premiadas, a las que fueron traducidas a otras lenguas, publicadas en formato de libro o que recibieron mayor atención por parte de historiadores, críticos literarios u otros académicos.[41]

---

[40] En Sorrentino (1996). Este fragmento de Borges también ha sido citado por Degiovanni (2000) y por Astro (2010).
[41] Fueron de ayuda para realizar la selección los trabajos de Botoschansky ([1944], en Feierstein, 1987), Senkman (1983), Feierstein (1987, 1990), Sosnowski (2000), Weinstein y Toker (2004 y 2006) y Astro (2006, 2011).

Las relaciones entre narrativa y memoria colectiva han sido problematizadas por distintos autores. Por ejemplo, para el egiptólogo alemán Jan Assmann (2008), un texto puede ser considerado un acto de habla que ha sido conservado utilizando distintas tecnologías que permiten fijar su sentido en el largo plazo, posibilitando reanudar la comunicación entre generaciones distantes en el tiempo. En las sociedades con escritura existen ciertos textos que configuran la memoria cultural, a los que Assmann denomina *textos culturales*. Éstos

> pretenden una vinculación de toda la sociedad, determinan su identidad y su coherencia; estructuran el horizonte de sentido sobre el cual la sociedad se comprende a sí misma y la conciencia de unidad, pertenencia e idiosincrasia, a través de cuya transmisión el grupo se reproduce a lo largo de las generaciones y vuelve a reconocerse a sí mismo (2008: 141).

Además, Assman señala que existen dos categorías de textos culturales: los "normativos", que codifican las normas de conducta y los valores centrales, y los "formativos", que transmiten la identidad del grupo. Entre los textos formativos, Assmann incluye "todo lo que va desde los mitos tribales y las leyendas primitivas hasta Homero, Virgilio, Dante, Shakespeare, Milton y Goethe" (2008: 140). En una vertiente teórica cercana a la de Assmann, Astrid Erll y Ann Rigney (2006) han detectado que, en la formación de la memoria cultural, la literatura cumple al menos tres roles arquetípicos: puede ser entendida como un medio para fijar los recuerdos por escrito (es el caso de los géneros narrativos que registran el pasado, como la novela histórica, la autobiografía, etc.), como un objeto a recordar en sí mismo (aquellos textos canónicos de la cultura que son reimpresos y resemantizados en contextos posteriores al de su producción original), o como medio que permite observar *in situ* la producción de la memoria cultural (aquellos en los que el autor explicita y discute sus recuerdos de modo analítico, en diálogo con otras disciplinas involucradas en el tema de la memoria, como el psicoanálisis o la historia; los ejemplos típicos serían *En busca del tiempo perdido*, de Marcel Proust, y *Funes el memorioso*, de J. L. Borges). A su vez, Yael Zerubavel (1995) ha señalado que la literatura desempeñó un papel importante a la hora de construir los mitos y tradiciones inventadas que dieron sustento a la creación de las comunidades imaginadas en el marco del estado-nación moderno.

El capítulo está dividido en dos secciones relacionadas con las perspectivas de los dos autores más trascendentes dentro del campo: Alberto Gerchunoff y Marcos Alpersohn. Sus obras clave (*Los gauchos judíos* y *Colonia Mauricio*) pueden asociarse con los conceptos de texto formativo, para el caso de Gerchunoff, y con la primera categoría propuesta por Erll y Rigney, para el caso de Apersohn, en tanto sus memorias funcionan como un registro del pasado. Ambos autores representan dos versiones contrapuestas de la memoria colona, a las que me referiré como la memoria oficial y la memoria subterránea.

1. El primer emprendedor

El lugar de memoria sobre la colonización judía más trascendente hasta la fecha fue construido por un actor individual, que se valió de su propio talento literario y de las redes de contactos que logró urdir en el incipiente campo intelectual porteño de comienzos del siglo XX. Me refiero a Alberto Gerchunoff, cuyo célebre volúmen de relatos *Los gauchos judíos* (1910) representa una auténtica anomalía cronológica dentro del panorama literario argentino de la época. Mientras un apretado puñado de autores judíos contemporáneos comenzaba a publicar sus primeros trabajos en periódicos efímeros, impresos en ídish, Gerchunoff dio a conocer los episodios de su obra en las páginas de *La Nación*, que entre 1908 y 1910 los compartió con sus lectores en sucesivas entregas. Cuando el texto apareció en formato de libro, en 1910, recibió de inmediato los avales de los influyentes Rubén Darío y Leopoldo Lugones, quienes ubicaron a su autor entre las jóvenes promesas literarias del Centenario argentino (Senkman, 1983).[42] Además, desde el mismo año de su publicación, algunos de los capítulos fueron incorporados como material de lectura en el currículum escolar oficial; todo un logro para un inmigrante judío cuya lengua materna era el ídish, y cuyo texto, escrito en castellano, se refería a las peripecias de la integración de uno de los grupos migratorios más resistidos por la misma elite que lo consagró.[43] Cuatro años más tarde, el ascenso de Gerchunoff entre la intelectualidad vernácula lo depositaría en la exposición internacional de la Industria del Libro y de las Artes Gráficas que se realizó en Leipzig entre mayo y octubre de 1914, donde cumplió el rol de delegado oficial de la Argentina (Szurmuk, 2012).

En virtud de estos méritos, de su calidad literaria y del interés despertado por la ingeniería política legible en sus 26 episodios, *Los gauchos judíos* conforma el objeto de estudio judaico latinoamericano que más atención ha recibido dentro del mundo académico.[44] El *National Yiddish Book Center* de los Estados Unidos le asigna el puesto número treinta y cinco dentro de la lista de las mejores cien obras de la literatura judía moderna, mientras que para la *Enciclopedia Judaica* se trata de "la primera obra

---

[42] Darío y Lugones elogiaron a los colonos judíos en Canto a la Argentina y en la *Oda a los ganados y las mieses*, que formaron parte de la edición conmemorativa de *La Nación* para el Centenario.
[43] Concretamente, en un libro de lectura para 5to y 6to grado de primaria de Carlos Octavio Bunge. Comunicación personal con la Dra. Mónica Szurmuk, autora de una biografía de Gerchunoff actualmente en prensa.
[44] La versión original consta de 24 capítulos, pero Gerchunoff agregó dos más (los dos últimos) en una versión revisada que apareció en 1936.

latinoamericana que da cuenta de la emigración al Nuevo Mundo, así como la primera de valor literario escrita en español por un judío en los tiempos modernos" (Tomo 7: 434-435). Además, diversos críticos lo consideran una obra fundacional de la literatura de los inmigrantes en el país (Sosnowski, 2000: 263).

Alberto Gerchunoff nació en enero de 1884, en la aldea rusa de Proskuroff, y murió en Buenos Aires en 1950. Según narra en su autobiografía, escrita en París cuando solo tenía treinta años, provenía de una familia acomodada, conformada por "gente rica, fundadores de aldeas (...) que aseguraron a sus descendientes contra las arbitrariedades normales del imperio con el fuerte pago del Derecho de Perpetuación" (1973: 10).[45] Sin embrago, la presunta buena posición de la familia no alcanzó para evitar que la estrechez y el antisemitismo llevaran a los Gerchunoff a emigrar a la Argentina, donde se radicaron a comienzos de la década de 1890. Transcurridos dos años de la llegada a Moisés Ville, un hecho de sangre tiñó el destino de la familia para siempre: un gaucho alcoholizado asesinó a Gershon Gerchunoff, el padre de Alberto. A raíz de este suceso, la madre decidió que se trasladaran a un pueblo entrerriano perteneciente a otra de las colonias de la JCA, donde vivían algunos parientes. Fue allí donde Alberto aprendió a realizar las tareas del campo y a relacionarse con el entorno cristiano; donde, según sus propias palabras, un antiguo soldado de Urquiza "me perfeccionó en el arte de cabalgar y me inició en el empleo del lazo y de las boleadoras" (1973: 25). Pero el aquerenciamiento pronto sería interrumpido por un nuevo traslado, esta vez con rumbo a Buenos Aires

---

[45] Dos de los datos básicos sobre su identidad personal de se desconocen. Uno es la fecha exacta de su nacimiento, que podría haber ocurrido en 1883 ("Autobiografía de Alberto Gerchunoff", en Gerchunoff, 1973). El otro es su nombre original, que sin duda no era Alberto (Sneh, 2007).

y de carácter definitivo, ya que su madre nunca logró adaptarse a su condición de campesina viuda. Allí, a los doce años de edad, Alberto abandonó la escuela para colaborar con la economía doméstica: fue ayudante de panadero y de mecánico, también obrero textil y buhonero. No obstante, su afición a las novelas de Víctor Hugo, a Cervantes y a *Las mil y una noches* pronto lo impulsaría a rendir el ingreso al colegio nacional para dedicarse a las letras. La historia que sigue es mejor conocida: su trayectoria en el mundo del periodismo comenzó en *El Censor*, de Rosario, y continuó en *El País*, de Buenos Aires, hasta llegar a *La Nación* y a *Caras y Caretas* de la mano de su padrino literario, Roberto Payró.[46]

Los gauchos judíos (de ahora en más LGJ) apareció en el contexto de la "querella por la identidad" que tuvo lugar en el seno del incipiente campo intelectual argentino de la época del Centenario (Terán, 2008: Lección 6). Dicha querella era el corolario de una serie de políticas públicas diseñadas desde fines de la década de 1880 con miras a lograr que los inmigrantes se identificaran con el país y se naturalizaran argentinos (Bertoni, 2001). Más allá de ciertos temores relacionados con una potencial pérdida de soberanía territorial a manos del expansionismo colonialista italiano, lo que realmente preocupaba a la elite era sostener la gobernabilidad en el marco de una sociedad de masas a la que juzgaba demasiado heterogénea en cuanto a lo cultural y peligrosamente imprevisible en cuanto lo ideológico. En ese clima, la política de puertas abiertas hacia la inmigración había comenzado a ser revisada ya en 1902, mediante la promulgación de la Ley de

---

[46] La mayoría de los datos sobre su infancia y juventud provienen de la autobiografía que escribió a los treinta años de edad, por lo que, más allá de algunas imprecisiones, los mismos deben ser entendidos como parte de un testimonio doblemente subjetivo, en tanto vehiculiza una autorrepresentación del autor.

Residencia, que habilitaba al estado a deportar extranjeros sin que mediara la intervención del poder judicial. Luego, en 1910, esas prerrogativas se ampliaron al sancionarse la Ley de Defensa Social.

Los judíos no eran ajenos a este resquemor hacia los extranjeros. En torno del Centenario recibieron tanto muestras de rechazo como de aceptación. Entre las primeras, cabe señalar la polémica que protagonizaron dos funcionarios del Consejo Nacional de Educación en 1908 acerca de los contenidos curriculares "israelitas", supuestamente extranjerizantes, transmitidos por los maestros de la JCA en las escuelas judías de Entre Ríos (Avni, 2005; Bargman, 2006).[47] A fines del año siguiente, el anarquista judío Simón Radowitzky asesinaba al Jefe de Policía Ramón Lorenzo Falcón, responsable de la masacre obrera ocurrida en mayo de 1909 y conocida como la Semana Roja, desatando en el país una de las primeras reacciones antisemitas de la historia local. La aceptación quedó manifiesta en el caso que tratamos aquí: la publicación de LGJ y la consagración literaria de Gerchunoff, pero también, por ejemplo, en la invitación oficial que extendió el gobierno a los colonos de la JCA para que exhibieran sus cultivos en la exposición agrícola del Centenario (Gabis y Merener, 1954: 184).

Esa coyuntura fue considerada un factor determinante por varios de los analistas que leyeron en LGJ una suerte de oda a la integración –e incluso a la asimilación– de los inmigrantes judíos. Ya en el número de homenaje que dedicó la revista *Davar* en 1951 a Gerchunoff, al cumplirse un año de su muerte, el periodista Lázaro Liacho sugeriría que LGJ no había sido "la utopía de un visionario,

---

[47] Ver al respecto "Las escuelas extranjeras en Entre Ríos", en *Memorias del Consejo Nacional de Educación* del año 1908, páginas 321-366. La polémica fue amplificada por Ricardo Rojas en las páginas de *La restauración nacionalista* (1909).

sino *la empresa necesaria* que construía un tesonero hijo del Nuevo Mundo" (itálica mía).[48] Pasada una década, el escritor Bernardo Verbitsky opinaba que la obra era una "verdadera carta de ciudadanía" para los judíos argentinos, frase que luego devino cita obligada en decenas de ensayos.[49] Luego, en los años ochenta, Leonardo Senkman se sorprendía de que el texto hubiera sido aclamado y apropiado "por una generación de intelectuales que, no obstante, veían en el inmigrante un elemento disolvente" (1983: 19).[50]

Edna Aizenberg ha detectado tres momentos diferentes para la recepción de la obra por parte del campo intelectual argentino: la primera fue la *consagratoria*, y tuvo lugar durante el Centenario; la segunda, la de su *deconstrucción* o *"parricidio"*, cuando entre los años setenta y los ochenta se criticó el modelo homogeneizante del crisol y se asesinó simbólicamente al padre de la literatura judía latinoamericana; la tercera fue la de su *recuperación*, ocurrida en los años noventa, cuando "el personaje gerchunoffiano es rememorado con ternura, sin la ironía y el rechazo de la etapa anterior, y valorado como fragmento primordial de un pasado utilizable, como eje de una reafirmación de etnicidad y argentinidad" (Aizenberg, 2000: 308). Detengámonos un momento en la polémica respecto de si LGJ

---

[48] *Davar n° 31, 32, 33*, abril de 1951.
[49] Se trata de una breve nota en la que Verbitsky agradece el Premio Alberto Gerchunoff, otorgado en 1962/1963 por el Instituto Judío de Cultura e Información por su primera novela, *Es difícil empezar a vivir*, aparecida en 1941. Aparece en *Comentario* N° 44, 1966, página 86.
[50] Unos años después, Daniel Bargman señalaría que "la literatura apologética de Gerchunoff (...) aspiraba a una legitimación de la presencia [judía] en la Argentina apelando a la construcción del prototipo del gaucho judío" (2006: 24), y, Perla Sneh, que el libro oficiaba de vía de acceso de la comunidad judía a una sociedad no siempre hospitalaria (2007).

calcaba prolijamente el discurso oficial del crisol de razas o si, en cambio, intentaba imprimir a la política identitaria argentina un giro pluralista.

En *Literatura argentina y realidad política*, aparecido en 1964, David Viñas situaba a LGJ en el contexto optimista e integrador del Centenario, cuando el proyecto de nación diseñado entre 1852 y 1880 por el liberalismo era un éxito que estaba a la vista de todos. En ese marco, Viñas señalaba que Gerchunoff adscribía "al grupo de escritores que ha asumido la categoría de inteligencia oficial de la alta burguesía liberal gobernante" y celebraba el crisol por motivos egoístas: garantizarse la supervivencia en *La Nación* y lograr la tolerancia de la oligarquía, justo en el mismo momento en que "las bandas blancas balean judíos y obreros en Plaza Lavalle" (Viñas, 1982: 309).[51] Se trata de un reclamo similar al introducido en 1910 por Martiniano Leguizamón en el prólogo de la versión original de LGJ, desde cuyas páginas instaba a su joven amigo Gerchunoff a no renunciar a los sueños libertarios inconclusos de los inmigrantes y a captar la cruel intensidad de una realidad social en la que ya se insinuaban la xenofobia, la represión obrera y el rechazo a las izquierdas. Dos décadas más tarde de la aparición de libro de Viñas, Leonardo Senkman señalaba que era lógico que en LGJ no hubiera registro del "esfuerzo de adaptación y transculturación con el nuevo entorno" (1983: 62), ya que el texto buscaba legitimar a los judíos volviéndolos más argentinos. Viñas y Senkman resumieron los mecanismos legitimadores empleados por Gerchunoff en cuatro estrategias centrales:

---

51 Fernando Degiovanni (2000) señala que también Germán García (1957), Gladys Onega (1965), Saúl Sosnowski (1978), Edna Aizenberg (1987) y Naomi Lindstrom (1989) han coincidido en afirmar que el proyecto creador de Gerchunoff estuvo vinculado a la afirmación de una Argentina liberal, en la cual su producción intelectual como judío-argentino pudiera desarrollarse sin "mayores incomodidades".

1. Sus personajes se muestran proclives a asimilarse a la nueva patria, sea adoptando las costumbres criollas, sea dejando de lado mandatos religiosos tales como el tabú de la exogamia, la observancia del sábado y el retorno imaginario a la tierra de Israel.
2. El *deus ex machina* que consuma la argentinización de los judíos es el paisaje entrerriano, cuya naturaleza exuberante, presentada a veces como una selva hirsuta, otras como una nueva Tierra Prometida, es una potencia constante que enmarca las historias de los distintos capítulos. Este recurso inscribía a LGJ en la corriente telúrico/indigenista inventada por los escritores regionalistas de la época.
3. Los inmigrantes judíos, en especial las mujeres, son descritos como estampas bíblicas que reproducen la fisonomía de los hebreos "sagrados" del Antiguo Testamento, sin duda mucho más razonablemente sencillos de legitimar en una sociedad católica que los exóticos inmigrantes rusos reales.
4. El pasado sefaradí es presentado como un puente entre judaísmo e hispanismo. Aunque los colonos eran ashkenazíes, nada mejor que evocar la tradición judeo española previa a la expulsión de fines del siglo XV para seducir a una elite local interesada en recuperar la tradición hispánica (elite que, además, ya en ese entonces había reconocido tímidamente el origen marrano de algunas de sus familias patricias).

Pasemos ahora a las objeciones presentadas más tarde por Edna Aizenberg (2000), Perla Sneh (2007 y 2010) y James Hussar (2008 y 2011), quienes detectaron en LGJ varios indicios de reafirmación de la etnicidad, así como ciertas alertas respecto de los probables "daños colaterales" que ocasionaría la integración en una sociedad católica. En efecto, para Aizenberg, el gaucho judío confeccionado por Gerchunoff "es quizás el indicador metafórico más importante y más productivo de las peripecias de la etnicidad y el pluralismo en la Argentina", mientras que Hussar ve en el texto una "oda al multiculturalismo en pleno periodo de homogeneización". Una de las evidencias presentadas ha sido el hecho de que la edición original, de 1910, contenía muchos más marcadores étnicos que la que llegó hasta nuestros días, que fue "reciclada" por Gerchunoff en 1936. Esa segunda versión era sobre la que, supuestamente, habrían emitido sus veredictos los "parricidas". Concretamente, la primera traía más expresiones idiomáticas, más palabras en ídish y en hebreo, varias referencias a textos religiosos y algunas traducciones de canciones y de la literatura popular ashkenazí, así como también una mayor abundancia de nombres propios en sus formas hebreas originales, como "Dvora" (1910) en lugar de "Déborah" (1936). Además, los temas judaicos eran ilustrados usando notas al pie (Aizenberg, 2000 y 2000b).[52] Por su parte, Sneh

---

[52] En aquella "retracción étnica" de la versión de 1936 puede leerse el creciente escepticismo de Gerchunoff en las posibilidades de integración de los judíos en la sociedad argentina de los años treinta, un cambio de postura que lo llevó a militar en las filas del sionismo, y cuyos entretelones pueden leerse en las decenas de conferencias y artículos de prensa que dejó publicados. En su primer artículo para *La Nación* acerca de la cuestión judía, Gerchunoff promovía la emigración hacia los países de la diáspora: "los israelitas no necesitan volver a Sión", sino que deben, en cambio, "olvidar su sueño secular y venir a América", ya que "el templo de Jerusalén no podrá reconstruirse con materiales modernos" ("Los judíos", *La Nación* 2/5/1906, recopilado en Gerchunoff *El pino y la palmera*, SHA, 1952: 13-14). En cambio, en "El problema judío en la segunda posguerra", conferencia dictada en 1945, cifró el problema del antisemitismo en la educación, aludiendo al caso de una maestra que había dicho en un aula en la que había alumnos judíos que "los judíos no tienen Dios; han muerto a Nuestro Señor Jesucristo y son odiosos porque son malos". Ver también su artículo "La nacionalidad judía", publicado en *Vida Nuestra* año II, nº 4, en junio de 1918. Respecto de su actividad sionista, Gerchunoff fue el principal publicista de la Agencia Judía para Palestina dentro de la arena política latinoamericana. Entre 1946 y 1949 fue redactor jefe de *Jalda*, su boletín informativo. En 1947 fue enviado a entrevistarse con los presidentes de la región buscando apoyo para la reso-

(2007) observó varios indicadores del conflicto identitario en ciernes, por ejemplo, respecto del peligro que representaba para los judíos la exogamia, que en algunos pasajes de la obra era asumida como una costosa moneda de cambio en pos de la libertad que se gozaría en el nuevo hogar.[53]

Quizá la polémica respecto de si LGJ avalaba el crisol de razas o defendía el pluralismo obedezca a lecturas hechas desde matrices teóricas (o incluso ideológicas) antagónicas, pero creo adecuado señalar aquí que las dos posturas se apoyan rigurosamente en distintos episodios del libro. Dado que éstos consisten en relatos independientes los unos de los otros –relatos que, además, cuentan con muy pocos personajes en común–, resultan fácilmente divisibles en dos listados, uno que se ajusta al criterio acrisolador y otro que reivindica el derecho al pluralismo. Todo depende de en cuál de las dos listas se ponga el énfasis. Concretamente: "Génesis", "El surco", "Leche fresca", "Llegada de inmigrantes", "La trilla", "El poeta" y "El himno" son sin duda celebratorios de la integración a la nueva patria y sostienen el argumento de Viñas (1982) acerca de que la contraposición entre la opresiva Rusia zarista y una

---

lución 181 de las Naciones Unidas, que finalmente determinó la partición de Palestina y dio vida al Estado de Israel. Además, Gerchunoff publicó artículos denunciando la indiferencia latinoamericana ante el Holocausto en el periódico liberal *Argentina Libre*, órgano que instaba al gobierno a abandonar la posición de neutralidad. Los pormenores sobre su creciente pesimismo en las virtudes del crisol y sobre su actividad sionista pueden leerse en Senkman, 1980 "Gerchunoff y la crisis del liberalismo argentino", Coloquio año 2 n° 4-5. También en Senkman, 1998-1999 páginas 296-297, en Eichelbaum 1951 (compilado en Feierstein 2000: 249) y en las notas periodísticas de Gerchunoff recopiladas dos años luego de su muerte en *El pino y la palmera* (SHA, 1952).

[53] En realidad, este enfoque retoma el hilo de algunas de las lecturas de los contemporáneos de Gerchunoff, quienes ya en la década del cincuenta opinaban que la obra propiciaba "el entendimiento entre núcleos de pueblos disímiles, mediante la libre voluntad de adaptación, sin renunciamientos que vulneren el alma de uno o del otro" (Eichelbaum, [1952] 2000: 250) y que Gerchunoff había anticipado "desencuentros y complicaciones que, en primera instancia, los judíos de las colonias creían haber terminado para siempre" (Liacho [1951], 2000: 276).

Entre Ríos idílica es trabajada mediante el recurso a un tempo narrativo cansino y a la construcción de una naturaleza ordenada, pacífica, previsible y ritual, que adquiere "algo de templo". Veamos, a modo de ejemplo, un breve pasaje tomado del capítulo "Génesis", que parece avalar esta hipótesis:

> cuando el rabí Zadock-Kahan me anunció la emigración a la Argentina, olvidé en mi regocijo la vuelta a Jerusalén, y vino en mi memoria el pasaje de Jehuda Halevi: Sión está allí donde reina la alegría y la paz.

Aunque LGJ se tradujo a varios idiomas, la versión en hebreo recién se publicó en Israel en 1997 ¿Habrá que buscar los motivos de esa demora en su legitimación de la vida en la diáspora que se aprecia en citas como esta?[54]

En cambio, la tesis de Aizenberg y compañía parece apoyarse en otros capítulos, algunos de los cuales están cargados de violencia, crueldad, incertidumbre y misterio. Por ejemplo "La siesta", "El episodio de Miryam" y "Las bodas de Camacho" tratan sobre mujeres fugitivas que huyen con sus amantes, que no siempre son judíos. "La huerta perdida" muestra la devastación de las cosechas producida por las invasiones de langostas. "El boyero" es un relato sobre el trágico final del gaucho filicida Remigio Calamaco, que plantea un contrapunto moral entre los inmigrantes civilizados y los gauchos bárbaros. "La muerte del Rabí Abraham" y "La lechuza" repasan los asesinatos de colonos judíos a manos de gauchos, mientras que en "Historia de un caballo robado", el capítulo más extensamente comentado por la crítica, Gerchunoff denuncia las inequidades causadas por el antisemitismo de la policía. Otros

---

54 Aunque la versión en hebreo se demoró 87 años, el libro ya había circulado en Israel desde comienzos de los años cincuenta en sus versiones en ídish e inglés (Senkman, 1999). La versión en ídish, publicada como *Idn Gauchn* por la Editorial IKUF de Buenos Aires, había aparecido en 1952.

capítulos que podrían cuestionar simbólicamente la estadía en el nuevo país son "Las brujas", un relato de impactantes historias cargadas de terror sobrenatural e intertextualidad, y "La revolución", que desnuda algunos conflictos intraétnicos y podría aludir sutilmente a las malas relaciones con la JCA. Aunque, curiosamente, ni la compañía ni el barón son mencionados en todo el libro.

Más allá de la polémica entre sus analistas, las evidencias indican que, desde la aparición de LGJ, las colonias fueron incluidas en el discurso oficial argentino como el *locus* de la integración de los judíos en la sociedad nacional. Y, en ese sentido, deberíamos considerar que quizás uno de los recursos más potentes ideados por Gerchunoff fue el título que le puso al libro. Aunque, como observó Borges en el fragmento del ensayo que incluí como epígrafe de este capítulo, el gaucho judío era a todas luces un artificio, su figura fue incorporada a la identidad argentina como un mito nacional, como una "tradición inventada" (Hobsbawm, 1998: capítulos 1-3; Sollors, 1989). De hecho, la frase "los gauchos judíos" ha quedado tan firmemente arraigada en el imaginario social que, desde su nacimiento, dio vida a numerosos productos culturales, entre los que podemos destacar la versión cinematográfica del libro, dirigida por Juan José Jusid en 1975, el sketch humorístico televisivo titulado "Abraham, el último gaucho judío", creado en los años noventa por el famoso cómico argentino Juan Carlos Calabró, y cientos (seguramente miles) de ensayos y notas periodísticas referidas a las colonias o a la inmigración judía en la Argentina en las que la frase suele figurar en el título.

Sin embargo, una lectura atenta revela que, aun habiéndose valido con habilidad política de su figura, Gerchunoff se burlaba del gaucho, tal como se aprecia en el capítulo "El boyero", en el que el gaucho Remigio Calamaco, "paladín de huestes bravías (...) concluía su existencia, repleta de hechos gloriosos, *en las monótonas tareas de la colonia*" (itálica mía), donde había sido conchabado como peón rural por los inmigrantes.[55] Y también en el siguiente diálogo de "La visita", cuando, como para romper el hielo durante la primera visita a la casa de Don Estanislao Benítez, rabí Abraham dice a su anfitrión:

> –Don Estanislao, su nobleza se refleja en la hermosura de sus hijas, porque los espíritus dignos, dice un maestro, de venerada memoria, sólo engendran belleza.
> Don Estanislao contestó, sin penetrar muy bien el concepto:
> –Ansina es no más.

La contraposición entre judíos sofisticados y gauchos poco esclarecidos se ratifica en el capítulo "Divorcio", que muestra cómo los colonos resuelven la separación de una pareja haciendo gala de sus virtudes cívicas, del respeto a la ley y de la fina consideración de argumentos racionales. En julio de 1910, *Caras y Caretas* publicó una viñeta paródica de LGJ de tono benevolente, que mostraba el dibujo de un gaucho joven, portador de un criollismo bastante dudoso, ni siquiera remotamente parecido a Juan Moreira, al que, sin embargo, su propia familia comparaba con el personaje más célebre del género: "¡Qui Moreira qu'istás, Abraham!", se sorprendía su hermana al recibirlo, recién llegado de... Entre Ríos (Prieto, 1988: 156-157).[56] Evidentemente, esta revista –de la que Gerchunoff era un

---

[55] El argumento del gaucho domesticado apareció por primera vez en el país en la obra *Calandria* (1896), de Martiniano Leguizamón, como ya sabemos, su compaisano, prologuista y padrino literario (Degiovanni, 2000).

[56] En *La gringa*, de 1904, Florencio Sánchez había presentado a los campesinos italianos como agentes del trabajo productivo que derrotarían la inercia del viejo criollo, heredero de tierras y de sentimientos estériles y, a la vez, como extranjeros sin la menor inclinación a asumir los signos convencionales del gauchismo. Allí el conflicto se resolvía con un matrimonio mixto criollo-italiano (Terán, 2008).

colaborador frecuente– había captado la sutil ambigüedad del autor respecto del arquetipo que pocos años más tarde sería consagrado por Lugones como el "ser nacional" en sus famosas conferencias del Teatro Odeón. Por si quedaran dudas, esa suerte de "telurismo iluminista" gerchunoffiano se aprecia también en otro de sus textos más leídos: *Entre Ríos, mi país*, donde la identidad local es caracterizada como un fenómeno urbano y liberal: "una provincia dominada espiritualmente por el destino de sus ciudades", plagada de municipios de carácter europeo y de bibliotecas, que "al derrocar a Rosas se hizo antigaucho" (Gerchunoff, 1973: 39-59).[57]

Más allá de la utilización de la figura del gaucho para legitimar a la colectividad judía, otro recurso legitimante fue el silenciamiento de dos temáticas cuyo tratamiento podría haber sido inconveniente en la época del Centenario: el arraigo del ideal sionista en las colonias y los conflictos entre los colonos y la JCA. Respecto del primer punto, es probable que Gerchunoff haya omitido el tema debido a su propia postura integracionista. En cambio, es improbable que no haya estado al tanto del tema de los conflictos. Más allá de las constantes denuncias contra la empresa que el periodista Abraham Vermont publicaba desde 1898 en el semanario *Di Folks Shtime* (La voz del pueblo), ya en 1904 el diario *La Prensa* había denunciado que la JCA desalojaba a los colonos con auxilio de la fuerza policial. Una de esas notas tenía un título lo suficientemente explícito: "Trata de judíos" (Levin, 2009: 43). Durante el transcurso de 1908, cuando *La Nación* comenzaba a publicar sus textos por entregas, la JCA presentó nuevos contratos cuyas cláusulas aumentaban la sujeción de los agricultores, lo cual aumentó el grado de conflictividad. Además, durante

---

[57] Sobre la desvalorización del gaucho en LGJ, véase también Degiovanni (2000).

el mismo año de publicación de LGJ, el político sionista laborista ruso León Jazanovich recorría las colonias difundiendo la idea de que la JCA practicaba el "feudalismo filantrópico". Si bien Jazanovich fue deportado en 1910 a raíz de una denuncia de la JCA, su libro *La crisis de la colonización judía en la Argentina y la bancarrota moral de la administración de la JCA* logró una gran repercusión en el ámbito judío.[58] No obstante, uno de los capítulos, titulado "La revolución", podría representar una pequeña pieza de relojería alusiva al conflicto. Se trata de una revuelta organizada por los campesinos contra el alcalde de la colonia (una especie de delegado que representa a los colonos), a quien descubren robando un rollo de alambre de la herrería de la Administración. ¿Se trata de un guiño destinado sólo a los lectores entendidos en el tema? Es posible, pero, aun así, ni en "La revolución" ni en el resto de la obra hay referencias al conflicto ni críticas al obrar de la JCA.

Con el tiempo, el discurso oficial inaugurado por Gerchunoff encarnó en otros autores que se aferraron a la concepción integracionista, exacerbando sus aspectos románticos e idealistas. Uno de ellos fue el escritor Bernardo León Pecheny, cuyos cuentos de espíritu naif sobre la vida cotidiana en la colonia Santa Isabel, Entre Ríos, saltaron la barrera idiomática del ídish y aparecieron en castellano en 1975, en el volumen *Tierra Gaucha*, editado por el sello Acervo Cultural. Pecheny, que había comenzado a publicar en 1947, describía una vida campesina apacible, próspera y sin conflictos, apenas interrumpida ocasionalmente por la muerte de algún ser querido de los protagonistas. En el relato "Luchando con amor", que recorre la trayectoria de vida de un matrimonio, cuenta que:

---

[58] Uno de los capítulos de ese panfleto fue publicado en castellano por Senkman (1984).

Pese a los precios irrisorios que regían en aquellos años para todos los productos del campo, su economía se consolidó y se afianzó a lo largo de un par de décadas. Todas las deudas fueron saldadas y ya podían dedicarse a disfrutar una vida tranquila bien merecida (1975: 52).

Los administradores de la JCA quizá podían ser como el señor Yungman, que tenía una actitud dictatorial, aunque "muy distinta a la de otros representantes de la JCA que siempre demostraban benevolencia y defendían, cuando era necesario, los intereses de los colonos" (1975: 57). Una de sus obras, "Una boda en el Palmar", obtuvo el primer premio del concurso literario patrocinado por la JCA en 1953. El cuento, que narra el casamiento de Braindl, la novia, con Mijele, el pretendiente, abunda en descripciones de diacríticos judaicos, como la *jupá* (palio nupcial), la rotura de las copas y los bailes tradicionales. En la cabecera de la mesa principal, decorada con retratos del barón y de la baronesa de Hirsch, las familias de los novios se sientan junto al administrador de la colonia, al comisario y al farmacéutico, de quienes se destaca que son católicos. La disyuntiva de emigrar a las ciudades es relativizada mediante la figura de los primos de la novia, dos estudiantes universitarios que aún sienten cariño y apego por la colonia, donde transcurrieron sus años felices, y que "para no cortar su contacto con la madre tierra y con sus familiares, mantuvieron en su propiedad los campos heredados de los padres, y se hacían una escapada para verlos, toda vez que podían" (1975: 192).

Quizás el más destacado continuador de la línea gerchunoffiana haya sido José Liebermann (1897-1980), un acridiólogo y escritor nacido en la colonia Clara, cuyo libro *Tierra Soñada. Episodios de la colonización agraria judía en la Argentina* (1959) también fue premiado en los concursos literarios que patrocinaba la JCA.[59] *Tierra Soñada* combinaba los géneros ensayístico y autobiográfico, y, aunque el autor advertía que "no soy un exaltado lírico, ni quiero hacer el elogio desmesurado de las colonias agrícolas judías en la Argentina, ni menos me ciega la pasión racial", la obra reproducía los lineamientos centrales de la memoria oficial de modo hiperbólico. Por empezar, para Liebermann, los argentinos se habían olvidado de la colonización agrícola. Consecuentemente, su libro venía a llenar un vacío inexcusable en la memoria de un país que había salido adelante por la vía del modelo agroexportador. El *factotum* de la avanzada de la civilización argentina sobre la naturaleza hostil había sido un agente individual: el colono, cuya tarea de domesticación de la pampa encarnaba en una potente representación concreta: la acción de abrir el primer surco. El capítulo inaugural, titulado justamente "El hombre y el surco", rendía homenaje a esos "humildes héroes que en la soledad impresionante de los campos uncieron a sus yugos los bueyes chúcaros y hundieron en los suelos vírgenes, de pastos duros, la reja de sus arados primitivos" (1959: 2). Para Liebermann, uno de los aspectos más preocupantes que encerraba el olvido generalizado de la gesta colonizadora era que la legitimidad ganada por la colectividad judía podría comenzar a verse afectada. Por eso, en el capítulo "Setenta años después", escribió que su libro buscaba dar "réplica silenciosa y terca (...) a las viejas difamaciones raciales", y convocaba a sus lectores a sumarse a un anhelo general, expresado por las instituciones judías en distintos actos públicos: "la

---

[59] Liebermann recibió el premio en 1952, de manos de un jurado compuesto por Enrique Banchs, Jorge Luis Borges, Fermín Gutiérrez, Alberto Girri y Miguel Olivera. Más tarde escribió *Aporte judío al agro argentino* (1964), *Los judíos en la Argentina* (1966), y *Aportes de la colonización agraria judía a la economía nacional* (1969), que resultó ganador del concurso por el 80° aniversario de la colonización realizado por el Comité Judío Americano.

urgencia de que los habitantes de las ciudades se interesen por la marcha y por el mejoramiento de nuestra población agraria, a fin de que siga cumpliendo *su rol providencial y redentor para todo el pueblo*" (1959: 127-128; itálica mía). No obstante, a diferencia de Gerchunoff, lejos de omitir referencias al conflicto colonos/JCA, Liebermann abrió la discusión. Obviamente, su postura era favorable a la compañía, como se advierte en este contradictorio reparto de culpas:

> Si bien, como ya dijimos, hubo administradores justos y humanitarios, que supieron apreciar el sacrificio y los sufrimientos de los colonos, hubo otros, de nacionalidad alemana generalmente, que los perseguían [a los colonos] sin compasión (...) Crímenes fueron de la época y no podemos acusar a la JCA únicamente, sino *a las distancias, a los malos funcionarios y a veces a los colonos mismos* (1959: 57; itálica mía).

Otras veces, su silenciamiento de los temas espinosos resultaba ingenuamente explicitado, como cuando se refería a los desalojos de colonos ordenados por la JCA: "son recuerdos lamentables y sobre sus consecuencias morales *echaremos mejor una sombra de olvido*" (1959: 57; itálica mía). Liebermann también cuestionaba las ideas del principal divulgador de los conflictos con la JCA, el colono y dramaturgo Marcos Alpersohn, sobre quien lanzó un argumento *ad hominem*: para él, sus "invectivas teatrales" le habrían sido dictadas por un odio personal hacia la compañía (1959: 101).[60] Más allá de los textos, *Tierra Soñada* incluyó varias fotografías que también pueden ser leídas

---

[60] En un trabajo posterior, Liebermann se refirió a otros aspectos subterráneos. Con el título "Hechos que no deben olvidarse", además de repasar los años de penurias en algunas colonias y nombrar a algunas de las víctimas de los crímenes cometidos por gauchos, ponderaba la actuación de los activistas sionistas León Jazanovich y Z. Brujis (sic), quienes habían combatido a la JCA a través de los periódicos *Broit un Ehre* (pan y trabajo) y *Der Colonist*, creados por ellos mis-

como un recurso legitimante. Por ejemplo, la foto de un funcionario público importante saludando a los colonos servía para acercar el estado nacional a la comunidad judía, y un mapa que mostraba que algunas de las colonias de la JCA eran más grandes en superficie que la ciudad de Buenos Aires refrendaba la presencia judía en el campo comparativamente, desde un punto de vista espacial.

"El gobernador de la provincia de Santa Fe, saluda y felicita a una joven judía de la colonia, por su habilidad como amazona" (Liebermann, 1959, p. 149).

mos. Sin embargo para Liebermann, "ambos fueron rebeldes y trataron de formar un frente agrario contra los manejos de ciertos funcionarios, pero no contra la JCA" (1966: 63).

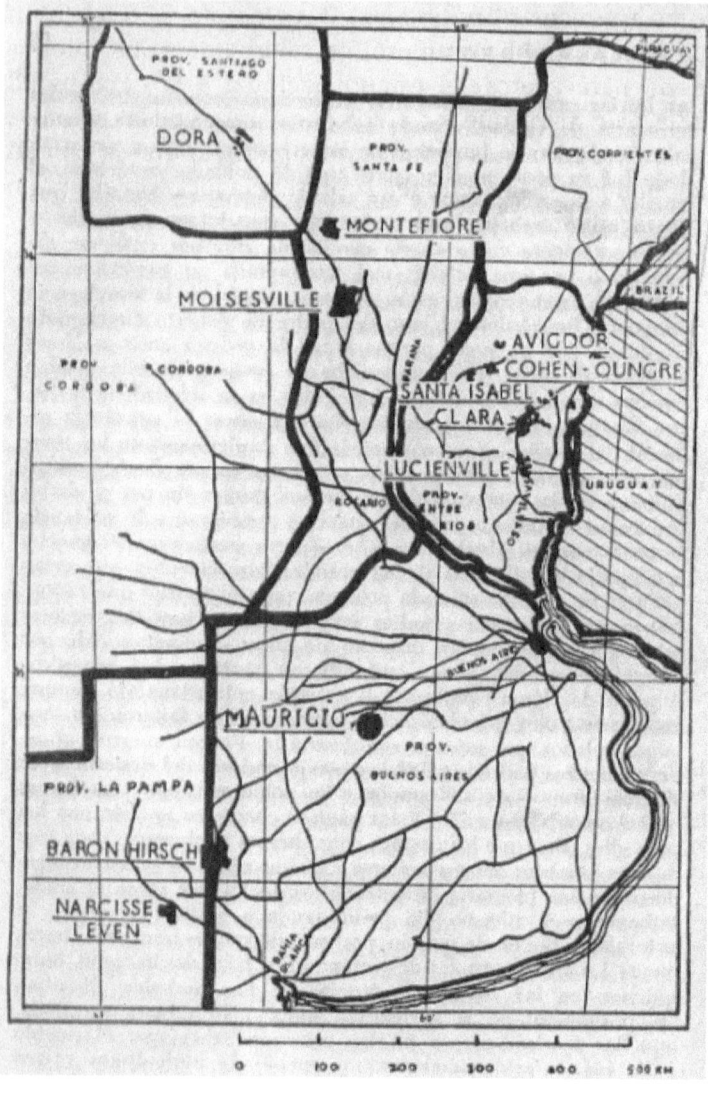

(Liebermann, 1959, p. 94)

2. Marcos Alpersohn, el "anti-Gerchunoff"

Si bien la historia de la colonización proveyó a escritores como Gerchunoff, Pecheny y Liebermann de los materiales necesarios para configurar el mito de origen fundante de una nueva identidad judeo-argentina, sus puntos de vista fueron puestos en discusión por otros autores contemporáneos que distaban de compartir la mirada oficialista e integradora sobre la vida en las colonias, y que, en sus cuentos, crónicas, novelas y memorias personales, se ocuparon de contar "la vida real" de los inmigrantes judíos llegados al campo, abordando abiertamente algunos de los aspectos más íntimos de las experiencias en el nuevo entorno. Los temas predominantes en sus textos son la pobreza, la declinación de la vida judía en el campo a mediados del siglo XX y las malas relaciones con la JCA (Weinstein y Toker, 2004 y 2006; Toker, 1995, citado por Astro, 2011; Astro, 2003; Sosnowski, 2000).[61] El autor más importante dentro de este segundo grupo fue Marcos Alpersohn.

Para el poeta Eliahu Toker, quien tradujo sus memorias al castellano,

> Alpersohn es el anti-Gerchunoff; su libro [*Colonia Mauricio*] está escrito con furia; sus protagonistas no son idealizados gauchos judíos sino inmigrantes de carne y hueso, colonos desgarrados en la dura lucha con una tierra, con un país y con una estructura nada piadosos (1992: 4-5).

---

[61] La amplia mayoría de los autores judíos fueron inmigrantes arribados entre 1891 y 1953. Un tercio llegó antes de 1914, un 60% en la entre guerra y 13 de ellos fueron sobrevivientes del holocausto (Weinstein y Toker, 2004). La efervescencia cultural de la prensa y los escritores judíos llevó a que, más tarde, durante el período de entreguerras, Buenos Aires fuera uno de los cuatro grandes centros literarios idishistas mundiales, junto a Varsovia, Moscú y Nueva York (Dujovne, 2010; Weinstein y Toker, 2006).

En la misma dirección, la investigadora Paula Miguel ha expresado que las memorias de Alpersohn "están lejos de la epopeya de la construcción de la Gran Nación Argentina", ya que, a diferencia de la visión apologética y oficialista de Gerchunoff, conforman "una denuncia, un testimonio crudo, donde sin mucha vuelta habla la pluma del oprimido y fustigado, humillado y ofendido" (2008: 228-229).

Proveniente, igual que Gerchunoff, de la gobernación de Kamenetz Podolsk, Mordejai ben Israel Alpersohn (1860-1947) llegó al país en el primer contingente de colonos que se asentaron en Mauricio, en 1891, con treinta y un años de edad y una familia ya constituida. Aunque su profesión en Rusia era la de maestro de hebreo, en la Argentina se convirtió en un agricultor constante, que vivió en el campo hasta 1934, cuando a raíz de la muerte de su esposa comenzó a pasar los inviernos en Buenos Aires. Alpersohn permanece desconocido para el público general, pero fue el escritor local en lengua idish más aclamado por el público judío (Dujovne, 2010). El experto en literatura judía latinoamericana Alan Astro ha manifestado que, su obra, por sí sola, "asegura a la Argentina un lugar de honor en el mapa de la literatura ídish mundial" (2003b: 53). Sus memorias, que se publicaron en Buenos Aires entre 1922 y 1928 en tres volúmenes sucesivos, con el título *Draysik yor in Argentine: memuarn fun a Yidishn kolonist* (Treinta años en Argentina: memorias de un colono judío), circularon por distintas comunidades judías del mundo a partir de que, en 1923, el famoso escritor idishista polaco Hersh Dovid Nomberg hizo editar el primer volumen en Berlín. Allí incluyó un prólogo en el que ponderaba ampliamente las virtudes de la obra y presentaba a Alpersohn como un "Robinson Crusoe judío" perdido en las pampas. Muy pronto, en 1930, se publicó una versión en hebreo en Eretz Israel/Palestina, y aunque la primera versión completa en castellano recién vería la luz unas siete décadas más tarde –en la cuidadosa edición traducida y comentada por Eliahu Toker que se publicó entre 1992 y 2011 como *Colonia Mauricio*–, el público hispanoparlante pudo acceder a algunos capítulos que Salomón Resnick tradujo y publicó en distintos números de su revista *Judaica* a mediados del siglo XX. Además, varios capítulos sueltos fueron utilizados como material de lectura en ídish por la red escolar judía de la Argentina, en libros que además reseñaban su biografía e incluso mostraban su foto, tal como veremos en el Capítulo Seis.[62] La siguiente referencia a los propósitos del autor, incluida por Alpersohn en el prólogo de 1922, nos dará la pauta sobre el tenso tono que permea esta obra nodal de la memoria subterránea sobre la colonización:

> Yo voy a levantar el celeste manto de oraciones con que se cubrieron nuestros dirigentes y ustedes van a descubrir lo que esa gente esconde a ojos extraños... Y también van a comprobar que aquí se hicieron realidad las palabras de nuestro Isaías: 'Tus gobernantes son sediciosos y amigos de ladrones' (1992: 15).

Producto del acopio de anotaciones cuasi etnográficas y de diversos documentos durante tres décadas, *Colonia Mauricio* es más bien una crónica de los ásperos desencuentros de los colonos con la JCA que una memoria personal. Las alusiones del autor a sí mismo y a su propia familia son escasas, al punto de que los protagonistas más asiduos son los funcionarios de la compañía, a quienes se señala con nombre y apellido, y cuyos discursos aparecen transcritos con puntillosa rigurosidad. Así caracterizaba

---

[62] Ver, entre otros, la serie de textos escolares *Undzer hemschej* (Proseguimos), lecturas para primaria, de Tkach y Czelsler, Editorial Szmid y Eichenblat, aparecida en Buenos Aires durante los años cuarenta y cincuenta.

Alpersohn a la dupla de directores de la JCA para la Argentina, al observarlos durante una de sus primeras visitas a la colonia:

> Veíamos a los dos directores rodeados de un fascinante resplandor aristocrático. Un suave gesto de piedad vestía el rostro de ambos, lo que nos alegraba. Pero así fue mucho mayor nuestra desilusión cuando los conocimos de cerca... Nos llenamos de tristeza y rencor cuando sentimos sobre nosotros la dureza de su régimen.
> No nos consideraban gente hecha del mismo material que ellos. Nos miraban con prevención, casi con repugnancia. La piedad que de vez en cuando despertaba en sus corazones algún colono, no era la que se tiene por un semejante; se parecía más bien a la lástima que se siente por un animalito, por un perro hambriento (1992b: 121).

Sólo unos pocos funcionarios quedaron exentos de la pluma colérica de Alpersohn, quien incluso criticó con dureza al barón Hirsch y a su idealismo filantrópico, no sólo en sus memorias, sino también en sus obras teatrales. Por ejemplo, en el drama *Di kinder fun der pampa* (Los hijos de la pampa), de 1930, un administrador decide desalojar arbitrariamente a la familia de un colono ejemplar cuya hija no responde favorablemente a sus arrebatos amorosos. Y, en la novela *Af Argentiner erd* (En suelo argentino), el administrador cabalga con un revólver a la cintura y la fusta en la mano, listo para aporrear a los colonos (Astro, 2011).

La mirada crítica de Alpersohn no obedecía a sus disidencias con la JCA respecto del ideal agrario, sino a los obstáculos impuestos a los colonos por la compañía. Él mismo era un *maskil*, un adepto a la Haskalá que veía en la productivización agraria la vía de redención de los judíos.[63] Su apego ascético al idealismo agrario se aprecia en innumerables pasajes de sus textos; como por ejemplo en el siguiente fragmento, tomado del primer capítulo de *Colonia Mauricio*:

> ¡El corazón gozaba observando a esas hijas judías venidas de las urbes, acostumbradas a sedas y terciopelos, a guantes y sombreritos, vistiendo ahora oxford y percal, trabajando en el campo a la par de sus maridos!
> ¡La mujer judía dio prueba de su abnegación y de su lealtad a la decente vida de familia y a la honorable tarea agrícola! ¡El lugar de la verdadera mujer judía no es la taberna, el comercio o la feria, entre vendedores, compradores y comerciantes; su lugar es el campo o la huerta, trabajando la tierra! (1992)

En su obra teatral *Goles* (Diáspora), de 1926, el idealismo agrario aparece encarnado en la figura de Isroel, un rabino que lamenta la migración de los colonos a las ciudades, asociándola con el triste hecho de que, durante siglos, la grey se hubiera dedicado al "pecaminoso comercio" y no a la agricultura (Astro, 2011).

Más allá del conflicto intraétnico entre los colonos y la JCA, que ocupa el centro de atención de la mayoría de sus trabajos, Alpersohn dejó filtrar otro de los tabúes de la memoria judía oficial: la presencia en el país de prostitutas y tratantes de blancas judíos. En el segundo capítulo de *Colonia Mauricio*, los proxenetas aprovechan la estadía temporaria de los futuros colonos en el Hotel de Inmigrantes porteño para intentar unirlos a sus filas mediante distintas estrategias, desde repartir chocolates entre los niños hasta declamar que la JCA los obligaría a convertirse a otra religión o los esclavizaría. Alpersohn también se refirió a los tratantes en su drama *Di arendators fun kultur*

---

[63] Alpersohn también publicaba notas en el *Hameilitz* (El Abogado), el primer periódico ruso en lengua hebrea, fundado en 1860 y de tendencia iluminista.

(Los arrendadores de la cultura), donde denunciaba a los empresarios y críticos teatrales a los que aquellos financiaban (Astro, 2003b).

El punto de vista alpersohniano acerca de la integración judeo-argentina resulta bastante inaccesible a lo largo de su obra, excepto en lo que respecta a uno de sus relatos más tardíos, el cuento "Dos gautshl ´Yismekh Moyshe´", publicado originalmente en 1943 y traducido al inglés como "The Gauchito Happy Moses". Allí, el gauchito Moisés Aguilar, un peón de piel morena que trabaja para los colonos judíos, funciona como metáfora biológica de la hibridación cultural. Portador del apellido de su fallecida madre, al final del relato Moisés resulta ser hijo natural de un judío, hecho que se le revela cuando decide abrir un pequeño cofre –único recuerdo legado por su padre–, dentro del cual aparece una medalla sionista vienesa de 1908. Alpersohn remata el texto con la frase: "ambos [padre e hijo] están ahora en un lugar mejor" (Astro, 2003: 28). El cuento también contiene jugosos diálogos en los que Alpersohn elogia la belleza de la pampa argentina y minusvalora los paisajes palestinenses, tan ponderados por la mitología sionista.

Marcos Alpersohn no fue el único cronista que urdió la memoria subterránea de la colonización: otros autores contemporáneos se refirieron a los mismos problemas, aunque lograron menos repercusión. La corrupción y el autoritarismo de algunos administradores de la JCA se vieron reflejados en numerosos pasajes de las memorias de Noé Cociovich, Boris Garfunkel y Elías Marchevsky, quienes también señalaron las actitudes individualistas de algunos colonos ajenos al idealismo agrario. Por ejemplo, Marchevsky criticaba a los comerciantes, artesanos y puesteros judíos instalados en los pueblos que solicitaban campos a la JCA para luego arrendarlos, impidiendo así que se colonizaran otros agricultores verdaderamente consustanciados con el proyecto. Los crímenes de colonos cometidos por gauchos, un aspecto subterráneo que, no obstante, podía entreverse en el libro de Gerchunoff, también aparecieron en varias memorias, aunque nunca con la nitidez escalofriante de la pluma de Tuba Teresa Ropp:

> Un día nos sacudió una tremenda noticia: habían asesinado a toda la familia Arcuchin. El móvil del crimen no se descubrió nunca. Los criminales, después de dar muerte al matrimonio y sus cinco hijos, más dos niñas que estaban de visita, colocaron los cadáveres en línea. Primero al padre; luego a la madre, que estaba grávida de siete meses; después a los hijos y también a las dos niñas. Una de ellas, de 22 años, logró escapar, pero los criminales la alcanzaron y después de ultrajarla la trajeron junto al macabro grupo, al que rociaron con kerosén y le prendieron fuego (Ropp, 1971: 66).

También el tabú de los tratantes de blancas judíos se filtra en el texto de Ropp, cuando la autora cuenta que un hombre recién llegado a la colonia debió viajar a Buenos Aires para recibir a la hermana de su esposa, proveniente de Rusia. Sin embargo, a los pocos días, el hombre regresó de la ciudad con apenas un baúl, algo de ropa y una pésima noticia: su cuñada había muerto. Recién pasado cierto tiempo se supo la cruel verdad: la mujer se había suicidado luego de que el hombre (su cuñado) la vendiera a una red de tratantes. Otro de los aspectos subterráneos aflora en la crónica publicada por el cooperativista entrerriano Samuel Hurvitz en 1932, quien da precisiones respecto del arraigo del sionismo en la colonia Lucienville. El autor describe la fervorosa génesis de una *tnuá* (una suerte de comité político) bautizado *Benei Zion* (hijos de Sion), cuyos integrantes esperaban ansiosos la llegada del periódico sionista *Di Velt* (El mundo), al que estaban suscritos colectivamente (1932:

capítulos 14 y 15).⁶⁴ Hurvitz fue un importante líder cooperativista, además del único representante de los colonos judíos de la Argentina que llegó a ser delegado en un Congreso Sionista (Schenkolewski-Kroll, 1997: 262).⁶⁵

Alpersohn y compañía criticaban las políticas de la JCA, pero se refirieron a la vida judía en la Argentina con cierto optimismo. En cambio, otros escritores que eligieron el género ficcional llevaron su pesimismo mucho más allá de las relaciones con la empresa. Por ejemplo, los

---

64 La versión original en ídish aún no ha sido publicada en castellano. Para una versión inédita, ver *Basavilbaso en 1932*, traducción libre de Jacobo Glushankov disponible on-line.

65 Entre las décadas de 1930 y 1970 numerosos colonos publicaron sus memorias. Noé Cociovich, nacido en 1862 en Slonim y colonizado en Moisés Ville, donde se destacó como líder de los agricultores y como fundador de la cooperativa La Mutua Agrícola, publicó *Moisesviler breishis* (Génesis de Moisés Ville) en 1947. En *Apuntes íntimos* (1948), Adolfo Leibovich, nacido en 1870 en Besarabia, dejó testimonio sobre la primera colonia judía del país, Monigotes "la vieja", cuyo nombre derivaba de los tótems aborígenes que encontraron los inmigrantes en esa zona del norte santafecino. Boris Garfunkel, nacido en 1866 en Ucrania y llegado a Mauricio en 1891, gozaba de una buena posición económica, pero el idealismo agrario y el antisemitismo ruso lo llevaron hasta la pampa junto con su familia sin solicitar ayuda de la JCA, como se lee en *Narro mi vida* (1960). Elías Marchevsky, nacido en 1885 en Rusia, fue un auténtico aventurero de las pampas que llegó al país sólo, a los veintiún años de edad. Antes de colonizarse en Rivera, trabajó en distintas provincias como peón rural y cosechero, por lo que más tarde se ganaría el mote de goldshpiner o tejedor de oro (es decir, experto armador de parvas de trigo). Ese es el título de sus memorias: *El tejedor de oro* (1964). El famoso líder cooperativista Isaac Kaplan nos dejó su *Colonias judías en la Argentina. Memorias de un cooperativista agrario* (1966), y Samuel Hurvitz, otro líder cooperativista, publicó en 1932 un libro conmemorativo titulado *Colonie lucienville. 37 ior idishe colonizatsie. Ondenk dem baron Moshe Hirsch* z"l (Colonia Lucienville, 37 años de colonización. En homenaje al centenario del fallecimiento del Barón Moisés Hirsch). En *Un colono judío en la Argentina*, republicado en castellano en 1971, Tuba Teresa Ropp narró la vida de su padre, el pionero Israel Ropp, llegado a Entre Ríos en 1891, quien tenía un cuarto de huéspedes por el que desfilaron las personas más necesitadas y las rutilantes figuras de la política, el periodismo y la literatura que recorrían las colonias. También varias personalidades que pasaron por las colonias y luego emigraron a las ciudades dejaron impresos sus recuerdos de los años de juventud transcurridos en el campo, como por ejemplo el diputado socialista Enrique Dickman, autor de *Recuerdos de un militante socialista* (1949), y el médico y dirigente comunitario Nicolás Rapoport, autor de *Desde lejos hasta ayer* (1957).

protagonistas de los cuentos breves que dejó Kalmen Farber son colonos desilusionados que, en el mejor de los casos, abandonan sus chacras, y, en el peor, queman las parvas y se suicidan. Los motivos del desencanto varían: "los precios bajos, el frío y el terrible granizo, parecían haber tapado la boca del villorrio y aniquilarlo, hasta convertirlo en un cementerio" (en Feierstein, 1987: 114). A veces, el desencanto aparece ligado a la modernización de la agricultura, como en el caso del carretero que se dispara una bala en la cabeza al verse arruinado por la invención de los camiones. Otros pasajes de la obra de Farber reflejan un sentimiento decadentista en sus personajes: uno de ellos abandona el campo para irse "hacia donde me lleven mis ojos", rumbo a "algún lugar todavía no alcanzado por la crisis de la civilización moderna, a algún lugar salvaje" (en Feierstein, 1987: 117). El cuento "No era este el destino", de Abraham Zaid, trasunta una desazón parecida. Su protagonista fantasea hasta el delirio con la obtención de una cosecha promisoria que le permitirá saldar sus deudas con la JCA. Se imagina entrando a la oficina del administrador con un portafolio rebosante de billetes, y desestimando las ofertas de los exportadores de granos, a quienes escuchará con indiferencia, "limpiándose las uñas con una pajita". Pero sus sueños se desvanecerán cuando, al final del relato, una helada arruine los cultivos.

Las críticas a la indolencia de los funcionarios de la JCA aparecen también en "Cierto día", de Jaim Goldstrajt, cuyo tema es el desalojo de una familia colona. En él, uno de los hijos le pregunta a su hermano mayor: "Si nos quitan las tierras de nuestro padre y pagan sus deudas, ¿por qué van a calcular todo a los mismos precios que los anteriores, cuando la tierra valía centavos?". Pero su interlocutor no tiene una respuesta, "puesto que él es un hombre que se mantiene de este lado del escritorio, y no del otro, donde está sentada la *Ieke* [la JCA]" (en Feierstein, 1987: 131). En la última escena del cuento, el hermano menor vende cigarrillos en un kiosco porteño de la avenida Corrientes. El mensaje es claro: las presiones de la JCA terminan con los sueños idealistas de la primera generación nacida en el campo. También las crónicas de viaje por las colonias de Iankev Botoshansky, un importante autor teatral, periodista y militante sionista socialista, aluden al tabú del conflicto. Elogioso de las virtudes de la vida sana en la campiña, Botoshansky se emocionaba al oír a los campesinos de "osamenta tan dura" y "voz tan llena de coraje" hablando en ídish, mientras trabajaban al "ritmo de la bendita labor del campo" (en Feierstein, 1987: 98). Sin embargo, el panorama se tornaba sombrío cuando uno de los colonos le reclamaba que denunciara a la JCA: "Hay alguien que es mucho más punzante e hiriente [que cierta planta silvestre venenosa] (...) Todos ustedes lo saben y nadie nos ayuda" (Feierstein 1987: 97).[66] La mirada negativa de los primeros autores seguramente alcanzó su punto más alto en "Puercos escarbarán aquél terreno", de Iaacov Liachovitsky, un destacado periodista y emprendedor cultural comunitario, autor de piezas teatrales y cofundador de distintos periódicos en ídish. El cuento narra la angustia de un hombre que debe viajar setenta kilómetros en busca del único médico de la colonia para salvar la vida de su pequeño hijo, que se encuentra agonizando de fiebre. Al llegar, el médico lo trata con indiferencia y le exige que presente una autorización firmada por el administrador de la JCA. En consecuencia, el hombre regresa a la colonia, donde, a las diez de la mañana del día siguiente, el administrador se niega a

---

[66] Botoshansky llegó al país en los años veinte y se radicó en Buenos Aires, donde ocupó el cargo de presidente de la Sociedad de Escritores Judíos de la Argentina. Autor de varias obras dramáticas y literarias, fue además uno de los redactores de la antología de la literatura ídish de *Di Presse*.

recibirlo porque es "demasiado temprano". Finalmente, el hijo muere y es sepultado "en una tierra lejana, ajena, en el país del Barón de Hirsch", donde los cerdos (el animal prohibido por las reglas dietéticas del judaísmo) roerán la tierra que cubre el cadáver (Feierstein 1987: 138).

Desde la década del treinta, esa mirada escéptica de los autores que escribían en ídish pronto comenzó a aflorar también en textos de autores nativos, que publicaban en castellano. Uno de los dramaturgos argentinos más importantes de la primera mitad del siglo XX, Samuel Eichelbaum (1894-1967), dejó dispersos en su obra varios rastros de las experiencias vividas durante su infancia en la colonia Clara. "Una buena cosecha", publicado en 1933 dentro de su compilación de cuentos *El viajero inmóvil*, tiene por protagonista a Bernardo Drugova, un inmigrante ruso que detesta el campo. Su máximo anhelo es dejar la colonia para mudarse a la ciudad y trabajar en el oficio que verdaderamente ama: mecánico. No obstante, dominado por su mujer y por su suegra, Drugova se convierte en un agricultor obediente durante cuatro años, hasta que, harto, una noche se levanta de la cama en silencio y, sin que nadie lo vea, quema las parvas de trigo. Con la cosecha perdida, a la familia no le quedará más remedio que trasladarse a Buenos Aires.

El anti-idealismo agrario del personaje de Eichelbaum encuentra formas más sutiles y elaboradas en Rebeca Mactas (1910-1997), una nieta de Marcos Alpersohn nacida en la colonia Mauricio, cuyo volumen de cuentos *Los judíos de las Acacias* (1936) muestra el conflicto entre los chacareros que se han quedado en el campo luego de los conflictos con la JCA y sus propios parientes, emigrados a las ciudades. Así comienza "La casa", que plantea el dilema moral entre un matrimonio de colonos idealistas y su hijo, devenido no solo un rico comerciante sino también un importante dirigente de la comunidad judía porteña: "De los cuatro hijos de Jaim Kahn, ninguno encausó su vida en el campo. Se iban, uno a uno, al romper la adolescencia, atraídos por el vibrar de la ciudad la cual halagaba su sangre inquieta de judíos" (Mactas, 1936: 5). Este conflicto es también el tema central de "Corazón sencillo", donde un triángulo amoroso funciona como metáfora de la disyuntiva que quita el sueño a las nuevas generaciones: ¿deben quedarse en el campo para cumplir con el deber moral legado por los padres, o es mejor seguir sus propios impulsos, dejarse arrastrar por la corriente de la modernidad y marcharse a las ciudades? Eva, una muchacha sensible y de espíritu sofisticado, se debate entre dos opciones matrimoniales. Aunque ama a su primo David, que estudia en Buenos Aires y la visita durante los veranos, se casará con un campesino rústico y detestable llamado Mauricio (evidente encarnación de la colonia Mauricio). Su sacrificio, cargado de implicancias morales, responde al llamado del "mudo lenguaje de la campiña", que le habla con estas palabras: "se ama únicamente cuando se da, tal es la ley de la tierra". El final del cuento es más que explícito: "¡Sí!, ¡Se casará con Mauricio! Mauricio la necesita. En compañía de Mauricio podrá cumplir el tremendo mandato de dar para existir" (1936: 50-51). En otro de los relatos, titulado "Fuego", el conflicto encarna en la difícil relación entre dos hermanos, uno de los cuales se quedó en el campo, mientras que el otro emigró a Buenos Aires para hacer negocios. Finalmente, en el cuento que da título al libro, "Los judíos de Las Acacias", Mactas describe cómo la colonia se va despoblando hasta convertirse en un pueblo fantasma: "una pobre gallina, vieja y ciega, que perdida en los campos se aprieta temerosa a la tierra".[67]

Tampoco los cuentos de Natalio Budasoff, reunidos en el volumen *Lluvias Salvajes*, de 1952, y ambientados en la colonia Clara, transmiten una mirada apologética ni idílica. De acuerdo con la historiadora Patricia Flier,

> lejos de ser gente perfecta o ideal en un mundo poéticamente pastoril, sus protagonistas son personas reales que luchan con sus semejantes y con una naturaleza dura que las castiga con lluvias, vientos, y las pérdidas de cosechas. El autor describe la tirantez que existe entre el rico y el pobre, la envidia criolla nutrida por un antisemitismo latente, la antipatía del administrador burocrático de la agencia colonizadora, la tozudez, la violencia, la envidia, la mentira que forma parte de la personalidad y de las conductas de algunos de los colonos judíos (2011: 24).

Balance del capítulo

Este breve relevamiento de la literatura judeo-argentina temprana nos permitió detectar algunos elementos centrales de la memoria sobre la colonización. El principal es la presencia de dos versiones paralelas, la oficial, inaugurada por Gerchunoff, y la subterránea, plasmada en primer término por Alpersohn. Quienes aportaron a la versión oficial elaboraron representaciones idealizadas, que mostraban a las colonias como el locus de la adaptación de los judíos a la identidad argentina y que silenciaban

---

[67] James Hussar (2008) comparó la obra de Mactas con la de Gerchunoff y encontró similitudes estilísticas y formales que lo indujeron a deducir que esta autora escribió su texto en diálogo con LGJ. Dos de las continuidades que menciona son el uso de un protagonista colectivo en el título y el recurso a las historias individuales, que pueden ser leídas como cuentos independientes o como una novela.

algunos aspectos cuyo conocimiento público podía haber resultado inconveniente. En sus textos, es posible entrever un objetivo político: incorporar imaginariamente a los inmigrantes judíos al relato del crisol de razas. Los otros, en cambio, escribieron con espíritu crítico, a veces incluso como si hubieran buscado plantar una denuncia intraétnica. En sus textos aparecen aquéllos aspectos silenciados en el discurso oficial, como los sinsabores del conflicto con la JCA, los dilemas de la aculturación, la disyuntiva de la segunda generación respecto de emigrar a las ciudades, la presencia de tratantes de blancas judíos y la adhesión al sionismo de muchos de los colonos. Sintomáticamente, los primeros prefirieron utilizar el idioma español, lo que les permitía dialogar con el campo cultural argentino, mientras que los segundos utilizaron mayoritariamente el ídish, lengua que cubría con un velo sus relatos.[68] Menos visibles que Gerchunoff, Liebermann y compañía, los autores críticos encontraron canales de circulación alternativos en espacios étnicos, como el teatro judío, la prensa comunitaria y pequeñas editoriales que publicaban en idish, donde era posible referirse a los tabúes. Aunque sus puntos de vista alternativos saltaron la barrera idiomática en los años treinta, recién lograron cierta difusión masiva en la segunda mitad del siglo XX, cuando los principales trabajos en ídish se tradujeron al castellano. Como señaló Paula Miguel:

---

[68] Como ha señalado Alan Astro (2003), la singularidad temática de la literatura idishista latinoamericana radica en la recurrencia de relatos acerca de la lucha contra la presencia e influencia de proxenetas y prostitutas judías, la crítica de la experiencia de las colonias agrarias, las relaciones entre judíos y miembros de grupos no europeos, la ambivalencia de residir en territorio antes dominado por la Inquisición, el comercio judío de artículos religiosos católicos y el rápido aburguesamiento de los inmigrantes judíos.

otras obras que recopilan facetas más problemáticas de la experiencia de la inmigración judía en la Argentina no tuvieron tal difusión temprana. A veces publicadas parcialmente en revistas de la colectividad, sólo en los últimos años fueron traducidas y editadas completas y en castellano y aún hoy guardan una posición marginal en relación con la construcción del relato 'oficial' o 'legítimo' inmigratorio. Estos relatos contemporáneos de la obra de Gerchunoff aparecen recientemente para contestar de alguna manera ese idílico relato, para sumar otras voces a la construcción del discurso sobre la inmigración judía en Argentina (2008: 228-229).[69]

---

[69] Como vimos, las memorias de Marcos Alpersohn recién fueron traducidas al castellano a partir de los años noventa. Pero, además, Miguel se refiere a la obra teatral Ibergus (Regeneración), de Libl Malaj, dedicada al tema de los tratantes de blancas judíos y traducido al castellano en 1984, y a Koshmar (Pesadilla), la crónica del periodista Pinie Wald acerca del pogrom de la Semana Trágica, aparecida en 1987.

Capítulo tres

Los libros de la buena (y de la mala) memoria[70]

> El judío viene a la Argentina con la finalidad de convertirse en argentino.
> 50 años de vida judía en el país. XX aniversario de Di Presse

> Para ser una nación, uno de los elementos esenciales es interpretar la historia de modo equivocado.
> *Ernest Renan* (Hobsbawm, 1998: 40)

En este capítulo exploraremos un conjunto de libros conmemorativos que fueron publicados en la Argentina entre 1939 y 2001. Algunos aparecieron durante los aniversarios de los acontecimientos más relevantes para la historia de la colonización, como la llegada del Weser, el establecimiento de los podoliers en Moisés Ville y la creación de la JCA, mientras que otros rindieron homenaje a distintas colonias e instituciones particulares. Comparado con otros lugares de memoria más volátiles, como los rituales, los discursos, las notas en la prensa o las conmemoraciones, el libro resulta un objeto sólido, duradero, transportable y capaz de almacenar gran cantidad de información en espacios reducidos. Sus distintos formatos comunicacionales lo hacen accesible a una variedad de públicos heterogéneos, mientras que su movilidad le permite atravesar los

---

[70] "Los libros de la buena memoria" es una canción de Luis Alberto Spinetta, publicada en 1976 en el álbum El jardín de los presentes, del grupo Invisible.

distintos sectores sociales, cruzar las fronteras nacionales y, traducción mediante, irrumpir en comunidades lingüísticas distantes.[71]

De acuerdo con Roger Chartier, la operación de construcción de sentido efectuada en la lectura es un proceso históricamente determinado, cuyos modos y modelos varían según la época, los lugares y las comunidades, y que se encuentra mediado por la forma que adopta el texto al ser transformado en el *objeto libro*. En palabras de Chartier, los lectores "nunca se confrontan con textos abstractos, ideales, alejados de toda materialidad: manipulan objetos cuya organización gobierna su lectura, separando su captación y su comprensión del texto leído" (1992: 51). En tanto el texto no existe fuera del soporte que lo da a leer, tampoco

> hay comprensión de un escrito cualquiera que no dependa de las formas en las cuales llega a su lector. De aquí, la distinción indispensable entre dos conjuntos de dispositivos: aquellos que determinan estrategias de escritura y las intenciones del autor, y los que resultan de una decisión del editor o de una obligación del taller (1992: 55).

Siguiendo estos lineamientos, Chartier recomienda prestar atención a ciertas decisiones editoriales tales como la lengua en la que se publica, la calidad de la impresión,

---

[71] Para Alejandro Dujovne, autor de una tesis doctoral sobre la circulación del libro judío en la Argentina entre 1919 y 1979, el libro "constituyó uno de los vehículos más significativos de circulación de las ideas entre Buenos Aires y los distintos centros judíos de Europa, Estados Unidos e Israel por una parte, y de América Latina por el otro. Si bien no fue el único, se distinguió de otras formas de la palabra impresa y de la acción de los enviados de las distintas organizaciones políticas, no sólo por su singularidad material y simbólica como soporte de ideas, sino también por su estabilidad y permanencia como canal de comunicación" (2010: 361).

los marcadores paratextuales incluidos (prólogos, solapas, contratapas), la cantidad de páginas y el uso de fotografías y gráficos. En el caso de los libros conmemorativos sobre la colonización judía, esto es sumamente significativo, en tanto la mayoría contiene apéndices documentales, mapas, fotos, cronologías de acontecimientos y cuadros estadísticos que apuntan a reafirmar la veracidad de los acontecimientos descritos, aunque en muchos casos convivan codo a codo con una narrativa histórica de estilo épico-romántico. También es significativa la elección de la lengua, ya que el uso del castellano los orientaba hacia el público general de la sociedad argentina, mientras que el ídish sólo habilitaba un mercado de lectores restringido, exclusivamente judío, y el inglés les daba un alcance internacional.[72]

El capítulo está dividido en tres secciones. En la primera, observaremos la producción de libros conmemorativos por parte de las instituciones judías; en la segunda, abordaremos los proyectos realizados por editoriales privadas; y, en la tercera, nos dedicaremos a aquéllos publicados por agencias estatales. Como se verá, esa clasificación tripartita también respeta el orden cronológico.

---

[72] Entre las singularidades que hacen del ídish una lengua de difícil acceso, hay que mencionar la grafía hebrea, la abundancia de frases idiomáticas y la presencia de numerosos hebraísmos. En consecuencia, el uso estratégico de la lengua fue una práctica habitual en las publicaciones judeo-argentinas, que excedió al campo de la colonización. Por ejemplo, en la sección conmemorativa que incluyen los anales de la AMIA de 1969 (dedicados al setenta y cinco aniversario de esa institución), sólo fueron traducidos al castellano los artículos menos "problemáticos". Ver los artículos en ídish "El movimiento sionista en la Argentina desde 1897 hasta 1917", "La era Sorkin: un capítulo del libro *Génesis del movimiento poalei sion en Argentina*" y "Relaciones entre el sionismo argentino y el estado judío", en la sección Homenaje a los 75 años de la kehilá de *Pinkes fun der kehile 1963-1968* (Anales de la Comunidad Israelita de Buenos Aires 1963-1968), bajo la dirección de Isaac Janasowicz. Si bien la AMIA aparece en escena en los años cuarenta, la fecha de fundación que se conmemora es 1894, cuando apareció la Jevra Kedusha: la primera sociedad judía de entierros.

1. Publicaciones de la colectividad judía

Los primeros libros conmemorativos judeo-argentinos aparecieron a fines de la década del treinta, cuando se celebraron los cincuenta años de vida de la colectividad en el país, para lo que se tomó como punto de partida la fecha de la llegada del Weser y la fundación de Moisés Ville: agosto/octubre de 1889. Los dos primeros fueron lanzados por los periódicos judíos de mayor circulación, e incluyeron notas acerca de la inmigración, la creación literaria, las instituciones, la educación, el movimiento obrero, la prensa, el antisemitismo, la colonización agrícola y otros aspectos que reflejaban la trayectoria judía en el país. Ambos se imprimieron en ídish, aunque algunos de los artículos incluían un breve resumen en castellano.[73]

El primer libro conmemorativo aparecido íntegramente en castellano y dedicado en exclusiva a divulgar la historia de la colonización judía fue *50 años de colonización judía en la Argentina* (AAVV, 1939), publicado por la DAIA para acompañar los festejos llevados a cabo en octubre de 1939 en Moisés Ville. Para difundir la gesta de los colonos, la DAIA preparó una edición de más de trescientas páginas en dos versiones idiomáticas idénticas e independientes, una en ídish y la otra en castellano,

---

[73] En 1938, el cotidiano en ídish Di Presse publicó *Arguentine: fuftzik ior idisher ishev. Tzvantzik ior Di Presse* (50 años de vida judía en el país. XX aniversario de Di Presse). Al año siguiente, el otro cotidiano en ídish, Di Idishe Tzaitung, lanzó *Ioivl buj, sajakl enfun 50 ior idish lebn in Arguentine: Lijvod Di Idishe Tzaitung* (Homenaje al cincuentenario de la vida judeo-argentina de El Diario Israelita con motivo de su XXV° aniversario). Los artículos dedicados a la historia de la colonización en el libro de *Di Presse* son: "Cincuenta años de colonización judía en el país", "La obra del Barón de Hirsch", "Las colonias de la JCA", "Privaciones y dificultades de los primeros tiempos", "El judío es un excelente agricultor", "Tres colonias independientes", "Caracteres propios de las colonias judías." En el de *Di Idishe Tzaitung* escribieron sobre inmigración y colonización algunos de los emprendedores de memoria que luego producirían textos en castellano, como Salomón Resnick, José Mendelson, Simón Weill, Boleslao Lewin e Isaak Kaplan.

cuyos artículos narraban los acontecimientos históricos que habían llevado a los pioneros a dejar la Rusia zarista para instalarse en las colonias argentinas, repasaban la participación de la JCA en dicho proceso y daban cuenta de los rindes agrícola-ganaderos mediante exhaustivas tablas de datos.

En el prólogo –un texto saturado de elogios hacia el país receptor– se informaba sobre el propósito de la publicación: los intelectuales, periodistas y dirigentes comunitarios convocados para su redacción debían realizar un balance del desempeño judío en el campo argentino:

> ¿Qué han hecho los israelitas del preciado bien y privilegio sin par de vivir bajo el inmaculado pabellón azul y blanco, en esta hermosa región del mundo civilizado? Eso lo dirá este libro (AAVV, 1939, prólogo sin numerar).[74]

Como cabía esperar, el balance era sumamente positivo. En primer lugar, porque el éxito de la colonización era una prueba tangible que permitía rebatir el prejuicio de la improductividad, tal como puede leerse en el siguiente pasaje, tomado también del prólogo:

> Estos primeros cincuenta años con las inseguridades propias de toda infancia, muestran como fruto maduro desprendido de los hechos que en la constitución y temperamento de este sector de la población argentina hay una definida inclinación hacia los trabajos de la tierra, de los cuales sólo ha podido ser alejado por cavernarios odios y prejuicios (AAVV, 1939, prólogo sin numerar).

---

[74] El texto del prólogo no tiene firma, aunque supuestamente corresponde al dirigente comunitario Moisés Goldman, según consta en el dossier documental de la revista *Índice* nº 3, segunda época, julio de 1990: 193.

Entre los redactores sobresalían el escritor Alberto Gerchunoff, el director de la JCA en Buenos Aires Simón Weill, el médico y dirigente Nicolás Rapoport, el educador Jedidia Efron y el líder cooperativista Isaac Kaplan. Pero la figura clave fue José Mendelson (1891-1969), un inmigrante llegado al país en 1912 que se había desempeñado como maestro y director de una escuela de la JCA en Palacios para luego instalarse en Buenos Aires, donde tuvo una destacada actuación en el mundo educativo y cultural judeo-porteño. Sumando los dos artículos que aportó, Mendelson contribuyó con cien de las trescientas páginas del libro.

Evidentemente, Mendelson consideraba fundamental aprovechar el cincuentenario de la colonización para rebatir el prejuicio de la improductividad, y ese propósito lo llevó a desplegar distintos recursos. El principal consistió en distorsionar la cronología de los acontecimientos históricos para postular que el origen de la colectividad en el país era rural, en vez de urbano. Eso se aprecia en "Génesis de la colonia judía en la Argentina (1889-1892)", una pieza que atesora la primera historia de la colonización publicada en formato de libro, en castellano y elaborada con cierto rigor historiográfico: se citan las fuentes, se comentan los defectos que encierra el texto debido a la imposibilidad de revisar ciertos archivos, se presenta una cronología ordenada.[75] Para sustentar el mito del origen agrícola, Mendelson realizó allí un sutil desplazamiento: propuso que la

---

[75] Las notas que incluyó Mendelson revelan que elaboró su texto apoyado en una serie de artículos publicados en *Di Idishe Tzaitung* por Israel Fingerman en 1927, titulados la "Historia de la colonización judía en la Argentina", en el libro de David Goldman *Los judíos en la Argentina*, publicado en ídish en 1914, en la crónica de viaje del dramaturgo Péretz Hirschbein, titulada *Fun vaite lender* (En campos lejanos) y en *Cinquante ans d'histoire: L'alliance israélite universelle* (1860-1910), escrito por Narcisse Leven y publicado por la Alliance Israélite Universelle en 1920.

llegada del Weser debía considerarse el punto de partida de la vida judía en el país. Por eso, la palabra "colonia", que colocó en el título del texto, resulta engañosa: aunque alude a la colectividad, puede interpretarse también como referida a la colonización. Claro está que la distorsión del pasado obligó a Mendelson a introducir algunas justificaciones, ya que desde comienzos de la década de 1860 existía en Buenos Aires una comunidad judía organizada que contaba con una sinagoga, cuyo rabino incluso había sido reconocido por el estado en 1882. Para salvar este inconveniente, optó por establecer una clasificación periódica que le permitiera referirse a la época previa a 1889 como a la "prehistoria". Dentro de ese período incluyó a los marranos de la época colonial y a los inmigrantes llegados del centro de Europa y del norte de África luego de la independencia argentina. Los marranos eran prehistóricos porque conformaban una rama descontinuada, que se había asimilado y diluido sin dejar "rastros vivientes", mientras que las migraciones centro europeas pre-Weser habían sido realizadas de manera casual, aislada y sin ninguna finalidad determinada. Sin embargo, Mendelson no se privó de consignar que, aunque prehistóricos, aquéllos judíos previos a 1889 habían acumulado algunos méritos patrióticos: lucharon en las guerras de la Independencia, enfrentaron a Rosas en Caseros y pelearon en la Guerra del Paraguay, "aportando su sangre como soldados, como oficiales y jefes superiores", e incluso como generales. Si sus nombres no aparecían publicados en el texto era porque se trataba de un tema que requería ser investigado más adelante, con mayor exhaustividad, se excusaba el autor.[76] Es probable que Mendelson haya tomado prestada la idea de una prehistoria judeo-argentina de un artículo escrito por el historiador Boleslao Lewin (1908-1988, radicado en la Argentina en 1937) para el libro conmemorativo de *Di Idishe Tzaitung* de 1939. Allí, Lewin había propuesto una cronología conformada por cuatro etapas: la Prehistoria, la Historia Colonial, el "Lapso que termina con la llegada de la inmigración en masa" (sic) y la Historia Contemporánea.[77] El hecho de que los dos periódicos judíos más populares también hubieran publicado libros conmemorativos por el cincuentenario, uno de ellos aparecido incluso un año antes de la fecha, en 1938 (seguramente, para hacerlo coincidir con su propio vigésimo aniversario, como se deduce del título) es indicativo de que la idea del origen moisesvillense ya flotaba en el ambiente antes de que Mendelson la cristalizara en el libro de la DAIA.

Quizás el aspecto más razonable de la argumentación de Mendelson fuera que, a diferencia de lo ocurrido con los colonos, la colectividad prehistórica no había logrado atraer tras de sí una oleada masiva de judíos al país. Pero lo cierto es que, más allá de nuestras consideraciones, la estrategia parece haber tenido éxito: desde entonces, la llegada del Weser quedó sellada como el acontecimiento fundacional del judaísmo argentino, como se verá más adelante. Además, postular que la historia judeo-argentina había comenzado con la llegada de los colonos tenía una ventaja extra: ayudaba a disimular el

---

[76] El único caso trabajado a posteriori por la historiografía es el del sargento, luego capitán, Luis H. Brie, un judío nacido en Hamburgo y luego nacionalizado argentino que peleó en Caseros, en el ala brasilera de las tropas de Urquiza, y que se radicó en Buenos Aires, donde fue cofundador de la Comunidad Israelita de la República Argentina (CIRA).

[77] "Prehistoria e historia colonial de los judíos en la Argentina", en *Homenaje a El Diario Israelita con motivo del XXVº aniversario. 1914-1939*.

arribo previo de prostitutas y tratantes de blancas. Las noticias más tempranas al respecto que encontró el historiador Víctor Mirelman datan de una década antes de la "era Weser": el 4 de noviembre de 1879, algunos periódicos porteños advertían de la llegada de nueve tratantes de blancas judíos, consignando sus nombres, edades y nacionalidades. Más tarde, en abril de 1880, el mozo de un hotel porteño denunció que ocho mujeres menores de veinte años, procedentes de la región de Galitzia (Austria), habían sido raptadas por proxenetas que las traficaban como mercadería. Tanto las mujeres como los hombres eran judíos (Mirelman, 1988: 149).

Otro de los recursos que utilizó Mendelson para rebatir el estigma de la improductividad fue escribir un extenso artículo titulado "Los judíos como pueblo agrícola a través de la historia", donde consignaba que utilizaría argumentos producidos por "historiógrafos especializados" para dilucidar si era

> cierta la afirmación que regía hasta hace poco como un axioma (...) de que los judíos forman un pueblo de mercaderes, que se dedican únicamente al comercio y a la industria y que en el pasado se ocupaban de la usura (AAVV, 1939: 11).

Obviamente, la conclusión era rotundamente negativa. Un tercer recurso consistió en ponderar a la colectividad judía local contrastándola con la norteamericana, señalando que, a diferencia de aquélla, la de la Argentina había emigrado movida por un ideal productivista: trabajar la tierra (AAVV, 1939: 10).

Vista desde los inicios del siglo XXI, la retórica legitimante de *50 años de colonización judía en la Argentina* puede parecer exagerada, pero, al ponerla en contexto, aparece como una estrategia inteligente y razonable: el libro apareció en la víspera de la Segunda Guerra Mundial, cuando el ideario antisemita de algunos grupos nacionalistas salía a la luz abiertamente en varias revistas y periódicos muy populares, como *Criterio, Bandera Argentina, La Maroma, El pampero, Clarinada* y *Crisol*, que a veces incluso gozaban de los beneficios de la publicidad estatal. En ese momento, el escritor local más exitoso era Gustavo Adolfo Martínez Zuviría (alias Hugo Wast), director de la Biblioteca Nacional y autor de la saga de novelas *El Kahal-Oro*, que reproducían el mito conspirativo según el cual los judíos planeaban dominar el mundo. En el plano de la vida cotidiana, proliferaban diversas prácticas antisemitas que incluyeron ataques a personas e instituciones (Lvovich, 2003).[78] Quizá por eso, el conflicto entre los colonos y la JCA aparece prácticamente omitido: seguramente los autores del libro trataron de mostrar una imagen orgánica, exenta de conflictos internos.[79]

Aun así, más allá de la retórica legitimante construida en torno de la agricultura, algunos artículos del libro también permitían entrever cierta reafirmación del derecho a la etnicidad. Por ejemplo, en "La vida social en las colonias judías", el líder cooperativista Isaac Kaplan dejaba en claro que, en los comienzos, la sociabilidad se había iniciado en la sinagoga, donde los colonos celebraban sus rituales en un ambiente de absoluta libertad. Mientras que, en "La obra escolar en las colonias judías", el director de la red escolar de la JCA, Jedidia Efron, se explayaba acerca de los

---

[78] Para Lvovich, el nacionalismo argentino de la década del treinta mostraba los siguientes parámetros: retorno al paradigma del catolicismo, crítica a la democracia y exaltación de los gobiernos fuertes, retorno a las tradiciones locales, desvalorización del conocimiento científico, estatismo corporativista, fortalecimiento de la identidad nacional contra la influencia extranjerizante de las potencias, aversión al comunismo, al socialismo y al liberalismo, antisemitismo.

[79] Además, aunque la función de la DAIA consistía en representar a los judíos de la Argentina, una toma de postura en favor de los colonos probablemente le hubiese valido un enfrentamiento con la JCA, una compañía que gozaba de prestigio internacional.

contenidos de los Cursos Religiosos Israelitas. Sin embargo, el libro omitía rigurosamente toda mención acerca de la difusión del ideal sionista en las colonias, cuyos adherentes presentaban listas propias en las elecciones comunales desde 1909, enviaron voluntarios para pelear por Gran Bretaña en el frente otomano de la Primera Guerra Mundial y donaban anualmente cosechas y dinero en efectivo al Keren Kayemet LeIsrael, el fondo que compraba tierras para erigir el futuro Estado de Israel.[80] Etnicidad, sí; doble pertenencia, no.

En el transcurso de las tres décadas siguientes aparecieron nuevos libros conmemorativos sobre la colonización. El primero fue un auto-homenaje de la JCA por su propio cincuentenario, titulado *Jewish Colonization Association. Su obra en la república argentina. 1891-1941* (AAVV, 1941). Al año siguiente, la DAIA lanzó *Medio siglo en el surco argentino. Cincuentenario de la Jewish Colonization Association (JCA) 1891 agosto 1941* (AAVV, 1942). Dos décadas más tarde, la JCA celebró su aniversario número setenta con *Jewish Colonization Association. Reseña de su obra y sus finalidades. 70 años de labor humanitaria. 24 de agosto de 1891-25 de agosto de 1961* (AAVV, 1961). Pasados tres años, en el marco del 75 aniversario de la colonización, apareció *75 años de colonización judía en la Argentina* (AAVV, 1964), producido por un comité interinstitucional.

En general, estas publicaciones reprodujeron las representaciones instaladas por el libro de la DAIA en 1939. La forma tendenciosa de contar la historia se aprecia

---

[80] Por ejemplo, en la época en la que apareció en libro de la DAIA, el movimiento juvenil Hejalutz Lamerjav y las asociaciones sionistas Liga pro Palestina Obrera y Amigos de la Histadruth tenían filiales en Moisés Ville, la colonia donde se celebró el cincuentenario. La filial local de la Women´s International Zionist Organization (WIZO) establecida en dicha colonia contaba con 160 asociadas que organizaban tés danzantes dominicales en los que se discutían los problemas del sionismo y se recaudaban fondos para la causa (Cherjovsky, 2009).

nuevamente en sentencias como la siguiente: "Los colonos del 'Wesser' (sic) habían llegado a la Argentina por decisión libre y voluntaria. Cansados de las persecuciones antijudías de la Rusia zarista, decidieron buscar un horizonte de libertad" (AAVV, 1964: 9). Como sabemos, el destino que habían elegido era la Palestina otomana, pero ante la imposibilidad de trasladarse allí, consideraron la oferta hecha por un agente del gobierno que buscaba atraer inmigrantes al país. La intención legitimante también se lee en pasajes como el siguiente: "Ese fue el *limpio* origen de la extendida colonia israelita de hoy en la Argentina. Sólo el contacto con la tierra eleva y purifica al hombre" (AAVV, 1942: 7, itálica mía).

Un ítem que no descuidaron las nuevas publicaciones fue la mención de los aportes realizados por los colonos judíos al país, entre los que sobresalían la creación de las primeras cooperativas agrícolas, la implementación del cultivo del girasol y la incorporación de las granjas mixtas. Las tablas estadísticas que mostraban los rindes de las chacras y la demografía de cada asentamiento refrendaban nuevamente la materialidad de esos tributos, medidos en cantidades de hectáreas cultivadas, toneladas de granos exportados y litros de leche producidos. Incluso el capital humano conformado por médicos, políticos, científicos, artistas y hombres de la cultura surgidos de las colonias también era interpretado como un aporte al país, igual que los centros urbanos levantados en la soledad de la pampa, con sus escuelas, teatros, cooperativas, elevadores de granos, bibliotecas y demás instituciones sociales cuyas fotografías a veces se incluían en los libros.

Hacia fines de la década de 1960 apareció otro género de publicaciones conmemorativas diferente de los típicos libros que celebraban determinados aniversarios. Me refiero a los fascículos de la Biblioteca Popular Judía, donde se trataban temas más generales, en un tono más bien cercano al de la literatura de divulgación histórica. El emprendimiento fue patrocinado por el Congreso Judío Latinoamericano, y tenía por destino "principalmente a la juventud y a todas las personas a quienes les interese conocer diversos aspectos culturales de la vida judía en las últimas centurias".[81] Tres de sus números se referían a las colonias: *Barón Mauricio de Hirsch* (Schallman, 1969) era una biografía del barón incluida en la colección "Grandes figuras del judaísmo", mientras que *Historia de los "Pampistas"* (Schallman, 1971) y *Los pioneros de la colonización judía en la Argentina* (Schallman, 1971) pertenecían a "Hechos de la historia judía". Los tres fueron escritos por Lázaro Schallman, un prolífico emprendedor de la memoria judeo-argentina que había ocupado distintos cargos dentro de la JCA, autor también de *San Martín y los principios morales del judaísmo* e *Historia del Periodismo judío en la Argentina*. Los tres fascículos narraban los acontecimientos en un tono exageradamente dramático, a fin de transformar sucesos bastante habituales para los inmigrantes rurales llegados a fines del siglo XIX en una epopeya singular, como se pude entrever en ciertos títulos de los apartados de *Historia de los "Pampistas"*, tales como "Travesía

---

[81] Notas preliminares al folleto "Historia del idisch" de Menajem Boreisho, Ejecutivo Sudamericano del Congreso Judío Mundial, Buenos Aires, 1966: 3 (citado por Dujovne, 2010: 239). Patrocinada por la Oficina Sudamericana del Congreso Judío Mundial (reorganizada en 1969 como Congreso Judío Latinoamericano), la Biblioteca Popular Judía fue una de las primeras editoriales que abordaron hechos relacionados con la historia judía local, como *La Semana Trágica* (Nahúm Solominsky, 1971), aunque la mayoría de sus 200 títulos, aparecidos entre 1966 y 1978, aludían a las tradiciones y a la historia judía global. Su director fue Marc Turkow, célebre por la colección de memoria del judaísmo polaco *Dos Poylishe Idntum*. Los textos aparecían en folletos de tapas blandas, de unas cincuenta páginas de extensión, escritos generalmente por intelectuales locales, y circulaban por todo el continente y también por Israel (Dujovne, 2010).

angustiosa", "La noche oscura de la partida", "Inmensos peligros", "Inconveniente imprevisto", "Temporal ciclónico", "Desolación y miseria" y "Sensación de pesadilla".

Los libros conmemorativos lanzados por la DAIA, la JCA y la Biblioteca Popular Judía incluyeron numerosas fotografías que también aportaron sentido a la construcción de una memoria oficial, de intensiones legitimantes y apegada a la ideología del crisol. Una de las imágenes que más se repite es la de alguna familia de colonos recibiendo al gobernador, como ocurría en el libro de Liebermann que revisamos en el capítulo anterior, una estrategia que permitía asociar al judaísmo con el estado. En algunos libros incluso fueron transcriptos los discursos pronunciados por funcionarios públicos en los festejos por distintos aniversarios de las colonias, y hasta se incluyeron las salutaciones enviadas por los gobernadores a los administradores de la JCA.

"El gobernador de La Pampa, Dr. Evaristo Pérez Virassoro, durante la visita a la casa de un colono" (AAVV, 1942: 31).

"La comitiva y el público, reunidos en la chacra de un colono" (AAVV, 1942: 43).

En algunas de las fotos es posible entrever el trabajo de encuadramiento de la memoria. Por ejemplo, la siguiente imagen, incluida en *75 años de colonización judía en la Argentina* y en *Historia de los "Pampistas"*, fue retocada para quitar de la escena al administrador de la colonia, que aparecía en la fotografía original que consulté en el archivo del Museo Judío de Buenos Aires:

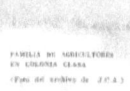

Mientras los emprendedores "orgánicos" amplificaban las representaciones de la memoria oficial, a partir de los años cincuenta distintas asociaciones de colonos lanzaron publicaciones que mostraban voces disidentes, dejando filtrar algunos de los tabúes de la colonización. Se trata de libros que aparecieron en ocasión de los cincuentenarios de las colonias más tardías y de otros que conmemoraron la fundación de las cooperativas agrícolas. Entre ellos se destacan *Rivera, afán de medio siglo* (Gregorio Verbitsky, 1955), *Pioneros. En homenaje al Cincuentenario de Rivera "Barón de Hirsch"* (comisión de redacción presidida por Sansón Drucaroff, 1957), *Fondo Comunal. Cincuenta años de su vida* (Abraham Gabis, 1957) y *Páginas para la historia de Narcis Leven. En adhesión a su Cincuentenario* (Ezequiel Shoijet, 1961).

En ellos, por primera vez, el histórico conflicto entre los colonos y la JCA era analizado con rigurosidad dentro del formato de libros del género conmemorativo. Por ejemplo, Gregorio Verbitsky opinaba negativamente sobre algunas determinaciones tomadas por la compañía, como las reticencias a financiar la colonización de los hijos y a ensanchar las chacras asentadas en suelos poco productivos. Los autores de *Pioneros...*, entre quienes figuraron dirigentes de la izquierda judía, como Sansón Drucaroff y Elías Marchevsky, consignaban que los colonos se habían topado con "fuerzas retrógradas (...) que frenaron las luchas campesinas. En primer término, la propia compañía colonizadora" (Drucaroff, 1957: 8). Los redactores de ese libro hacían un elogio de los subalternos, señalando que:

> los campesinos judíos comprendieron asimismo que su nueva condición les imponía una responsabilidad frente a toda su estirpe: abandonar la tierra, doblegarse ante las penurias y amarguras, significaba dañar el prestigio de todo el pueblo judío. La responsabilidad social primó sobre el sacrificio personal (Drucaroff, 1957: 8).

El líder cooperativista Abraham Gabis dedicó a los conflictos un capítulo titulado "Relaciones con la Jewish Colonization Association", que se complementaba con "El colono israelita argentino (periódico)". Ambos brindaban un completo panorama de los reclamos realizados a la JCA, que, según el texto, giraban en torno a una serie de temas bien concretos: las cláusulas restrictivas de los contratos de promesa de venta, los desalojos arbitrarios de familias chacareras, las negativas a colonizar a los hijos y las disidencias en cuanto a la educación que impartían las escuelas patrocinadas por la JCA, que entendían la identidad judía como un asunto religioso, cuando muchos de los colonos la vivían como una cuestión nacional. Como se deduce del último ítem, estos libros producidos desde el llano se permitieron incluso exhibir la difusión del sionismo en las colonias. Por ejemplo, Verbitsky señalaba que los colonos no sólo honraban a Theodor Herzl, sino también a San Martín, Belgrano, Sarmiento y Alberdi, y que rendían tributo a José Ingenieros y a José Hernández, ya que "ambas expresiones, la del fervor argentino y el fervor judío, cabían juntas en la vida de Rivera, y ese fue su signo" (Verbitsky, 1955: 15). Según Verbitsky, "al afirmar su fuerte conexión espiritual con la nación israelí [los colonos judíos] se sienten mejores argentinos". Y agregaba que "en este espíritu [de acercamiento a Israel] se sienten alentados por un alto vocero argentino, el general Juan Perón" (Verbitsky, 1955: 16). También los autores de *Pioneros...*, aunque identificados con la izquierda no sionista, consignaron que muchos colonos de Rivera se habían organizado en torno a tres agrupaciones alineadas según las distintas tendencias políticas israelíes: *Agudat Zirei Sion, Agudar Bnei Sion* y *Poale Sion* (Drucaroff, 1957: 174).

2. Publicaciones de editoriales privadas

Durante los años ochenta, las publicaciones referidas a la colonización judía en la Argentina se multiplicaron. Las memorias de Marcos Alpersohn y Noé Cociovich, dos importantes líderes de la primera generación de colonos, fueron traducidas y publicadas en castellano, mientras que distintos ensayistas, escritores de ficción y cineastas reavivaron la memoria de los gauchos judíos en sus producciones.[82] En ese clima, los nuevos libros conmemorativos presentaron formatos más sofisticados, aumentaron el universo potencial del público destinatario e incluyeron a nuevos emprendedores de memoria profesionalizados.

En 1982 apareció *Pioneros de la Argentina. Los inmigrantes judíos* (Martha Wolff, 1982), un álbum fotográfico bilingüe castellano/inglés lanzado en formato de libro-objeto por el editor Manrique Zago, quien concibió la idea al enterarse de las noticias acerca de una ola de profanaciones realizadas en cementerios judíos de la Argentina. El libro luego daría pie al lanzamiento de una colección en la que cada volumen revisaba la trayectoria de las distintas colectividades de inmigrantes.[83] Más tarde, cuando se celebró el centenario de la llegada del Weser, Zago volvió sobre el tema con un producto más ambicioso, en tanto contenía más textos y una mayor cantidad de páginas, autores y temáticas. El libro, titulado *Judíos & argentinos. Judíos argentinos. Homenaje al centenario de la inmigración judía*

---

[82] Una buena parte de la responsabilidad editorial le cupo a Milá, el sello de la AMIA aparecido a comienzos de los años ochenta, que publicó numerosas memorias, compilaciones de cuentos, novelas e incluso trabajos de investigadores provenientes del campo de los estudios judíos referidos al tema.

[83] Entrevista a Martha Wolff, febrero de 2013. Dentro de la serie se encuentran *Los españoles de la Argentina* (1985), *Los franceses en la Argentina* (1985), *Los suizos en la Argentina* (1995), *Italia en la Argentina* (1995), *Armenia, una cultura milenaria en la Argentina* (1999), etc. Sobre judíos, también publicó *Historias de una emigración (1933-1939) - Alemanes judíos en la Argentina* (Elena Levin, 1991).

a la Argentina/1889 (Martha Wolff, 1989), vino a llenar un vacío dejado por las instituciones judías centrales, que, llamativamente, no produjeron una edición conmemorativa que acompañara los festejos.[84]

La primera novedad que introdujeron los dos libros de Manrique Zago fue la aparición en escena de un emprendedor privado, interesado en divulgar la memoria judía más allá de los límites de la colectividad, y confiado en la posibilidad rentística del proyecto. Esta circunstancia puede ser leída como un síntoma de la emergencia del paradigma multiculturalista, un fenómeno que se originó en los años sesenta en Canadá y Australia, pero que se expandió a varios países del mundo occidental desde los años ochenta. También, a lo que Andreas Huyssen denomina la *era de la cultura de la memoria*, una etapa iniciada en la misma época, cuyos signos más visibles son el auge de la musealización, la búsqueda de las raíces familiares y la proliferación de las modas retro (Huyssen, 2001).[85] Aun así, sigue resultando llamativo que las instituciones centrales de la comunidad dejaran librada a la voluntad del mercado editorial la potestad de plasmar lugares de memoria tan visibles como los libros de Manrique Zago, sobre todo considerando que se trataba de productos que circularían en comercios de todo el país, quizás incluso del exterior, y que estaban pensados para convertirse en un éxito de venta. En ese tipo de ediciones, apoyadas principalmente en fotografías e ilustraciones, el espacio con el que cuentan

---

[84] No obstante, cabe señalar que distintas comunidades residentes en las ex-colonias lanzaron sucesivamente sus propias ediciones conmemorativas, entre ellas *Moisés Ville 1889-1989* (1989), *Centenario Monigotes 1890-1990* (1990), *Colonia Mauricio 100 años* (1991) y *Centenario de Las Palmeras* (2004).

[85] El concepto de musealización fue propuesto por Hermann Lübbe. No alude estrictamente a la creación de museos, sino a obsesión desatada en la posmodernidad por la cultura de la memoria y por aportar a la reparación de la pérdida de una tradición viva (Huyssen, 2001: 32).

los autores para desarrollar cada tema suele ser reducido, de lo que se deduce que deben aceptar ciertas simplificaciones en los textos, aún a sabiendas de que las interpretaciones del público lector serán difíciles de controlar. Por ejemplo, en *Pioneros de la Argentina*, las imágenes, que no están datadas ni referenciadas con precisión, ocupan el lugar central en cada página, y solo son acompañadas por epígrafes breves, extraídos de obras literarias y de varios de los libros conmemorativos que hemos revisado aquí. Sin embargo, de una u otra forma, las instituciones judías más importantes de Buenos Aires estuvieron presentes en la confección de los dos libros. La AMIA aportó numerosos documentos y ayudó a Martha Wolff a elegir el equipo de profesionales que la asesoró –en el caso del primer libro–, y que escribió los textos –en el caso del segundo. También participaron la Bene Berith, el Hospital Israelita y los clubes Hacoaj, Macabi y Hebraica, sobre todo aportando fotografías y documentos.[86]

Aun bajo la atenta mirada de las instituciones judías, el tratamiento de la memoria colona por parte de ambos libros muestra, junto a los temas clásicos de la mitología oficial, la emergencia de algunos de los temas subterráneos. En una de las fotos de *Pioneros de la Argentina* se ven los muebles y enseres domésticos de una familia de colonos apilados a la intemperie, detrás del alambrado de un campo, con un epígrafe que dice: "Soportaron tiempos

---

[86] Martha Wolff es una periodista, cineasta y conferencista involucrada en varios emprendimientos relacionados con la memoria judía. Entre los asesores que convocó para Pioneros de la Argentina figuran el poeta y arquitecto Eliahú Toker, el historiador Leonardo Senkman y el sociólogo Yaacov Rubel. Completan el equipo Matilde Gini de Barnatán, historiadora especialista en los judíos sefaradíes formada con Boleslao Lewin, y Abraham Platkin, rabino, maestro de hebreo e historiador que ocupó importantes cargos en instituciones educativas judías. Para *Judíos & argentinos*, Wolff convocó a diecisiete asesores y a treinta y un colaboradores expertos en distintas áreas, y sumó a la coordinación general a la escritora Myrtha Shalom.

difíciles: sequías, langostas, desalojo" (sic) (Wolff, 1982: 55). Si bien el agente causante del desalojo (la JCA) aparece omitido, es esperable que los lectores atentos se preguntaran quiénes osaban echar a los honorables gauchos judíos de sus humildes chacras. Otra imagen muestra la adhesión al sionismo de un grupo de muchachos sentados en el pasto, con la bandera de Israel detrás, colgando del tronco de un árbol. El tabú de la "doble pertenencia" fue abordado también en *Judíos & argentinos*, donde las secciones referidas a la historia de las organizaciones urbanas mencionaban, entre otras prácticas sionistas, los festejos celebrados en el Luna Park por la creación del Estado de Israel. En el mismo libro, las noticias del desbaratamiento de la famosa Zwi Migdal, en 1930, recordaba con cierta espectacularidad a los tratantes de blancas judíos, aunque dejando en claro que la comunidad organizada siempre había negado la membrecía a los proxenetas.[87]

Otra novedad que aportan estos libros al tratamiento de la memoria colona se relaciona con los *staffs* intervinientes en su redacción, conformados por periodistas especializados e investigadores expertos en temas específicos como religión, educación judía y literatura. Como vimos, los primeros emprendedores habían surgido de las filas de la dirigencia comunitaria, o bien fueron actores *testigo*, involucrados de diversas maneras con el tema: por haber ejercido en las colonias como educadores, por haber

---

[87] Los tabúes también emergieron en algunos de los libros conmemorativos lanzados en las colonias. Por ejemplo, la relación idílica entre judíos y criollos fue puesta en cuestión en *Las Palmeras en el círculo de Moisés Ville, a los cien años de la colonización judía en la Argentina* -un libro de mucho menor circulación que los de Zago-, donde se reprodujo la traducción de una reseña del artículo "Las primeras víctimas judías en Moisés Ville", de Mijl Hacohen Sinay, aparecido originalmente en ídish en el *Arguentiner IWO Shriftn*, en 1947. El texto rememoraba una veintena de crímenes sanguinarios ocurridos entre 1890 y 1906 a manos de gauchos de la zona. Este tema fue retomado luego por su biznieto Javier Sinay en *Los crímenes de Moisés Ville*, Tusquets, 2013.

ocupado el rol de dirigentes de las cooperativas o funcionarios de la JCA, o simplemente por haber nacido o vivido en el campo. Con la llegada de los investigadores profesionales, las publicaciones conmemorativas comenzaron a utilizar algunas prácticas propias del estilo académico, como la ubicación de referencias precisas en las fotos, la inclusión de listados bibliográficos y de cronologías exhaustivas, y la aclaración de las fuentes mediante notas colocadas al pie o al final del texto.

3. La memoria judía como política de estado

A partir de los años noventa, distintas agencias públicas provinciales y nacionales lanzaron proyectos destinados a preservar y difundir los sitios históricos existentes en las colonias que, a veces, incluyeron ediciones de libros conmemorativos. Esas nuevas publicaciones gestadas con aportes provenientes de asignaciones presupuestarias estatales fueron alentadas por el auge del paradigma multicultural, que transfería a la esfera pública la responsabilidad de garantizar la conservación y la puesta en valor del patrimonio plural de la nación. Así, en 1995 apareció *Tierra de promesas: 100 años de colonización judía en Entre Ríos. Colonias Clara, San Antonio y Lucienville* (Chiaramonte et al, 1995), un voluminoso libro conmemorativo patrocinado por el Senado de la Provincia de Entre Ríos con vistas a promover la investigación y los estudios históricos de las distintas culturas existentes en su territorio. El proyecto buscaba rescatar "la memoria histórica provincial de las acechanzas del olvido de nuestro origen" para, apelando a testimonios locales, responder al interrogante acerca de "quiénes somos [los entrerrianos] y cuál es el entramado de nuestra sociedad civil". Según el historiador

Leonardo Senkman, quien ofició como asesor del proyecto, de cara a la nueva coyuntura democrática que había reabierto el camino hacia una identidad basada en el civismo pluralista, el libro apuntaba a dejar de ver a los judíos como "los otros" (Chiaramonte et al, 1995: 10-12). Realizado por cuatro historiadoras oriundas de la provincia, los textos presentan un conjunto de testimonios acompañados por fotografías y documentos que fueron organizados en ejes temáticos tales como las instituciones, la vida religiosa, la educación en las colonias y los personajes célebres.[88]

Seis años más tarde, vio la luz un emprendimiento similar pero mucho más ambicioso. Se trata del libro *Shalom Argentina. Huellas de la colonización judía* (Kapsuk, 2001), una exhaustiva guía de turismo histórico de más de quinientas páginas en papel ilustración, lanzada por el Ministerio de Cultura, Turismo y Deporte de la Nación, en el marco del programa *Argentina, Mosaico de Identidades*, proyecto que buscaba "contribuir a la creación de nuevos productos sustentables [mediante] una fuerte apuesta al desarrollo de la modalidad del turismo cultural".[89] Según explicaba el entonces ministro de Turismo, Cultura y Deportes, Hernán Lombardi:

> La verdadera identidad de la Argentina es su diversidad (...) La identidad moderna de un país es el resultado de la suma de particularidades de sus habitantes. Este concepto difiere del denominado crisol de razas que imaginaba el ser nacional como el producto de la renuncia de lo particular en una mezcla o fundición en la cual no se distinguía el aporte de sus distintos componentes (...) Nosotros hablamos de mosaico como una pieza

---

[88] Se trata de un formato que ya había sido inaugurado unos años antes por el libro *Vidas. Rescate de la Herencia Cultural en las Colonias*, de la investigadora Helene Gutkowski (1991, editorial Contexto).

[89] "Tras las huellas de los gauchos judíos. Qué es Argentina, Mosaico de Identidades", *La Nación* 21/10/2001.

única, formada por muchas piezas únicas. La imagen final de un mosaico está conformada por la particularidad de cada una de sus partes. Forman, en conjunto, una totalidad que es la obra, pero lo hacen a partir de la diferencia.[90]

El libro se publicó en forma simultánea con la presentación de la muestra *Gauchos Judíos. Huellas de la colonización judía*, exhibida en el Palais de Glace de Buenos Aires. Paralelamente, el gobierno destinó fondos para avanzar en la restauración de algunas de las sinagogas, teatros y cementerios que forman parte del patrimonio inmueble de las colonias, donde además fueron colocadas carteleras informativas para los turistas.[91] Aunque estaba previsto que más tarde la muestra sobre los gauchos judíos se exportara a Nueva York, Los Ángeles, Miami, París, Chicago, Boston, San Francisco, Londres, Toronto, Ámsterdam y Washington, varias de las metas de "Argentina, Mosaico de Identidades" quedaron truncas a causa del estallido de la crisis social y económica de diciembre de 2001, que derivó en la renuncia del presidente argentino Fernando de la Rúa y en el consecuente cambio de gobierno.

Shalom Argentina se publicó en formato bilingüe castellano-inglés, bajo la coordinación general del curador Elio Kapszuk y con el aporte investigativo de los periodistas Diego Rosemberg, Judith Gociol, Patricia Rojas y Vanesa Suvalski. Consta de doce recorridos turísticos distribuidos en siete provincias: Buenos Aires, Chaco, Entre Ríos, La Pampa, Río Negro, Santa Fe y Santiago del Estero. En cada recorrido hay textos que aluden al patrimonio arquitectónico local e invitan a los turistas a observar objetos muebles que simbolizan la integración cultural, como una semblanza del general San Martín

---

[90] Íbid. Parte de este texto también aparece en Kapszuk, 2001: 8.
[91] En ese entonces, en sintonía con el nuevo paradigma de turismo sustentable interesado en generar proyectos que aportaran al desarrollo económico de regiones despobladas y evitaran el deterioro del patrimonio, el gobierno argentino ya había impulsado propuestas similares, como el Programa Argentino de Turismo Rural Raíces (Toselli, 2004).

escrita en ídish y una estrella de David tallada en un mate. El libro también aporta datos históricos específicos sobre cada colonia e incluye testimonios, citas literarias y gran cantidad de fotografías. En su afán por estimular el turismo en las colonias judías, algunas de esas fotos presentan distorsiones de la realidad. Por ejemplo, la tapa del libro muestra una tranquera con forma de estrella de David (otro símbolo integracionista) delante de un campo verde, bajo un cielo celeste surcado de nubes. Pero, en realidad, la tranquera es la puerta de acceso al cementerio de la colonia Avigdor, que fue borrado de la foto digitalmente, como se aprecia en la captura original.[92]

---

[92] Extraje la foto original de la página oficial de la fotógrafa Mónica Fessel, http://monicafessel.com.

No obstante, la eliminación digital de las tumbas no se vio reflejada en un tratamiento de la memoria de características distorsivas. Al contrario, en la reseña histórica desplegada en la Introducción del libro se puede advertir, por ejemplo, cómo uno de los ítems subterráneos es tratado abiertamente, cuando se señala que "las cláusulas del contrato eran una pesada carga para los agricultores", que las disputas entre administradores y colonos "no fueron menores" y que "la política del Barón de Hirsch se ganó tantos adeptos como detractores" (Kapszuk, 2001: 32). La explicación que se brinda al respecto adolece de una extrema simplificación: los conflictos habrían surgido como consecuencia de la distancia que mediaba entre las colonias y las oficinas europeas de la JCA, desde donde no era sencillo controlar a los administradores. Sin embargo, su tratamiento en este libro evidencia que, llegado el siglo XXI, el tema ha aflorado lo suficiente como para abandonar su condición subterránea definitivamente.

Once años más tarde, en el marco de la Feria del Libro de Frankfurt de 2012, donde Argentina fue la invitada de honor, el gobierno convocó a la AMIA, que presentó una muestra y un libro conmemorativo titulados *Vida judía en la Argentina. Aportes para el Bicentenario* (Elio Kapszuk y Ana Weinstein, 2010). El lanzamiento de estos proyectos es indicativo de un cambio sustancial en las relaciones estado-minorías-memoria, que muestra a los gobiernos provinciales y nacionales interesados en preservar el patrimonio diverso de la nación, un fenómeno que data, al menos, desde los años noventa.

Balance del capítulo

Este breve relevo de libros conmemorativos permite armar una cronología tentativa de la memoria de la colonización dividida en cuatro etapas. A fines de los años treinta, en un contexto problemático para la colectividad, las instituciones centrales patrocinaron publicaciones que reafirmaron el mito legitimante del origen rural inaugurado en 1910 por Gerchunoff. Para ello, dieron forma a un relato apologético y dramático, capaz de interpelar la sensibilidad de los lectores, y lo acompañaron con argumentaciones más objetivas, a veces incluso de tono científico, sustentadas en los datos duros que aportaban los documentos, las fotografías, los mapas y los cuadros estadísticos incluidos. La estrategia buscaba derribar el estigma del comercio, minimizar la propagación del ideal sionista en las colonias, ocultar la mácula de la trata de blancas y, por contraste, mostrar la voluntad de integración y los aportes realizados por los judíos a la construcción del país. Más tarde, hacia la década del cincuenta, otros emprendedores, surgidos en este caso del seno de las colonias, utilizaron al libro conmemorativo como un medio para dar visibilidad a los temas subterráneos, en especial, al conflicto con la JCA, un asunto que los involucraba de lleno. En los años ochenta, la aparición de publicaciones privadas de alta calidad da cuenta del creciente interés del público por la memoria étnica como un tema de divulgación cultural e histórica, sea por una cuestión de inquietud intelectual de los lectores o bien porque se sintieron partícipes de las tramas rememoradas. Fue entonces cuando comenzaron a surgir emprendedores de memoria profesionales que no necesariamente estaban vinculados ideológica o vivencialmente con las colonias. El dato más importante que trajeron los años noventa fue la aparición del estado en tanto agente-guardián de la memoria judía argentina. Una manifestación más, junto con otras que se dieron en los planos legislativo y educativo, del cambio de paradigma en la construcción de la nacionalidad, que comenzó a sustentarse en un modelo pluralista.

Capítulo cuatro

El pasado colono puesto en escena

En contraposición con los sólidos y perdurables vehículos de la memoria que acabamos de revisar, a primera vista las conmemoraciones públicas aparecen como eventos blandos, pasajeros, que concentran una gran dosis de energía en un lapso de tiempo breve para desaparecer hasta el año siguiente, la próxima década, o, quizá, para siempre. Esa volatilidad implica también una dificultad para el investigador, en tanto algunas de las prácticas habituales son difíciles de recuperar a posteriori, como por ejemplo los discursos, las actuaciones artísticas, los desfiles, el menú en un agasajo o el repertorio de una orquesta, todos ellos elementos susceptibles de transmitir significaciones sociales. Sin embargo, a veces las conmemoraciones también dejan marcas perdurables en el espacio, como ocurre con los monumentos, los memoriales, las placas recordatorias y las denominaciones de calles y parques. Si la suerte acompaña, incluso pueden sobrevivir otros insumos que ayudan a los investigadores del futuro a leer las conmemoraciones como si fueran textos culturales, tales como las crónicas periodísticas, las actas de comités organizadores, los afiches, souvenirs, filmaciones, avisos, tarjetas de invitación, etc.

Dado su carácter de eventos organizados y consensuados, las conmemoraciones resultan un terreno fértil para analizar la faz pública de la memoria, ya que las prácticas y rituales puestos en escena suelen mostrar la puja entre distintos sectores de la sociedad. En este sentido, para John Gillis (1994), quien ha abordado el estudio de la praxis conmemorativa en sociedades occidentales durante la modernidad planteando un esquema histórico dividido en tres períodos, aun cuando aparezca como un producto consensuado, la actividad conmemorativa es una práctica social y política resultante de procesos que implican disputas, luchas e incluso masacres.[93] En una misma línea analítica, según Bodnar (1992), la consolidación de un pasado rico en conmemoraciones suele implicar una disputa por la supremacía entre partes que sostienen distintos sentimientos e ideas políticas. En consecuencia, la memoria pública emerge de esas disputas, en la intersección de una cultura oficial, relacionada con el poder del estado, con otras vernáculas, provenientes de comunidades locales o regionales, de minorías étnicas, religiosas y políticas, o de grupos que canalizan determinadas demandas específicas. A la cultura oficial le interesa, sobre todo, mantener el orden, reafirmar la supremacía de las instituciones y resaltar los deberes por sobre los derechos cívicos. En cambio, los intereses vernáculos suelen ser más heterogéneos y, como se dijo, pueden incluir disenso interno. Lo que buscan es establecer versiones de la realidad representativas de sus comunidades de pequeña escala y proteger los valores locales. Al transmitir versiones de la realidad social tal cual la sienten, en lugar de adecuarla al "deber ser", las culturas vernáculas pueden ser vistas como una amenaza para el discurso oficial, que intentará modelarlas y subsumirlas bajo su ala. En una palabra, la memoria pública busca disminuir la tensión entre la cultura oficial y las expresiones vernáculas (Bodnar, 1992).

---

[93] Los períodos del esquema de Gillis son el pre-nacional (hasta fines del siglo XVIII), el nacional (entre las revoluciones norteamericana y francesa y los años sesenta), y el pos-nacional.

En nuestro caso, el recurso de historizar las prácticas conmemorativas nos ayudará a detectar los posicionamientos identitarios vernáculos y a cotejarlos con los discursos oficiales en diferentes momentos. También, a conocer los cambios y continuidades respecto de los actores intervinientes, de los mensajes vehiculizados y de los climas culturales y políticos en los que se desenvolvieron los hechos (Jelin, 2002; Lorenz, 2002). En consideración de estas ideas, a lo largo de las siguientes páginas observaremos los festejos por el cincuentenario, por el setenta y cinco aniversario y por el centenario de la colonización judía en la Argentina, celebrados respectivamente a fines de 1939, 1964 y 1989. El recorte que propongo obedece al hecho de que los tres momentos elegidos condensan los homenajes más trascendentes, aunque esos aniversarios no fueron los únicos y, de hecho, a partir del cincuentenario hubo un verdadero aluvión conmemorativo.[94]

---

94 Por ejemplo, tomando solo el caso de Moisés Ville, la comunidad local celebró al menos sus aniversarios número ochenta, noventa, ciento diez y ciento veinte. Además, las otras colonias y pueblos rurales judíos hicieron lo propio, llevando a veces las conmemoraciones allende los límites de la comunidad vernácula, en círculos de ex residentes radicados en sitios tan distantes como por ejemplo Buenos Aires o el kibutz israelí Mefalsim. Por otra parte, me fue imposible determinar si en 1914 hubo festejos por los veinticinco años, aunque todo indica que no. El único dato que encontré al respecto es una mención en *Homenaje a El diario israelita con motivo del 25 aniversario 1914-1939*, pero el texto apenas dice: "El orgullo de la vida judía argentina –la colonización– que en 1914 había celebrado ya su 25 aniversario...". Pero más que como una mención acerca de un festejo concreto, esto puede interpretarse como una forma de decir que en 1914, cuando comenzó a publicarse el diario, ya hacía 25 años que existían las colonias. En *La Nación*, en *Nueva Época* (de la ciudad de Santa Fe) y en *Luz y Verdad* (un semanario rosarino), tampoco hay menciones al respecto. También hay evidencias indirectas que confirmarían que el primer aniversario celebrado fue el cincuentenario, como el hecho de que no se hayan construido monumentos, que no se hayan conmemorado los cuarenta años en 1929, o como, según veremos, el hecho de que los organizadores del cincuentenario hayan deliberado acerca de la elección de la fecha exacta, ocasión en la que no se aludió a (ni fue tomado en cuenta) ningún antecedente.

1. El cincuentenario (1939)

El domingo 15 de octubre de 1939, Moisés Ville amaneció vestido de celeste y blanco. Siguiendo una recomendación del comité de festejos, los vecinos habían colgado banderas argentinas en las fachadas de sus casas y en las de las sedes institucionales. En la entrada del pueblo, una caravana de cincuenta jinetes criollos –encarnación viva de los míticos gauchos judíos– recibió al gobernador de la provincia de Santa Fe, Manuel María de Iriondo, quien llegó acompañado por un grupo de importantes funcionarios nacionales y provinciales, por autoridades de la JCA y por dirigentes de la comunidad judía de Buenos Aires. Finalizados los saludos protocolares, el contingente se dirigió a la plaza San Martín, donde una apretada multitud aguardaba para presenciar el acto central: la inauguración de un monumento en homenaje al Libertador de América.

Un calor intenso, que al final de la jornada dejaría un saldo de varios concurrentes hospitalizados, empezaba a soliviantar el ánimo de la muchedumbre cuando, pasadas las diez, sonaron los últimos acordes del Himno Nacional y el gobernador subió al estrado para descubrir el monumento. Se trataba de un busto de bronce que mostraba al general San Martín coronado por dos banderas argentinas flameando sobre su cabeza. El pedestal sobre el que descansaba había sido emplazado en el centro exacto de la plaza, cuyas dos manzanas de superficie parecían un tanto excesivas para el pequeño centro urbano de la colonia Moisés Ville.[95] Acto seguido, la concurrencia giró la vista hacia una de las cabeceras de la plaza, donde fue inaugurado un mástil de veinte metros de altura en el que se izó solemnemente la bandera argentina.

---

[95] *Mundo Israelita*, 21/10/1939, *El Alba*, 19/9/1939 y *El Litoral*, 15/10/1939.

Luego llegó el momento de los discursos. Cuando tomó la palabra, el ministro de Instrucción Pública y Fomento de la provincia, Juan Mantovani, afirmó que:

> aunque conservan la religión de origen, las colonias judías como la de Moisés Ville (...) son pueblos de espíritu nacional. Los hijos de los colonos son argentinos por la influencia del suelo, la obra de la escuela, la disposición de sus hogares y los propósitos de fácil asimilación que es necesario reconocer en la Asociación fundadora.[96]

Si para Mantovani los judíos eran indudablemente argentinos, el presidente de la DAIA, Nicolás Rapoport, se permitió redoblar la apuesta y llevar la integración a un plano biológico. Retomando las periodizaciones de Lewin y Mendelson que vimos en el capítulo anterior, aclarará que los festejos celebraban los primeros cincuenta años de la inmigración *colectiva*

> porque la individual o en pequeños grupos ya se venía desarrollando desde los tiempos primeros de la conquista y de la Colonia, asimilándose rápidamente entre los núcleos habitantes del suelo patrio, *germen de las tradicionales familias argentinas* (DAIA, 1942: 35; itálica mía).

Por su parte, el rabino de la CIRA, doctor Guillermo Schlesinger, aprovechó la ocasión para deslizar un reclamo al gobierno nacional:

---

[96] *El Litoral*, 15/10/1939. También citado en Senkman, 1983.

> Manifestamos nuestra adhesión a los principios democráticos y liberales de la Argentina de aquel entonces, cuando nuestros antepasados trazaron los primeros surcos; nos identificamos con las normas de tolerancia y justicia *que determinan la actitud de los mandatarios de la Argentina de hoy* (itálica mía).[97]

En el contexto del inicio de la Segunda Guerra Mundial, cuando la colectividad judía argentina veía incrementarse las demostraciones antisemitas, Schlesinger llamaba a la unidad nacional apelando a los aspectos comunes entre católicos y judíos: "No hay otro fundamento de moral y de civilización que la Biblia, y su palabra divina reúne en armonía a la familia argentina, sin distinción de credos". En ese ánimo, citó al "gran cardenal y filósofo Nicolás de Cusa" para cerrar después su discurso con una bendición en castellano y en hebreo.

Finalizada la ceremonia oficial, al mediodía las autoridades participaron de un asado campestre. Más tarde fue inaugurada una sala de cirugía en el Hospital Barón de Hirsch, la banda de la Policía de la Provincia brindó un concierto y hubo diversos actos deportivos. A las ocho y media de la noche se sirvió un banquete de honor en el teatro de la Sociedad Kadima, cuyo menú consistió en especialidades características de la cocina internacional, para luego rematar la noche con un baile de gala amenizado por "selectas orquestas".[98] Los festejos, que habían sido programados para toda la semana, continuaron durante los días siguientes, aunque ya sin la presencia de las ilustres visitas. La atracción más convocante fue el desfile de implementos agrícolas, en el que los colonos sacaron a

---

[97] *Mundo Israelita*, 21/10/1939: 8. Este semanario reprodujo los discursos de los principales oradores. Schlesinger fue el rabino de la CIRA desde 1937 hasta 1971.
[98] *El Litoral*, 15/10/1939. La tarjeta de invitación, en la que consta el menú, puede consultarse en el IWO de Buenos Aires.

relucir sus antiguos arados y utensilios de labranza. También hubo disparos de bombas de estruendo, exhibiciones de arreglos florales, paseos por los pueblos de la colonia y más inauguraciones, como la de una biblioteca en el edificio de La Mutua Agrícola en homenaje a su fundador: el líder cooperativista Noé Cociovich. Por último, se exhibió un film documental sobre la vida en las colonias de la JCA y se realizó una ceremonia religiosa judía.

Esta breve descripción de los festejos muestra un desbalance entre los símbolos nacionales, que aparecen en forma abundante (el embanderamiento del pueblo, la caravana de jinetes criollos, el monumento sanmartiniano, el mástil con la bandera argentina y el asado campestre), y la escasez de símbolos judíos (apenas unas palabras en hebreo por parte del rabino de la CIRA y, luego, el homenaje a un pionero y una ceremonia religiosa realizada al final del evento). Tal desbalance no se debía a que, como había sugerido el gobernador Mantovani, los judíos de Moisés Ville hubieran asimilado la identidad argentina en un grado tal que sólo conservaban del judaísmo apenas una pertenencia religiosa. Al contrario, sobran las evidencias de que, en esos años, Moisés Ville era un islote étnico rebosante de vida judía. Como decía la letra de la canción *Mosesvil*, escrita por el popular juglar Jevel Katz en esa misma década, el pueblo parecía un "Estado judío" levantado en el medio de la pampa Argentina, donde los cargos públicos más relevantes eran ocupados por integrantes de la colectividad, como ocurría, según pude comprobar en distintos documentos, en los casos del comisario, el juez de paz y el jefe de Correos y Telégrafos. Según consta en las actas de la Sociedad de Fomento, también los jefes comunales solían ser judíos, aunque ese año la comuna estaba intervenida por un católico colocado por el gobierno. El hecho de que los 4.500 integrantes de la colectividad conformaran la amplia mayoría étnica en la zona se veía reflejado en la arquitectura: el edificio más alto e imponente del pueblo era el teatro-biblioteca de la Sociedad Kadima, orientado directamente al centro de la plaza San Martín, en cuya fachada se leía el nombre de la institución en hebreo.[99] En las calles aledañas existían dos escuelas judías complementarias, un vasto cementerio israelita y cuatro sinagogas, mientras que la iglesia católica recién sería construida bastante más tarde, en 1960.[100] El ídish se dejaba oír en las calles a la par (o quizá por encima) del castellano, como puede deducirse de los avisos que publicaba el periódico local pidiendo a los comerciantes que incluyeran cartelitos en castellano con los precios y las descripciones de sus productos, ya que no todos los vecinos leían ídish. Varios de los ciclos de cine y teatro, así como muchas de las conferencias que organizaba la Sociedad Kadima, transcurrían en esa lengua, y, de hecho, el programa de los festejos por su trigésimo aniversario, que se llevó a cabo apenas una semana antes del cincuentenario, incluyó una obra de teatro en ídish y una diser-

---

[99] Respecto de la demografía, si bien no he conseguido la cifra para 1939, la población judía de la colonia puede estimarse a partir de los informes anuales producidos por la administración local de la JCA para años cercanos: en 1941 había 4.617 judíos; en 1942, 4.729; en 1943, 4.782; en 1944, 4.833; en 1945, 4.746; en 1946, 4.787; en 1947, 5.000; y en 1948, 4.880 (Archivo del Museo histórico comunal de Moisés Ville). Respecto del porcentaje sobre la población general, el informe anual de la JCA de 1935 contabiliza 23.562 almas sobre un total de 260.000, lo que indica que el 9% de los judíos que vivían en el país estaban radicados en sus colonias. Si sumáramos los habitantes de las colonias independientes y los agricultores judíos instalados en colonias no judías, la cifra se acercaría al 10%. *Rapport de la Direction Générale au Conseil D'Administration pour l'année 1935*: 4.

[100] La escuela Iahaduth, de orientación sionista hebraísta, contaba con 184 alumnos (*El Alba*, 14/3/1939). La Escuela Popular Scholem Aleijem, idishista, enseñaba historia, cultura y literatura judías, además de "orientación argentinista" para los alumnos extranjeros que aún no dominaban el español (*El Alba*, edición especial del cincuentenario).

tación sobre literatura judía.[101] Literatura cuya demanda era abastecida por las dos bibliotecas del pueblo.[102] Además, aunque muchos moisesvillenses hubieran adquirido sólidos sentidos de pertenencia argentinos en la escuela oficial, también es cierto que buena parte de la población de la colonia adscribía al sionismo. Según escribieron en sus memorias los lugareños Lea Literat-Golombek (1982) y Natán Orlián (1994), en la época del cincuentenario el sionismo era el motor de la vida social del pueblo. La Women´s International Zionist Organization (WIZO), el movimiento juvenil Hejalutz Lamerjav y las asociaciones Liga pro Palestina Obrera y Amigos de la Histadruth tenían representaciones locales que contaban con numerosos afiliados. El hecho de que la colonia fuera considerada un islote étnico en el corazón de la pampa santafecina quedó reflejado también en un libelo antisemita publicado en 1938 por Juan Carlos Moreno, titulado *Santa Fe judaizada*. Moreno, que no escatimaba a la hora de imaginar conspiraciones, denunciaba que toda la provincia se encontraba "bajo control judío" (Lvovich, 2003: 333). Sin embargo, las ideas de Moreno no parecen haber encontrado eco en Moisés Ville, donde las prácticas antisemitas brillaban por su ausencia, tal como se lee en las actas de la Delegación de Asociaciones Israelitas de Moisés Ville (DAIM), la representante local de la DAIA, que apenas se topó con algunos comerciantes reacios a quitar de circulación sus artículos de origen alemán, tal cual lo prescribía

---

[101] "Festejará su trigésimo aniversario la Sociedad Kadima el 7 de octubre", *El Alba*, 26/9/1939.
[102] No tengo con datos precisos para el año 1939, pero bastante más tarde, en 1960, la biblioteca de Kadima contaba con 7.583 libros, distribuidos en 3.954 en castellano, 2.859 en ídish y 770 en hebreo. Fuente: *Sociedad Kadima, Memoria y Balance general, 1960*.

el boicot al nazismo patrocinado por las asociaciones antifascistas nacionales. Pero incluso esos comerciantes eran judíos alemanes recientemente llegados a la colonia.[103]

En consecuencia, es altamente improbable que la sobreactuación de argentinidad se debiera a la asimilación, o que buscara responder a una coyuntura discriminatoria o xenófoba local. Más bien se diría que la vivencia de una doble identidad étnico-nacional era experimentada con naturalidad, y no como un asunto conflictivo o contradictorio. Por ejemplo, los folletos de la Sociedad Kadima muestran que los espectáculos judíos que patrocinaba convivían con películas de cine y obras de teatro argentinos, incluso en el transcurso de una misma jornada. Salomónicamente, el dinero recaudado en la velada danzante organizada para conmemorar el 25 de mayo de 1939 fue dividido en dos mitades, una se donó al *Karen Kayemet Le Israel*, el fondo nacional judío que compraba tierras en Palestina, y la otra ayudó a costear el busto de San Martín.[104]

Mi hipótesis es que los organizadores del cincuentenario amplificaron la simbología nacional para comunicar al estado y a la sociedad un mensaje contundente acerca de la incuestionable argentinidad de los ciudadanos judíos, ya que, como vimos en el capítulo anterior, en esos años, un creciente sector de la sociedad, en especial el adscrito al nacionalismo católico, cuestionaba la inclusión de los judíos en el crisol de razas. La conmemoración del cincuentenario de la primera colonia judía del país resultaba una oportunidad ideal para transmitir ese mensaje, especialmente porque en 1939 Moisés Ville era un importante centro agrícola ganadero en el que el origen

---

[103] Libro de Actas de la DAIM, 1939.
[104] "Nuestro 25 de mayo", *El Alba*, 23/5/1939; "Los festejos patrios realizáronse con lucimiento", *El Alba*, 30/5/1939.

rural de los argentinos judíos era aún un hecho tangible. Además, superados ya los sinsabores que habían atravesado los pioneros de 1889, ahora la colonia lucía un aire de prosperidad que permitiría a los organizadores exhibir los aportes judíos al progreso de la nación con cierto brillo. La crisis agraria de 1932-1934 había sido superada, y hacia fines de la década un grupo de pujantes chacareros exportaba forrajes y ganado en pie a Chile y Bolivia, logrando pingües beneficios. Varios vecinos jugaban al tenis, otros recibían las visitas regulares de un afinador de pianos y algunos accedían a la mercadería de calidad que ofrecían comercios como la "Casa Arcavi", cuyo dueño vivía "en una mansión".[105]

La primera evidencia que encuentro en favor de esta hipótesis son los desvelos por dotar al evento de la mayor difusión posible a nivel nacional. En esa vena, aunque el hecho histórico que se conmemoraba era la llegada de los pioneros del Weser y la fundación de Moisés Ville, los organizadores decidieron homenajear a la colonización judía en su conjunto, involucrando tanto a las demás colonias de la JCA como a las independientes, todas ellas creadas a posteriori. Esa decisión había sido consensuada en noviembre de 1938, en la colonia Rivera, durante uno de los congresos anuales de las cooperativas agrícolas judías convocados por La Fraternidad Agraria (su organización techo), en el que los delegados decidieron, entre otras cuestiones, que el título del evento fuera "Cincuentenario de la Colonización Israelita en la Argentina", un lema mucho más abarcativo que "Cincuentenario de Moisés Ville".[106] El carácter *ecuménico* determinó también que dos instituciones judías nacionales, la DAIA y La Fraternidad Agraria, se sumaran a los esfuerzos del comité de

---

[105] Véase al respecto la sección de avisos publicitarios de *El Alba* durante 1939.
[106] Acta nº 17 del Comité de Festejos.

festejos creado especialmente en Moisés Ville, organismo con el que mantuvieron un fluido intercambio de correspondencia durante todo el año.[107] Además de incluir a las otras colonias judías, para lograr que los festejos tuvieran una difusión lo más masiva posible, los organizadores despacharon cartas a los principales periódicos nacionales solicitándoles el envío de corresponsales que cubrieran el evento. También realizaron febriles gestiones ante dos importantes empresarios de la cultura de masas judíos y capitalinos: Jaime Yankelevich y Max Glücksmann. Al primero le solicitaron que transmitiera los festejos en vivo por la radio y, al segundo, que los filmara para luego exhibirlos en sus noticieros cinematográficos.[108] Incluso la elección

---

[107] El comité moisesvillense recibió delegados de la cooperativa La Mutua Agrícola Limitada, eje de la vida económica y social del pueblo, la oficina local de la Jewish Colonization Association, cuyo administrador Marcos Pereyra fue designado presidente, la asociación cultural Sociedad Kadima, en cuya sede se llevaron a cabo las reuniones, la Biblioteca Barón de Hirsch y el periódico *El Alba*, y de otras instituciones. Véase al respecto *El Alba*, 20/12/1938 y *El Alba*, 16/5/1939. El comité mantuvo un trato distante con la JCA, cuyas autoridades fueron invitadas a participar del cincuentenario. Recíprocamente, la JCA recién respondió a último momento que enviaría al subdirector de su oficina central de París, el ingeniero agrónomo José Mirkin ("Comisión pro Cincuentenario", *El Alba* 23/5/1939). También los intercambios con la DAIA muestran que existía una relación tensa. En varias oportunidades, ante la falta de respuestas en la correspondencia, el comité pensó en replantear los festejos como una celebración estrictamente local. Sin embargo, la circunstancia de que los festejos representaran a todas las colonias fueron utilizados para presionar a la DAIA y a La Fraternidad para que aportaran fondos. De lo contrario, Moisés Ville procedería "sin consultar opinión y en la medida de sus posibilidades". El interlocutor más cercano y el nexo en las negociaciones con Buenos Aires fue el presidente de La Fraternidad Agraria, Isaac Kaplan. Acta Nº 17 del Comité de Festejos.
[108] Actas nº 22, 27, 28 y 30 del Comité de Festejos. A Yankelevich le pidieron también que enviara una de las orquestas de radio Belgrano. Luego de varios intercambios, el empresario radial se disculpó por no poder transmitir el evento por Belgrano ni por Mitre, como había prometido, ya que se superponía con una carrera de automovilismo, aunque ofreció a cambio la Radio Porteña LS 4. Según la crónica de *El Alba* del día 24/10/1939, Yankelevich estuvo en los festejos de Moisés Ville junto a su esposa. El comité contactó también a "La Matinée radial hebrea" (de las emisoras Radio Argentina y La voz del aire). Por su parte, Glücksmann, un hombre comprometido con la comunidad (llegó a ser presidente de la CIRA),

del día en que se llevarían a cabo los festejos aporta datos que muestran el interés por amplificar su difusión. Si bien la fecha elegida en primera instancia había sido el 14 de agosto, es decir, el día del arribo del Weser al puerto de Buenos Aires en el año 1889, en sus reuniones del mes de mayo el comité organizador resolvió dar curso a una sugerencia de La Fraternidad Agraria que proponía posponer el evento para la primavera, a fin de atraer una mayor cantidad de público, ya que el invierno en Moisés Ville sería muy duro de soportar. Además, según se lee en el texto, durante la primavera la colonia podría lucir sus jardines "rebosantes de flores".[109] La celebración fue prevista entonces para el 1º de octubre, aunque luego debió ser postergada dos semanas debido a que el Arsenal de Guerra de la Nación tuvo una demora con la fundición del busto de San Martín.

También es significativo el intercambio de opiniones en el comité respecto de si los festejos debían ser cancelados o no cuando, apenas un mes antes de la fecha prevista, llegaron las noticias sobre el estallido de la Segunda Guerra Mundial. Algunos opinaban que había que suspender la fiesta en señal de respeto y solidaridad con quienes tenían parientes en Europa. Sólo en la colonia, vivían veintiuna familias alemanas conformadas por unos ciento cincuenta individuos que habían llegado desde 1936 escapando del nazismo.[110] Sin embargo, tras largas deliberaciones, el comité determinó que lo mejor sería proseguir adelante

---

aparentemente habría accedido, aunque no hemos podido comprobar si la filmación se concretó: para *Mundo Israelita* seguía en pie, al menos, hasta el día previo al acto central (14/10/1939).

[109] Actas nº 11 y 12 del Comité de Festejos. En ese mismo espíritu de lucimiento, los vecinos fueron instados por el comité a mejorar el estado de las veredas y de las fachadas. La Sociedad de Fomento se ocuparía de arreglar los caminos, que aun eran de tierra y se encontraban en muy mal estado. Ver "Comisión pro Cincuentenario", *El Alba* 23/5/1939.

[110] *El Alba*, 13/6/1939.

"con el mismo brillo y entusiasmo".[111] No todos los días se tenía la oportunidad de proclamar públicamente el origen rural y el arraigo nacional de la colectividad judía argentina, asunto que era de público debate, como se aprecia en las opiniones que los vecinos de Moisés Ville vertían en las páginas de *El Alba*. Veamos qué decía al respecto el señor Rosenblatt, en una carta abierta dirigida al comité de festejos:

> en algunos sectores de la opinión pública del país se juzga con cierto escepticismo el resultado de la colonización judía en la Argentina (...) la colonización simultánea de cincuenta hijos de colonos, formalizada en un gran acto público, con la presencia de las altas autoridades de la provincia, representantes de la prensa e instituciones de diverso carácter y distintos puntos del país, *tendría una amplia repercusión y demostraría, con la evidencia de los hechos, cuán honradamente enraíza el judío en la tierra que trabaja* (itálica mía).[112]

El mismo semanario dio a conocer su postura en la nota central de la edición del 15 de agosto de 1939, donde se decía que era imprescindible demostrar que la colonia estaba

> a la altura del importante rol que juega como exponente de la industriosidad de la colectividad israelita y la productivización de sus inmigrados hace medio siglo, [ya que ese] *será el mérito mayor de este centro de producción* (itálica mía).

La segunda evidencia que apoya mi hipótesis se sustenta en la decisión de los organizadores de homenajear a San Martín, en lugar de a los pioneros de la colonia. Durante décadas, los inmigrantes llegados a la Argentina

---

[111] Actas nº 27 y 28 del Comité de Festejos.
[112] "Una ponencia del señor Aarón M. Rosenblatt", *El Alba* 23/5/1939. En este fragmento también puede leerse un reclamo a la JCA para que colonizara a los jóvenes.

aluvial incluyeron símbolos alusivos a sus países y culturas de origen en sus fiestas y conmemoraciones étnicas (Bertoni, 1992; Núñez Seixas, 2001; Otero, 2010; Farías, 2010). En esas oportunidades, las dirigencias solían aprovechar para consolidar "sus capitales simbólicos y su papel de promotores de mitos que moldeaban la identidad" étnica de los concurrentes (Bjerg 2009: 48). Las colonias santafecinas de la pampa gringa cercanas a Moisés Ville en tiempo y espacio no fueron una excepción. En el cincuentenario de Rafaela, realizado en 1932, los organizadores inauguraron una placa en homenaje del fundador de la colonia, Guillermo Lehmann, que fue ubicada en el boulevard central del pueblo. En el de Humberto Primo, de 1934, el monumento construido preservaba "la memoria de los fundadores de la localidad". Y en el de Colonia Lehmann, de 1933, aunque no hubo placas ni monumentos, el acto central consistió en un homenaje a descendientes de los fundadores.[113] También la bibliografía acerca de las conmemoraciones organizadas por minorías en distintos países que recibieron inmigrantes europeos durante el siglo XIX muestra que, más allá de la inclusión de símbolos nacionales y discursos patrióticos, existe una tendencia general a honrar a los antepasados y a incluir elementos de la cultura local. Por ejemplo, cuando a fines del siglo XIX la colectividad sueca de los Estados Unidos celebró el cincuentenario de la colonia *Bishop Hills*, su primer asentamiento agrícola instalado en el *Midwest*, los discursos pusieron el énfasis en los sacrificios realizados por los ancestros, y el monumento inaugurado representaba a los colonos pioneros (Bodnar 1992, cap. 3).

---

[113] Véase al respecto *El Orden*, 21/10/1932: 3; *El Orden*, 5/10/1934: 5 y *El Orden*, 30/10/1933: 4.

Según consta en el libro de actas del comité y en varias notas publicadas por el semanario local *El Alba*, la idea de levantar un monumento a San Martín provino de los delegados la Biblioteca Popular Barón Hirsch, quienes ya desde diciembre de 1938 habían comenzado a gestionar la aprobación requerida por las autoridades provinciales para utilizar públicamente la imagen del Libertador, e incluso habían dado curso a una campaña para conseguir los fondos.[114] La decisión no fue unánime, ya que varios integrantes del comité de festejos opinaban que el homenajeado debía ser el siempre bien reputado barón Hirsch, auténtico "padre de los colonos". Es cierto que un homenaje al barón hubiese alterado la cronología, ya que la fundación de la colonia había sido previa a la creación de la JCA. Pero, aun así, habría sido justificable en virtud de que la compañía compró los campos a Pedro Palacios a fines de 1891, y de que, desde entonces, financió la llegada de nuevos contingentes de familias, hecho que resultó clave para el posterior desarrollo demográfico y económico de la colonia. Además, la figura de Hirsch ya había sido elegida anteriormente cuando hubo que poner nombre al hospital local, a la única avenida del pueblo, a la biblioteca pública y a la sinagoga más importante.[115] Las intenciones de homenajear al barón también pueden deducirse de los distintos artefactos que circularon dentro de la colectividad judía portando su imagen. Por ejemplo, su rostro ilustró los sellos postales y los retratos utilizados para difundir el

---

[114] *El Alba* era un periódico local de orientación judeo-progresista que apareció regularmente durante las décadas de 1920 y 1930, en castellano.

[115] La JCA compró las tierras a Pedro Palacios cuando sólo quedaban viviendo en las chacras entre cuarenta y cincuenta familias. A partir de 1894 comenzó a enviar nuevos contingentes que renovaron la población de la colonia. Más tarde, el administrador Miguel Cohen señaló el camino de la prosperidad al impulsar el cultivo de forrajes en reemplazo de los cereales. Ver al respecto Cociovich (1987).

evento y para recaudar dinero entre instituciones y particulares. También apareció en el afiche oficial una lámina color que mostraba escenas de la colonización junto al lema bíblico "El que labra su tierra se sacia de pan", escrito en hebreo y en español. Allí, en el extremo izquierdo de la lámina, se lo veía como una estampa sobre el firmamento, acompañado por la baronesa Clara, ubicada en el extremo derecho.

Afiche del cincuentenario (Museo comunal y de la colonización judía Rabino Aarón Halevi Goldman).

El rostro de Hirsch también apareció en las tapas de distintos periódicos comunitarios que se hicieron eco de los festejos y, supuestamente, en las escarapelas argentinas que La Fraternidad Agraria propuso confeccionar con su imagen, aunque no encontré ningún registro de que, en efecto, la propuesta se hubiera materializado.[116] Además, como vimos en el capítu-

---

[116] Acta nº 8 del Comité de Festejos.

lo anterior, el libro conmemorativo editado por la DAIA incluyó un artículo en el que Alberto Gerchunoff reseñaba su obra filantrópica, y no es un dato menor el hecho de que esa tarea hubiera recaído en el mayor exponente de las letras judías argentinas. Si San Martín y el barón ocuparon los dos primeros puestos en los homenajes por el cincuentenario, el podio se completó con otro personaje histórico judío relacionado con la colonización: el líder cooperativista Noé Cociovich, en cuya tumba fue colocada una ofrenda floral, durante un acto que figuró como parte del cronograma oficial de los festejos. Llegado en 1894, Cociovich había organizado el traslado de colonos lituanos por pedido de la JCA. La cooperativa La Mutua Agrícola, de la cual fue fundador y presidente, también inauguró una biblioteca que llevaba su nombre.[117]

Para los organizadores era muy importante dejar en claro que la idea de honrar a San Martín provenía de la colectividad judía local. Cuando el diario santafecino *El Orden* publicó que se trataba de una iniciativa del interventor comunal, el comité se sintió agraviado y envió una solicitada aclaratoria.[118] Sin embargo, en realidad los socios de la biblioteca habían tenido bastantes dificultades para recaudar el dinero entre los vecinos del pueblo, la mayoría de los cuales pertenecía a la colectividad. En las notas que publicaron en *El Alba* para apoyar la campaña de recaudación de fondos, se nota que la indiferencia generalizada los obligó a ir refinando paulatinamente los argumentos. Primero buscaron investir al máximo símbolo patrio de una significación pluralista:

> si consideramos que la paz y la libertad de que disfrutamos se debe a los próceres fundadores de la nacionalidad (...) se desprende como lógica consecuencia que los festejos del próximo

---

[117] Actas de La Mutua Agrícola n° 420 y 433.
[118] Acta n° 22 del Comité de Festejos.

cincuentenario deben ser antes que nada una expresión vivida y ardiente de agradecimiento para aquellos prohombres (*El Alba*, 31/1/1939).

Más tarde, en vista de los magros resultados obtenidos, otra de las notas recordaba a los vecinos que

> la población israelita local tiene especial motivo para apoyar el ya mencionado proyecto (...) Aquí, donde rige una libérrima constitución, nadie puede negarse a colaborar en la bella y elocuente obra (...) Es un deber de gratitud y de patriotismo a la vez (*El Alba*, 14/2/1939).

Finalmente la campaña rindió sus frutos y los vecinos aportaron el dinero suficiente. Entonces, por disposición del comité, el día 17 de agosto (fecha en la que se conmemora la muerte de San Martín a nivel nacional), la piedra fundamental del monumento fue colocada por un matrimonio de viajeros del Weser.[119]

El énfasis puesto en la elección de una figura relevante para el busto a inaugurarse en los festejos debe ser medido de acuerdo con los parámetros de la época. De acuerdo con distintos especialistas, hasta al menos la Segunda Guerra Mundial, para el imaginario del nacionalismo los monumentos eran protagonistas fundamentales en la construcción de la comunidad de sentido que sostenía al estado-nación. Ubicados en sitios estratégicos del tejido urbano, funcionaban como signos trascendentes, capaces de inocular "cotidianamente en los habitantes los valores cívicos de una cultura nacional" (Gorelik, 2012). Las figuras representadas con más asiduidad eran los héroes de la patria. Éstos solían ser convertidos en símbolos poderosos, presentados por quienes ejercían la dominación social como arquetipos y modelos a imitar, y como la

---

[119] El 17 de agosto había sido declarado feriado nacional seis años antes del cincuentenario de Moisés Ville por el presidente Agustín P. Justo.

encarnación viva de los valores e ideas centrales de una comunidad (Ansaldi, 1996). Históricamente, la figura de San Martín como el héroe militar nacional supremo fue articulada por el estado sobre dos ejes: su desempeño en las guerras de independencia y su ejemplo ético, producto de haberse retirado de la escena política durante el apogeo de su trayectoria, con el fin de no derramar sangre argentina en las guerras civiles (Roca, 2012). Desde que fue erigido el primer monumento sanmartiniano del país –la estatua ecuestre inaugurada en 1862 en la Plaza San Martín, de la ciudad de Buenos Aires–, su imagen comenzó a poblar espacios públicos y dependencias estatales. Su sacralidad cívica quedó manifiesta en 1880, cuando el mausoleo con sus reliquias repatriadas fue instalado en la Catedral porteña (Bertoni, 1992).

De acuerdo con David Kertzer, la multivocalidad de los símbolos (el hecho de que un mismo símbolo pueda ser comprendido de diferente manera por distintas personas), es "...especialmente importante en el uso del ritual para construir solidaridad política en la ausencia de consenso" (Kertzer, 1988: 11; citado por Dujovne, 2011). Por eso, los símbolos sociales más importantes suelen condensar múltiples significados que representan esa diversidad de intereses (Turner, 1999). Tal es así que, para Bodnar (1992), los ciudadanos que integran las minorías pueden honrar la estructura simbólica básica de la nación y, al mismo tiempo, disentir con los líderes culturales sobre qué tipo de devoción se debe rendir a la patria, redefiniendo los sentidos de los símbolos en función de sus propios puntos de vista e intereses. Y ese parece haber sido el caso de San Martín, transformado en este caso en un paraguas contra la intolerancia de los sectores más reaccionarios de la sociedad.

Existe también un tercer conjunto de evidencias que, aunque indirectas, apoyan la hipótesis de que el cincuentenario fue aprovechado políticamente por sus organizadores. Me refiero al hecho de que, a fines de la década del treinta, al percibir las primeras señales de la declinación demográfica de la colonización, algunas instituciones comunitarias idearan proyectos destinados a apuntalar la base agrícola judeo argentina.[120] Por ejemplo, en el año del cincuentenario, La Fraternidad Agraria se propuso instalar colonos en áreas próximas a la ciudad de Buenos Aires, para lo cual, su organismo financiero –el Fomento Agrario Israelita Argentino– lanzó en abril una campaña destinada a recaudar los capitales necesarios para conformar una masa crediticia. La idea consistía en desarrollar emprendimientos de tiempo parcial, en los que una parte del bajo proletariado judío urbano se dedicara al cultivo de granjas, huertas, flores y frutales, a la avicultura, el tambo y la apicultura. En el discurso inaugural de esta campaña, Enrique Dickman, diputado nacional por el Partido Socialista, planteó sin ambigüedades la necesidad de que los israelitas volvieran a trabajar la tierra en respuesta al avance del antisemitismo a escala mundial. Dickman mencionó, además, que la asignación de créditos a chacareros judíos por parte del Crédito Agrario (un organismo nacional) podía encontrar dificultades debido al clima antisemita imperante. Retomando los mismos argumentos esgrimidos por Hirsch cincuenta años antes, se preguntaba:

> ¿No sería pues obra santa sacar a esa gente [familias judías proletarias que viven en conventillos, sastres que trabajan toda la noche]? Sacarlos al sol, volverlos a la tierra, hacerles amar las plantas, las flores, los animales, brindarles otra clase de vida y otra clase de labor.[121]

---

[120] El pico demográfico máximo se dio en el año 1925, aunque tuvo luego un leve repunte en la segunda mitad de los años treinta debido a la llegada de los colonos alemanes (Avni, 1983:537).

[121] "El colono cooperador", abril de 1939.

Desde la tribuna de *Mundo Israelita*, otro dirigente comunitario surgido también de las colonias de la JCA, afirmaba que:

> Es posible (...) que si en todos los países del mundo el judío fuese menos de ciudad, de gustos y actividades menos urbanas, y tuviese una emoción más elemental y más comprensiva de su destino, el fenómeno antisemita no tendría ni la intensidad ni la amplitud con que se presenta en nuestro tiempo. Pensemos en lo que significa el hacinamiento de las juderías en Europa y nos daríamos cuenta de que el mundo tendría una impresión diferente si esas vastas masas de población se hubiesen distribuido en el ejercicio de los trabajos rurales.[122]

Las colonias suburbanas no fueron el único frente de batalla abierto por los dirigentes de La Fraternidad Agraria para evitar el derrame de agricultores judíos hacia las ciudades. Imitando el modelo de los Clubes Juveniles creados por la Federación Agraria Argentina, en el transcurso del año del cincuentenario también impulsaron a los hijos de colonos a que se unieran en el marco de la Organización Juvenil Agraria (OJA) con el objetivo de reclamar tierras y créditos a la JCA para colonizarse. En sus estrategias discursivas resuenan varias de las representaciones de la memoria oficial. Por ejemplo, en una de las reuniones iniciales de la OJA, uno de sus integrantes proclamaba que la continuidad generacional en el campo debía realizarse "con el objeto de que no se malogre la obra del Barón de Hirsch".[123] A pesar de la retórica continuista, los jóvenes no parecen haber estado muy interesados en permanecer en el campo. En distintas notas publicadas ese año por *El Alba*, el mordaz redactor Gabriel Mercurio observaba al Movimiento Juvenil Agrario (la filial local de la OJA) con suspicacia, tildán-

---

[122] "El hombre y la tierra", *Mundo Israelita*, 9/7/1939.
[123] "La palabra de un hijo de colono", *El Alba*, 23/5/1939.

dolo de "movimiento inmóvil".[124] Además, el libro de actas de esta organización deja en claro que los dirigentes juveniles se quejaban constantemente de la apatía de los hijos de los colonos, quienes nunca iban a las reuniones que organizaban. En un encuentro celebrado en enero de 1939 con cooperativistas moisesvillenses, el director de la JCA en la Argentina, Simón Weill, manifestó que la JCA no colonizaba a los jóvenes debido a que había habido varios intentos fallidos previos, en los que los elegidos ni siquiera habían tomado posesión de sus chacras.[125] Quizás "el vibrar de la ciudad" haya atraído "su sangre inquieta", como les sucedía a los personajes de Rebeca Mactas que conocimos en el Capítulo Dos.

Resulta complejo determinar en qué medida la repercusión lograda por los festejos satisfizo las expectativas de masividad de los organizadores. Los diarios nacionales de mayor circulación se refirieron al hecho moderada pero elogiosamente. Un apartado publicado en la sección Provincias y Territorios de *La Nación* tituló: "El gobernador asistió a los actos realizados ayer en Moisés Ville. En la plaza San Martín fue descubierto un busto del prócer epónimo". El corresponsal de *La Prensa* fue un poco más entusiasta: "Con singular lucimiento fue celebrado ayer el Cincuentenario de Moisés Ville. A los distintos actos realizados con tal motivo, asistieron las autoridades provinciales y extraordinario público".[126]

---

[124] "Movimiento inmóvil", *El Alba*, 14/3/1939. Gabriel Mercurio era un seudónimo.
[125] Actas de La Mutua Agrícola, 26/1/1939 y 30/3/1939 y "El problema de los jóvenes colonos que piden tierras", *El Alba* 18/4/1939. El tema era bastante más complejo de lo que podemos entrever aquí, ya que, entre sus argumentos, los cooperativistas manifestaban que las tierras ofrecidas eran de pésima calidad.
[126] Se trata de las ediciones del día 16 de octubre de 1939. Resulta extraño que el diario *Crítica*, que en ese entonces publicaba en su contratapa la historieta "Don Jacobo en la Argentina", una tira cómica que presentaba a los judíos como un ejemplo de la integración social exitosa de los inmigrantes en el crisol de razas, no se haya referido a los festejos.

Un grupo de hombres posa junto al pedestal, días antes de la llegada del busto sanmartiniano (Museo comunal y de la colonización judía Rabino Aarón Halevi Goldman).

Inauguración del monumento a San Martín en 1939 (archivo del Museo Judío de Buenos Aires).

2. El setenta y cinco aniversario (1964)

Los cambios ocurridos en el judaísmo mundial en el transcurso de los veinticinco años que mediaron entre los festejos por el cincuentenario y la conmemoración del setenta y cinco aniversario de la colonización fueron notables. Baste señalar que en esa brecha temporal tuvieron lugar el Holocausto y la creación del Estado de Israel. Aunque parezcan sucesos demasiado lejanos de la apacible colonia Moisés Ville, ambos hechos impactaron en los discursos y símbolos vehiculizados en esta oportunidad, como veremos de inmediato.

En ese cuarto de siglo, también la sociedad moisesvillense experimentó algunos cambios que debemos señalar aquí. Aunque no he obtenido datos demográficos precisos para 1964, varias fuentes cercanas en el tiempo permiten deducir que la población judía en el área de la colonia rondaba las tres mil almas (por ejemplo, en 1959 vivían en ella 3.284 vecinos judíos). Se trataba de aproximadamente un cuarenta por ciento del total, estimado en 8.500 habitantes.[127] Sin embargo, aunque la colectividad judía estuviera declinando numéricamente, la vida comunitaria aún mostraba signos vitales. El pilar que la sostenía era un célebre instituto de formación docente para maestros de hebreo, el Seminario José Draznin, que contaba con un internado para estudiantes llegados de todo el país. Había sido creado en 1959, el mismo año en el que se constituyó la *kehilá* local, denominada Comunidad Mutual Israelita de Moisés Ville, es decir, la institución encargada de brindar servicios sociales, funerarios, educativos y religiosos.[128] Si bien en las calles el castellano había reemplazado al

---

[127] Los vecinos judíos estaban distribuidos residencialmente de la siguiente forma: 307 vivían en 79 chacras, otras 910 personas tenían 285 chacras que administraban desde los pueblos, pero la gran mayoría, 519 familias constituidas por 2.067 personas, vivían en las zonas urbanas y ya no eran chacareros. La única forma de explicar esta distribución de la población es suponer que gran parte de esas 519 familias fueran aun dueñas de campos rentados, más allá de que tuvieran actividades laborales complementarias. El dato sobre el número de colonos emancipados de la JCA apoyaría esta hipótesis: sobre 709 colonos que aún vivían en el área de la colonia, 559 ya habían liberado las hipotecas. Hasta 1959, 650 colonos con escritura (559 colonos emancipados y 91 con hipotecas constituidas) eran propietarios de 94.314 ha, de las cuales habían vendido 41.804 ha y habían alquilado a terceros 6.592 ha. Es decir que se habían desprendido del 51,2 % de las tierras escrituradas. Sin embargo, muchos de esos campos fueron adquiridos por chacareros judíos: casi el 70% de los vendidos y el 75% de los arrendados. También hay que considerar que en 1964 los chacareros judíos habían desbordado las originales 118.000 ha de superficie original comprando campos aledaños. La cifra "ampliada" aproximada habría sido de 170 a 180.000 ha. Es más, según había expresado en su discurso de los festejos de Moisés Ville el secretario Kugler, en ese momento la tierra trabajada por judíos en todo el país habría llegado a 1.100.000 ha, cifra que casi duplicaba las 617.000 adquiridas originalmente por la JCA, véase *La Opinión de San Cristóbal*, 2/10/1964.

[128] La Asociación Israelita de Moisés Ville surgió a partir de la Jevra Kedusha (sociedad de entierros) preexistente. En 1923 obtuvo personería jurídica. En 1969, por una disposición nacional atinente a las asociaciones étnicas, pasó a denominarse Comunidad Mutual Israelita de Moisés Ville. Sus fines son homologables a los de la AMIA de Buenos Aires: provee distintos servicios religiosos y educativos, brinda asistencia social y económica a personas en situación vulnerable, colabora con las instituciones culturales y deportivas, presta asistencia arbitral a sus

ídish, éste todavía se mantenía vigente: durante la Semana del Libro Judío realizada en mayo de 1961, en la colonia se vendieron 500 libros en castellano, 250 en hebreo y 130 en ídish. También las fiestas tradicionales del calendario hebreo seguían siendo convocantes, sobre todo cuando las organizaba la escuela Iahaduth, que era capaz de congregar a toda la comunidad, imponiendo en la calle una atmósfera judía que algunos percibían como bastante vibrante. Dicha escuela contaba entonces con una matrícula de 135 alumnos (el 97% de los niños eran judíos), y las cuatro sinagogas mantenían sus puertas abiertas, aunque sólo se colmaban de público durante las altas fiestas. El movimiento sionista Habonim Dror tenía una fuerte presencia en el pueblo, en cuyas afueras se encontraba la *hajshará* (un campo de entrenamiento y de actividades escáuticas para los jóvenes). La Sociedad Kadima todavía organizaba frecuentes actividades culturales, que repartían la atención del público entre la historia judía y el presente del Estado de Israel.[129]

---

asociados y apoya toda acción constructiva a favor del Estado de Israel. Fuentes: revista del Centenario de Moisés Ville (página 72) y *Estatutos de la Comunidad Mutual Israelita de Moisés Ville*, 1970.

[129] Véase al respecto el Informe del renombrado ensayista y pedagogo Jaime Barylko: "Estudio de la comunidad de Moisés Ville", presentado en 1961 en la "Primera conferencia de investigadores y estudiosos judeo-argentinos en el campo de las ciencias sociales y la historia". En 1959, año de su cincuentenario, la Kadima (institución laica y abierta a toda la comunidad), recibió al educador e intelectual Samuel Rollansky (su conferencia se tituló "Con los judíos en diez países"), al dramaturgo Nehemías Zuker, al periodista y político argentino Ignacio Palacios Hidalgo, quien regresaba de un viaje a Israel y disertó sobre "Israel, milagro judío contemporáneo", a un ex embajador argentino en Israel que dio una conferencia titulada "Israel vista por un diplomático", al autor teatral Adolfo Casablanca, quien disertó sobre la vida de Gerchunoff y a dos compañías teatrales judías. Ese año hubo también un Gran Baile de Purim, en junio se conmemoraron los cien años del nacimiento de Scholem Aleijem con una conferencia del periodista y crítico teatral Jacobo Botoshansky y en agosto fue presentada la obra "Difícil ser judío" por un elenco local. Libro de actas de la Sociedad Kadima, Asamblea general ordinaria de agosto de 1959: 430.

Aunque los festejos por el setenta y cinco aniversario estaban programados para el domingo 11 de octubre, distintos eventos relacionados habían tenido lugar en el transcurso del año. Por ejemplo, durante septiembre se habían realizado varios actos escolares y se inauguró una muestra de fotografías históricas que fue exhibida en el salón de la Sociedad Kadima. Luego, el sábado 10 de octubre, la sociedad de fomento local inauguró el alumbrado público a gas de mercurio de la plaza San Martín, ocasión en la que los vecinos organizaron una marcha de antorchas y un baile popular folklórico.[130] Con esos antecedentes, el cronograma de actos oficiales comenzó a primera hora de la mañana del día siguiente, cuando se realizó un homenaje a los pioneros en el cementerio israelita, consistente en una ceremonia religiosa de la que participó un *jazán* (cantor litúrgico) y en la que se descubrió una placa recordatoria.[131] Inmediatamente después, llegó al pueblo el gobernador de la provincia de Santa Fe, Aldo Tessio, quien arribó junto a una amplia comitiva, entre la que se destacaba el Secretario de Agricultura y Ganadería de la Nación, ingeniero Walter Kugler, quien asistía en representación del presidente de la nación, Arturo Illia. Para recibirlos, el ritual inaugurado veinticinco años antes fue puesto en escena una vez más, por lo que ambos fueron saludados por jinetes vestidos de gauchos que los escoltaron hasta el centro.[132] Entre la concurrencia general se encontraban también representantes de varias instituciones judías, como la AMIA, el Congreso Judío Mundial, Fomento Agrario, La

---

[130] *La Nación*, 7/10/1964.
[131] En el homenaje fueron recordados los sesenta y un niños fallecidos a fines de 1889, durante el período en el que sus padres pernoctaban en el galpón de la estación Palacios a la espera del reparto de los lotes.
[132] Conformaban la comitiva el presidente de la cámara de diputados provincial y los ministros provinciales de Agricultura y Ganadería, de Salud Pública y Bienestar Social y de Obras Públicas.

Fraternidad Agraria, e incluso algunos los integrantes de las asociaciones de ex-residentes moisesvillenses radicados en Tucumán, Buenos Aires, Rosario y Santa Fe.[133]

Ya en la plaza San Martín, la Banda de la Policía de la Provincia inició la ejecución del Himno Nacional, mientras un grupo de longevos inmigrantes llegados en el Weser setenta y cinco años antes izaba la bandera argentina. Nuevamente tocó al gobernador la tarea de inaugurar placas recordatorias amuradas al pedestal del busto sanmartiniano, acto que fue acompañado por una ofrenda de ramos florales. Aarón Salzman, un integrante del comité de festejos, abrió la serie de discursos del día con largos elogios a la figura del Libertador, a la Constitución Nacional y al ideal de tolerancia, democracia y libertad que reinaba en el país, para luego repudiar las actitudes antisemitas de "pequeños grupos ajenos al sentir nacional".[134] El siguiente orador fue el ministro de Agricultura y Ganadería de la provincia, Ricardo Paviolo, quien abundó en expertas citas judaicas y en alusiones a Ricardo Rojas y a Alberto Gerchunoff.[135]

Luego la comitiva se desplazó hasta la esquina de la sinagoga Barón Hirsch, las más importante de las cuatro que había entonces en el pueblo, para proceder a la inauguración de una plazoleta y de un busto en homenaje a, justamente, el benemérito barón.[136] Allí, el presidente de la comisión de festejos, Jacobo Resnik, se refirió al "grado de prosperidad alcanzado por los colonos judíos, que constituye una desmentida a los que proclaman su ineptitud para las tareas rurales".[137] El cronograma prosiguió con el estreno de la nueva sede de la comisión de fomento y

---

[133] *El Litoral*, 9/10/1964.
[134] *La voz del tambo*, 21/10/1964.
[135] *La Nación*, 13/10/1964.
[136] El busto era obra de la escultora Margarita Cielo de Prigione.
[137] *La Nación*, 13/10/1964.

con el ya tradicional desfile de implementos agrícolas. A la una en punto comenzó el almuerzo en las instalaciones del club Tiro Federal, que incluyó una entrega de medallas a los pioneros y la actuación del conjunto folclórico Los Fronterizos, obsequio de la comunidad judía de Tucumán. En esta ocasión, el vecino Abraham Waxemberg aludió de nuevo al clima antisemita, abriendo una vez más el paraguas sanmartiniano: "bajo la invocación de nuestros grandes próceres argentinos no puede haber animadversión de ninguna naturaleza por cuestiones de raza o religión". En la misma vena, el discurso que ofreció Moisés Goldman en nombre de la DAIA recordó a las víctimas del Holocausto: "los muertos tienen cara y los muertos tienen voz".

Fue el propio gobernador quien tomó la palabra para responder a estas demandas. Según la crónica periodística, Tessio señaló "con vehemencia que se había terminado en la Provincia la posibilidad de demarcaciones raciales, y que cuando apareció un brote de perturbados mentales, no le tembló el pulso para firmar el decreto pidiendo la intervención de la justicia".[138] Luego intentó un elogio que difícilmente haya agradado del todo a varios de los concurrentes:

> Este es vuestro pueblo que ha venido aquí a sentirse argentino como el que más, *no proyectándose como hombre judío*, sino proyectándose como un factor más del progreso nacional (itálica mía).[139]

Quizá las palabras del secretario Kugler hayan sido más atinadas. Retomando varias de las representaciones de la memoria oficial que ya conocemos, su discurso enfatizó los aportes de los colonos judíos al campo argentino,

---

[138] *La voz del tambo*, 21/10/1964: 8.
[139] Íbid.

entre los que destacó la creación de cooperativas, las innovaciones en lechería y en girasol y los logros de determinados científicos nacidos en las colonias.[140] El rabino Schlesinger, quien como se recordará también había participado de los festejos por el cincuentenario, habló en nombre de la comunidad judía porteña, mientras que el secretario de la Embajada de Israel, Aba Gefen, llevó saludos del Estado Judío. El cierre tuvo lugar esa misma noche, cuando actuaron en el teatro de la Sociedad Kadima el pianista Jascha Galperin, el dúo Gravosky-Lerner y la recitadora Berta Singerman.[141]

Dos semanas más tarde, el domingo 25 de octubre, las principales instituciones judías nacionales organizaron otra conmemoración por los setenta y cinco años de colonización, pero esta vez en el cine Metro, de la ciudad de Buenos Aires. Ese día asistieron Juan Palmero, ministro del interior, Joseph Avidar, embajador de Israel en la Argentina, Isaac Goldenberg, presidente de la DAIA, Gregorio Faiguersch, presidente de la AMIA, Jack Callius, director de la JCA y Francisco Loewy, presidente de La Fraternidad Agraria. Una vez ejecutados los himnos nacionales de la Argentina e Israel, un grupo de alumnos de las escuelas judías capitalinas dedicó una ofrenda florar a la memoria del Libertador San Martín.

Los discursos pronunciados ese día permiten observar algunas de las tensiones identitarias que atravesaban el campo judío en ese momento. Por ejemplo, mientras que el ministro Palmero dijo a los presentes: "Integran ustedes

---

[140] Unos años más tarde, Kugler formaría parte del jurado que otorgó un premio literario a José Liebermann en nombre del Comité Judío Americano y del Centro Barón de Hirsch, una asociación de ex residentes de las colonias radicados en Buenos Aires.

[141] Sobre los festejos en Moisés Ville, ver *La Opinión de San Cristóbal* 2/10/1964, *La voz del tambo*, 21/10/1964, donde fueron transcriptos los discursos, *La Nación* 13/10/1964, *La Prensa* 13/10/64 y *El Litoral* 9/10, 11/10 y 13/10/1964.

una gran colectividad consustanciada con todo lo argentino", el embajador israelí demarcó claramente la pertenencia de la comunidad local al pueblo de Israel, y comparó la colonización en la Argentina con los inicios del movimiento sionista. Por su parte, el presidente de la DAIA repudió a los grupos de la derecha nacionalista antisemita, como Tacuara y Guardia Restauradora Nacionalista, y celebró los aportes judíos al país, manifestando que, aunque la colectividad no alcanzaba siquiera al 2% de la población total, los judíos cultivaban el 2,5% de la tierra sembrada en todo el territorio nacional. Se trataba, para Faiguersch, de un

> porcentaje honroso que quizás no puedan mostrar ciertos núcleos trasnochados que nutren de jovenzuelos el nacionalismo histérico. Porcentaje honroso que destruye la caricatura antisemita groseramente dibujada por esos argentinos inmaduros, que creen defender la patria calumniando y segregando a sectores de su población que también constituyen la patria.[142]

Fainguersh recalcó que el accionar de las organizaciones nacionalistas, plagado de prácticas antisemitas, iba en contra de la doctrina pluralista impuesta por el prócer favorito del judaísmo, el Libertador de América:

> Las manos que se hermanan en el escudo argentino no admiten las diagonales totalitarias y el pueblo ha de continuar sin pausa respirando el aire de alturas de la democracia, donde la cultura se enriquece admitiendo la singularidad de sus componentes, donde cada uno puede ser y es lo que debe ser, *conforme a la tradición sanmartiniana* (itálica mía).[143]

---

[142] *Mundo Israelita*, 31/10/1964: 8. Sobre el acto en el cine Metro, ver *Mundo Israelita* 24 y 31/10/1964 y *La Nación* 26/10/64.
[143] *Mundo Israelita*, 31/10/1964: 8.

También el presidente de la DAIA sumó su voz al reclamo de Fainguersch, dejando en claro que la colectividad judía argentina tenía el derecho de expresar sus singularidades culturales.

Esta breve crónica de los festejos de 1964 muestra varias continuidades respecto del cincuentenario celebrado en 1939, así como también algunas novedades. La presencia de importantes funcionarios, los jinetes recibiendo al gobernador, los reclamos de dirigentes judíos para que el estado velara por una mayor tolerancia, las loas a San Martín y el desfile de implementos rurales conforman una serie de continuidades que parecen haberse establecido definitivamente como parte del ritual. En cambio, entre las novedades se aprecia una mayor cantidad de elementos vernáculos judíos, como los homenajes a los pioneros, la inauguración de un monumento con la imagen del barón Hirsch y el cierre nocturno del evento en Moisés Ville con la actuación de artistas judíos. Otros dos aspectos novedosos fueron el hecho de que los festejos se hayan replicado en Buenos Aires y, como veremos luego, el mucho mayor espacio concedido al tema por los principales diarios nacionales.

Esos datos sugieren que, en contraste con el cincuentenario, el mensaje codificado por los organizadores en 1964 apuntó a sostener el derecho al pluralismo. ¿Qué fue lo que cambió en esos veinticinco años en las relaciones políticas y simbólicas entre la colectividad judía, el estado y la sociedad nacional, para que la dirigencia comunitaria modificara el mensaje? Aunque en esta oportunidad no podremos recurrir a las actas del comité de festejos, que se perdieron, ni a las notas del semanario moisesvillense *El Alba*, que ya no existía, otras fuentes indirectas nos permitirán arriesgar una interpretación sustentable.

Aunque puedan parecer sucesos distantes, lo primero que debemos evaluar es el impacto que tuvieron en la colectividad judía de la Argentina los dos acontecimientos ocurridos entre el cincuentenario y el setenta y cinco aniversario que ya mencioné: el Holocausto nazi y la creación del Estado de Israel. El Holocausto reposicionó a la comunidad local en la geografía de la diáspora judía, ya que produjo la desaparición del tradicional núcleo cultural ashkenazí polaco-lituano, distorsionando las relaciones centro-diáspora e impulsando a la colectividad judía argentina a asumir un doble deber de memoria y continuidad. Además, el exterminio de los judíos en Alemania, una sociedad que era paradigma de la integración en la modernidad, implicó un fuerte cuestionamiento para los proyectos que celebraban la hibridación cultural y la asimilación en sociedades cristianas (Schenquer, 2013: 41-57). En ese clima, el estado israelí surgido en 1948 se constituyó como el nuevo faro del judaísmo mundial, conformando una alternativa que pasó de la utopía a la realidad, y que se mostraba capaz de superar las experiencias multiculturales (Polonia, Lituania, Rusia) e integracionistas (Alemania). El impacto de estos procesos históricos se hizo sentir entre los judíos de la Argentina. Luego de un período de disputas entre liberales, comunistas y sionistas por el control de las instituciones comunitarias, la dirigencia adoptó la línea del sionismo socialista, predominante en las primeras tres décadas de vida del joven Estado de Israel. El giro sionista se advierte, por ejemplo, en el pensamiento de uno de los intelectuales judíos más influyentes de los años sesenta, León Dujovne, director a la sazón de *Mundo Israelita*, quien sostenía que la forma de dar continuidad al judaísmo en el país era mirar hacia Israel, el "centro de irradiación moral para todos los judíos".[144] Dujovne recomendaba sostener una:

> adecuada labor de difusión doctrinaria que permita persuadir a los jóvenes judíos del valor de Israel como ensayo social y cultural novedoso [ya que] la vinculación con el proceso espiritual de Israel es capaz de enriquecer sus propias vidas inclusive para beneficio del país en que habitan.[145]

Al observar la coyuntura que vivía a mediados de los años sesenta la dirigencia de comunidad judía argentina, aparece un segundo apoyo a la hipótesis del mensaje étnico codificado en los festejos. Para los líderes, había entonces tres problemas principales. Hacia "afuera" preocupaban las prácticas antisemitas que denunciaron los oradores judíos en los festejos moisesvillenses. Se trataba de una oleada de atentados originada como una reacción de sectores nacionalistas extremos ante las noticias del secuestro del criminal de guerra nazi Adolf Eichmann, efectuado por un comando del servicio secreto israelí en mayo de 1960. Luego del secuestro, Eichmann fue juzgado y ejecutado en Israel, lo que originó un conflicto diplomático entre la Argentina y el Estado Judío, ya que se trataba de un ciudadano argentino supuestamente legal que, aunque oculto bajo el seudónimo de Ricardo Klement, había sido secuestrado por agentes de un país extranjero. En consecuencia, los grupos ultranacionalistas se lanzaron a cometer atentados de diverso tenor, desde agresiones a sinagogas y a sedes institucionales con bombas de alquitrán hasta

---

[144] "Sionismo y judaísmo", *Mundo Israelita*, 10/10/1964. León Dujovne veía en el antisionismo una forma de ocultar el antisemitismo: lo que antes se endilgaba a los judíos (sus planes para dominar el mundo) ahora los grupos reaccionarios se lo adjudicaban a los sionistas.
[145] *Mundo Israelita*, 17/10/1964, página 7.

resonantes casos policiales, como el de la joven Graciela Sirota, secuestrada y torturada en 1962, y el asesinato a sangre fría del estudiante Raúl Alterman, ocurrido en la puerta de su casa en 1964.[146] Los atentados fueron reconocidos por el Movimiento Nacionalista Tacuara, grupo que tomaba como modelo de integrismo a la Liga Árabe y veía en el sionismo a su principal enemigo (Rein, 2007). Esta coyuntura se hizo extensiva hasta, al menos, los meses previos a los festejos por el setenta y cinco aniversario de la colonización, cuando tuvieron lugar nuevos incidentes. Por ejemplo, el 15 de agosto, *Mundo Israelita* publicó una dura crítica al canciller argentino Zabala Ortiz, quien había expresado durante su visita oficial a Washington que en el país no había antisemitismo. A modo de contraprueba, el semanario reproducía una crónica aparecida en el diario *La Prensa,* en la que se describía una reunión informal de la que participaron senadores y diputados nacionales, militares de alto rango, autoridades de la Iglesia, el jefe nacional de la Guardia Restauradora Nacionalista Gerardo Valenzuela, y el representante de la Liga Árabe en la Argentina Hussein Triki. En la reunión, que transcurrió en un restorán porteño, los presentes injuriaron al sionismo y a los judíos al grito de "jabón", en clara alusión al Holocausto. En octubre, durante la semana previa a la fecha elegida para los festejos de Moisés Ville, varios partidos políticos argentinos expresaron a la DAIA su repudio al antisemitismo que patrocinaban la Liga Árabe y otros sectores filo-nazis.[147] Cuando, en el mes de noviembre, el presidente de la DAIA reseñó en un discurso los principales atentados de los últimos años, se refirió a tres agentes

---

[146] También se especuló respecto de que el famoso asesinato de la joven Mirta Penjerek habría sido ejecutado por Tacuara.
[147] *Mundo Israelita*, 10/10/1964.

principales: Tacuara, la Liga Árabe y algunos remanentes del nazismo, como los grupos de croatas llegados al país en la posguerra.[148]

Más allá de esta problemática externa, el segundo asunto que inquietaba a la dirigencia judía a mediados de los sesenta ocurría de puertas adentro, y era la percepción de que estaba en riesgo la continuidad identitaria. En efecto, distintos indicadores señalaban un marcado relajamiento en los sentidos de pertenencia judíos de las nuevas generaciones, conformadas mayoritariamente por sujetos nacidos, criados y socializados en el país. Uno de esos indicadores mostraba que la matrícula escolar judía no había crecido en el transcurso de los últimos diez años. Otro, el continuo alejamiento de las filas del sionismo de jóvenes con capacidad de liderazgo. De acuerdo con la información que manejaban los dirigentes, aunque esos jóvenes habían recibido formación judaica en instituciones comunitarias, migraban a movimientos que los conectaban con la nueva izquierda antiimperialista y latinoamericanista. Consecuentemente, comenzaban a desviar su atención hacia horizontes sumamente distantes de Jerusalén, especialmente, hacia Cuba.[149] Si bien los dirigentes intentaron vincular al sionismo con la izquierda, aprovechando el hecho de que ellos mismos provenían de las filas de partidos laboristas como *Poalé Sión*, *Mapai* y *Avodá*, al parecer no lograron buenos resultados (Gurwitz, 2011).

El tercer problema que enfrentaba la dirigencia judía era el desembarco del Movimiento Conservador norteamericano en el país, impulsado por el carismático rabino Marshall Meyer, cuya presencia resultaba inquietante por dos motivos. En primer lugar, los jóvenes de izquierda

---

[148] *Mundo Israelita*, 21/11/1964.
[149] Ver al respecto Krupnik (2011); sobre la nueva izquierda: Terán (2013) y Tortti (2002).

veían a Meyer como una avanzada *colonialista* de la poderosa comunidad judía estadounidense, que venía a reafirmar los sentimientos religiosos de una colectividad hasta la fecha mayoritariamente laica, sólo con el fin de lograr su dominación ideológica.[150] En segundo término, Meyer les disputaba a las instituciones centrales la representatividad del judaísmo local ante el estado. Por ejemplo, logró una tener una entrevista con el cardenal Caggiano cuando la DAIA aun no había logrado ser recibida, por lo que su presidente, Isaac Goldenberg, manifestó que "las autoridades argentinas se desorientan en cuanto a quiénes representan auténticamente a la colectividad judía".[151] A raíz de aquel hecho, los dirigentes de la DAIA y la AMIA señalaron al Movimiento Conservador como un factor disolvente que mira "hacia Nueva York y no hacia Jerusalén", constituyendo "un grave peligro para la idiosincrasia de nuestra colectividad", y criticaron la distinción que proponía Meyer entre judío y sionista, a la que incluso asociaron con el pensamiento de la publicación antisionista *Nación Árabe*.[152]

En vista de estas circunstancias, el setenta y cinco aniversario de la colonización transcurrió en una coyuntura en la que la dirigencia judía se planteaba la necesidad urgente de formar una nueva generación de líderes comunitarios juveniles que reunificaran ideológicamente a la colectividad y mantuvieran viva la llama del judaísmo. Por ejemplo, el presidente de la AMIA, Gregorio Fainguersch, manifestó en una reunión que los temas acuciantes para el judaísmo local eran "el problema escolar, la cuestión de la juventud, el problema religioso, el hondo y conmovedor

---

[150] Comunicación personal con el historiador Israel Lotersztain.
[151] "Goldenberg: no deben prosperar los intentos de debilitar la unidad de la colectividad", *Mundo Israelita*, 17/10/1964.
[152] "Fainguersch: Consolidar la vida judía y forjar la continuidad creadora de la colectividad", *Mundo Israelita*, 17/10/1964. Ver al respecto "Judaísmo y sionismo", *Mundo Israelita*, 10/10/1964, y *Mundo Israelita*, 17/10/1964: 6-9.

problema social de nuestra comunidad, el problema de la cultura judía en nuestro medio y el de la creación de nuevos dirigentes".[153] Uno de temas centrales y recurrentes en las reuniones de la dirigencia durante ese año de 1964 fue ajustar "los esfuerzos tendientes a promover el acercamiento de las nuevas generaciones al ámbito de la vida judía y asegurar, de tal manera, la continuidad del ser judío", según manifestaron León Dujovne y Eliahú Toker durante un encuentro del Vaad Hakehilot, la organización federal del judaísmo argentino en la que están representadas todas las comunidades del país.[154]

Todos estos factores sustentan la hipótesis de que el mensaje canalizado en los festejos de 1964 implicaba, antes que una exhibición pública que refrendara los sentimientos de pertenencia argentinos de los judíos y la probidad de los colonos en tanto ciudadanos útiles, un llamado a reafirmar la etnicidad en el seno interno de la colectividad. Por eso, aunque mantuvieron cierta ritualidad preestablecida, en esta ocasión exhibieron diacríticos y símbolos étnicos inequívocos, tales como la figura de Hirsch materializada en un busto, o como la actuación de artistas judíos en el cierre del evento. Incluso, esta vez, los homenajes a los pioneros del Weser formaron parte del cronograma oficial. Las necesidades propias de la época del cincuentenario ya eran un asunto del pasado.

---

[153] *Mundo Israelita*, 12/9/1964, página 28.
[154] *Mundo Israelita*, 7/11/1964: 3. Véase también la nota sobre la convención del partido Poalé Sion Hitajdut Mapai, donde Fainguersch opina sobre los mismos temas (*Mundo Israelita*, 17/10/1964: 9) y otra sobre el futuro de la prensa en ídish, donde se afirma que el acercamiento de los jóvenes al "campo judaico es el objetivo principal de la acción y esfuerzos comunitarios" (*Mundo Israelita*, 10/10/1964).

Afiche del 75 aniversario (Museo comunal y de la colonización judía Rabino Aarón Halevi Goldman).

3. El centenario (1989)

Los festejos por el centenario de la colonización que se realizaron en 1989 se desplegaron en varios escenarios y fechas sucesivos, y refrendaron la idea surgida cincuenta años antes de que lo que se celebraba eran los cien años de vida judía en la Argentina. Comenzaron en Buenos Aires, cuando entre los días 14 y 17 de agosto se realizó en la AMIA la Semana de los Hijos de las Colonias Agrícolas Judías, un ciclo de reuniones y conferencias organizado por León Kovalivker, director del Vaad Hakehilot y vicepresidente de AMIA.[155] Dos meses más tarde, entre el 18 y el 29 de octubre, el Centro Cultural Ciudad de Buenos Aires inauguró "Álbum de una comunidad", una muestra histórica en la que se exhibieron unas 500 imágenes de archivo divididas en tres secciones temáticas: la comunidad antes de la llegada del Weser, la inmigración rural y la inmigración urbana. Entre las atracciones hubo proyecciones en video, conciertos donde se recrearon repertorios de artistas judíos, como Jevel Katz, y un banco de datos elaborado por el colegio ORT, que permitía a los visitantes realizar consultas genealógicas. Según Eliahú Toker, uno de los organizadores, la muestra buscaba dar cuenta de la integración de lo judío con lo argentino y, a la vez, mostrar al público la diversidad interna de un judaísmo en el que "hay porteños y provincianos, ricos y pobres, sefaradíes y ashkenazíes".[156] Tanto el título de la muestra como

---

[155] Ver *Ámbito Financiero* del 14/8/89. Ese año, el Mes del Libro Judío estuvo dedicado a conmemorar el centenario. La AMIA también estrenó una obra de teatro llamada *Pioneros: Lejaim, Moisés Ville*, de Myrtha Shalom.

[156] "La vida judeoargentina en una muestra en la Recoleta" y "Sólo un principio", *Mundo Israelita*, 27/10/89.

la inclusión de una sección dedicada a la era pre Weser dan cuenta de que los organizadores eran consientes de la contradicción implícita en los festejos por el centenario.

En octubre también tuvieron lugar los ya tradicionales festejos en Moisés Ville, cuya programación se extendió durante la última semana del mes e incluyó la puesta en escena de varios de los rituales que observamos en 1939 y 1964. Pese a la crítica situación económica que imperaba en la Argentina, que había impactado en el pueblo, donde los preparativos se demoraron por falta de recursos, los festejos resultaron un éxito de convocatoria que atrajo a más de 2.000 visitantes, en su mayoría ex-residentes llegados desde distintas ciudades y países.[157] A las ocho de la mañana, los concurrentes realizaron populosas visitas a los cementerios judío y católico, donde se realizaron oficios religiosos. Luego, el ya consabido grupo de jinetes criollos recibió al gobernador de Santa Fe, Víctor Reviglio, y a la habitual comitiva de funcionarios conformada, en este caso, por el Secretario de Acción Cooperativa, Félix Borgonovo (que acudía como representante del Ministro del Interior, Eduardo Bauzá), el asesor presidencial Carlos Corach, el director del Teatro Cervantes Ricardo Halac (llegado en representación del Secretario de Cultura de la Nación, Julio Bárbaro), los senadores Suppo y Gigena, los ministros de Educación y de Salud Pública de la Provincia García Solá y González Brunett, los diputados Verdú y Schiavi y varios intendentes y jefes comunales de la región centro de Santa Fe. El flamante presidente de la nación, Carlos Saúl Menem, había sido invitado y tenía

---

[157] *El Litoral*, 9/10/1989; *Hoy en la Noticia*, 17/10/1989. Ese año se estaban construyendo en el pueblo veinticinco unidades habitacionales con dinero del FONAVI, mientras que el año previo habían sido entregadas otras diez. No obstante, los fondos recaudados para los festejos dejaron un saldo favorable de seis millones de australes (Actas del Comité de Festejos: 94).

programado asistir, pero la fecha coincidió con una visita oficial a Costa Rica que lo obligó a cancelar sus planes. Como no podía ser de otra manera, los bustos de San Martín y del barón Hirsch recibieron sendas ofrendas florales, en cuyos respectivos pedestales fueron amuradas nuevas placas conmemorativas, y los chacareros se lucieron al reeditar el típico desfile de implementos agrícolas.[158]

Una de las novedades del centenario fue la participación en los festejos de la iglesia católica local, que había sido inaugurada en 1960, cuyo párroco organizó una misa de campaña presidida por el obispo de la diócesis de Rafaela, Monseñor Héctor Gabino Romero. En la madre de las colonias judías, los vecinos católicos ya eran mayoría, y reclamaban un lugar dentro del relato histórico local.[159] Otra novedad fue la gran cantidad de lugares de memoria inaugurados para la ocasión. Sobre el acceso que comunica al pueblo con la ruta 13 fue emplazado el Monumento del Centenario, una escultura de cemento diseñada por el arquitecto Resnick que combinaba tres figuras: el número cien, la forma de un barco y la de un candelabro ritual judío. En el otro acceso, que comunica con la ruta 34, se construyeron dos arcos conmemorativos recordando que por ese lugar habían llegado a pie los pioneros que fundaron la colonia, a fines de 1889. Frente a una de las esquinas de la plaza San Martín fue colocada la Fuente del Centenario, obra de Etty Gerson, mientras que en el terreno antes ocupado por una sinagoga que había sido demolida se instaló un monolito que recordaba la existencia del templo. También hubo una *performance* de la memoria que reproducía el itinerario trazado por los pioneros, consistente

---

[158] *Hoy en la noticia*, 1/11/1989; *El Litoral*, 30/10/1989; "Centenario de Moisés Ville", *La Nación*, 4/10/1989.

[159] La población judía para todo el distrito Moisés Ville, que comprende al pueblo y a un área rural circundante de 30.000 ha, era en 1989 de setecientos individuos.

en una caminata desde la estación Palacios hasta Moisés Ville, distante quince kilómetros por una ruta de ripio. La llamaron la "Caminata del Recuerdo". Incluso se estrenó una obra de teatro titulada *Los duendes del Centenario*, de Antonio Germano, y se inauguró el Bosque del Centenario. Gabriel Omar Palo, un muchacho residente en la colonia vecina Humberto Primo, fue el encargado de ponerle música a los festejos, ya que resultó ganador del concurso "Canción del Centenario".[160]

Quizá la proliferación de lugares de memoria erigidos en Moisés Ville se relacione con cierta nostalgia que produjo el hecho de que, a esa altura, la JCA hubiera cerrado sus oficinas argentinas para siempre, dando por concluido el ciclo histórico de la colonización en forma oficial. Sin embargo, un fragmento tomado del discurso pronunciado en los festejos por el presidente de la AMIA, Hugo Ostrower, permite entrever que el centenario también coincidió con una toma de conciencia respecto de la memoria judía en la Argentina por parte de la dirigencia comunitaria. Ostrower se refirió con preocupación a la desmemoria, y expresó que los testimonios de la colonización "se diseminaron en diarios y revistas, quedando en relegados estantes de bibliotecas y casi inexistentes archivos comunitarios", circunstancia que constituía "una afrenta a la propia memoria colectiva del judaísmo".[161] En realidad, lo preocupante era que la pérdida de memoria podía leerse como síntoma de un problema mayor, la pérdida de identidad. Uno de los organizadores de la Semana de los Hijos de las Colonias Agrícolas Judías dijo en una reunión que la comunidad debía hacer un examen de conciencia

---

[160] Libro de Actas del Comité de Festejos del Centenario: 11-94.
[161] "Acontecimiento argentino y comunitario por los cien años de Moisés Ville", *Nueva Presencia*, 3/11/1989: 3-5.

"para evaluar la situación en que estamos insertos a cien años de la colonización", e hizo extensivo a sus colegas el siguiente pedido:

> Tengamos el coraje de reflexionar sobre el duro embate desjudaizante que se abate sobre nuestra comunidad, con la alarmante proliferación de casamientos mixtos (hasta alrededor del 70 por ciento en algunos lugares del interior) y la multiplicación de sepelios de judíos en cementerios extracomunitarios, ante el pertinaz silencio de nuestra conducción institucional.[162]

Los presentes en esa reunión, entre quienes se encontraba Ostrower, coincidieron respecto de que la desmemoria favorecía la pérdida de identidad. Uno de ellos se refirió a la desconcertante ausencia de la Argentina en el *Bet Hatfutzot*, el museo israelí de la diáspora creado en 1978, por lo que reclamó un fuerte empeño para

> rescatar del olvido tramos significativos de la composición socioeconómica de la comunidad en sus años de cristalización, como lo fueron los agricultores, artesanos, obreros y otros estamentos articulantes en el proceso formativo institucional.

Ostrower refrendó el sentimiento general al proponer que "aprovechemos en plenitud la fecha para sacudir el inmovilismo enfermizo e impulsar energías para iniciar un nuevo tramo hacia arriba en la evolución comunitaria".[163] Por lo visto, el mensaje enviado por los organizadores del centenario buscaba apuntalar la memoria judeo-argentina como un antídoto contra la creciente asimilación percibida por los dirigentes.

---

[162] "La Kehilá impulsará los festejos del Centenario de la colonización", *Mundo Israelita*, 17/3/1989.
[163] *Mundo Israelita*, 17/3/1989.

Desde la tribuna de *Mundo Israelita*, Eliahú Toker insistía respecto de la falta de memoria histórica en estos términos: "Que los individuos no tengan conciencia de su historicidad y (...) del valor de su memoria, resulta casi natural; pero que una comunidad no tenga conciencia del valor de su propia historia, constituye un signo de autodesprecio". Para Toker, si bien la judería argentina había "destruido sistemáticamente los testimonios de su propia memoria", al menos ciertos indicios mostraban una incipiente toma de conciencia, como la creación de una asociación judeo-argentina vinculada al mencionado *Bet Hatfutzot*, la edición de *Pioneros de la Argentina* (Manrique Zago, 1982), la fundación de la organización internacional Latin American Jewish Studies Association (LAJSA) y la creación del Centro Marc Turkow, en AMIA. En efecto, para Toker, la conmemoración del centenario:

> parece haber despertado, de pronto y al mismo tiempo, a una cantidad de instituciones (...). Y cada una comenzó, improvisadamente, su propia campaña. Escuelas y clubes, templos y comunidades, comenzaron así a recolectar fotografías y documentos, a pedir cartas y testimonios.[164]

Aprovechando ese impulso, un grupo de dirigentes propuso crear una "Casa de la memoria judeoargentina", aunque, según parece, la institución nunca llegó a existir. Otros emprendimientos apuntaron a reforzar la pertenencia judía en comunidades con una población menguante. La AMIA, el Joint y el Vaad Hakehilot lanzaron el "Proyecto global de apoyo a pequeñas comunidades del

---

[164] "La judería argentina y su memoria", *Mundo Israelita*, 11/8/1989, página 3. Ver también *Nueva Presencia* 25/9, 24/4 y 1/5 de 1981.

interior", que preveía el envío de rabinos para las festividades del calendario religioso, maestros judaicos y materiales de estudio.[165]

Los principales periódicos nacionales publicaron numerosas notas referidas a la conmemoración del centenario, que fue declarada "de Interés Nacional" por la Cámara de Diputados de la Nación.[166] *Clarín* también publicó una reseña histórica sobre los comienzos de la colonización y aprovechó la ocasión para comparar los avances logrados en la época de la inmigración masiva con el presente argentino, signado en ese entonces por la crisis económica.[167] A lo largo del año, el matutino publicó varios testimonios de descendientes de colonos que aún vivían en el campo.[168] Por su parte, un suplemento especial preparado por varios redactores de *Ámbito Financiero* elogiaba las contribuciones judías a la construcción del país en términos un tanto grandilocuentes: "¿cómo expresar su contribución [de los judíos] a la vida

---

[165] Ver en *Mundo Israelita* "Sepelios en cementerios extracomunitarios" (19/5/1989), "La kehilá concurre en apoyo firme de las escuelas" (5/5/1989) e "Instrumentos de la continuidad" (23/6/1989).

[166] "Declaran de interés general la celebración", *Mundo Israelita*, 14/4/1989.

[167] "De los pogrom a Moisés Ville", *Clarín*, 16/8/1989. La Editorial de ese día, titulada "Hace cien años", también se refirió a las colonias: "la primera de ellas es la legendaria Moisés Ville", *Clarín*, 16/8/1989.

[168] "Días de fiesta en Moisés Ville", *Clarín*, 30/10/1989: 22 y 23, y "Entre recuerdos y trabajo", 1/11/1989. Por ejemplo, la nota del 30 de noviembre, a doble página y con varias fotografías, enumera los motivos por los cuales la gente fue emigrando del pueblo. Entre ellos menciona las dificultades de los hijos para colonizarse, ya fuera porque no recibían tierras o porque las recibían en campos lejanos a los de sus padres, con lo cual no podían compartir el uso de maquinaria y demás bienes de capital. También se refiere a los avatares típicos de la actividad agropecuaria: las invasiones de langosta, las sequías y las inundaciones, que, combinadas con las noticias que llegaban desde Buenos Aires acerca del progreso industrial de los textileros judíos, hacían tentadora la partida de los jóvenes de un pueblo cuyo aislamiento se acentuó cuando el tren dejó de pasar, en la época de Martínez de Hoz. Al día siguiente, el diario publicó otra nota en la que Sibila Camps recorría la trayectoria familiar de un matrimonio de alemanes llegados a Moisés Ville en 1939.

socio-político-cultural-económica-deportiva de la Argentina?".[169] También *La Nación* publicó notas históricas sobre la trayectoria de la colectividad, aunque contenían varios errores que fueron detectados y enmendados en las cartas de varios lectores del diario.[170] Los periódicos santafecinos *Hoy en la Noticia*, *El Litoral* y *La Opinión de Rafaela* no le fueron en zaga a los capitalinos, dedicando largas notas al tema del centenario. En algunos medios, los festejos funcionaron como un disparador que permitió plantear preguntas relativas a diversos aspectos de la historia y de la identidad judía en el país, tales como el teatro ídish, la gastronomía y el deporte. Por ejemplo, una nota que se basaba en un informe realizado por organismos comunitarios, tituló: "Termina un mito: hay judíos que son pobres".

Como cabía esperar, los medios comunitarios se sumaron a la conmemoración con entusiasmo. Por ejemplo, el periódico *Comunidades* publicó una serie de trabajos titulada "Los judíos en la evolución agraria argentina", donde se reproducían varios de los mitos de la memoria oficial. Se decía que los colonos no habían llegado escapando de la pobreza, sino únicamente de las persecuciones, que habían dejado atrás buenas posiciones sociales y económicas para meterse "en el desierto y en la selva inhóspita", y que la muerte de Hirsch, ocurrida en 1896, se había debido a una desmejora de su salud provocada por la difamación ideológica que difundía el sionismo respecto de su "obra redentora".[171] *Mundo Israelita* también publicó durante todo el año una serie de notas que repasaban con lujo de detalles distintos aspectos de la historia de

---

[169] Suplemento especial "100 años de presencia judía en Argentina", *Ámbito Financiero*, 12/5/1989. La cita corresponde a "Colonización judía en la Argentina. Una aventura constante", *Ámbito Financiero*, 14/8/1989.
[170] "Roca y los judíos", carta de un lector, *La Nación*, 10/11/1989.
[171] El barón gozaba de buena salud al momento de su muerte, que se produjo súbitamente mientras dormía en su estancia de caza húngara (Frischer, 2004).

la colonización, pero con una mirada mucho más realista y documentada, que incluyó el tratamiento de varios de los elementos subterráneos. Lejos de ocultar el conflicto colonos/JCA, ahora las responsabilidades por las condiciones desfavorables que debieron atravesar los agricultores judíos fueron adjudicadas a los administradores, a los directores y al mismo Hirsch. Una de las autoras de esas notas incluso felicitaba al diario por publicar "el lado malo" de la colonización.[172] Entre los intelectuales y personalidades del campo judaico que publicaron sus puntos de vista en *Mundo Israelita* se encontraban Eliahú Toker, Alfredo Givré, Samuel Tarnopolsky, Simja Sneh, Roberto Schopflocher (como se recordará, uno de los últimos directores de la compañía, autor además de *Historia de la colonización agrícola en Argentina*, publicado por Raigal en 1955) y Samuel Aizicovich (otro antiguo administrador de la JCA).

Balance del capítulo

Las tres conmemoraciones que acabamos de revisar muestran que los emprendedores de memoria apelaron al pasado colono impulsados por coyunturas diferentes, que les impusieron distintas obligaciones comunicacionales, y que sus mensajes estuvieron orientados a diferentes destinatarios. El mensaje codificado en 1939 proclamaba que los judíos eran definitivamente argentinos, y estuvo dirigido al estado y a la sociedad nacional en su conjunto. El símbolo dominante de los festejos fue la figura del General San Martín, que permitía mostrar hacia "afuera" los supuestamente inequívocos sentidos de pertenencia argentinos de la colectividad. En el setenta

---

[172] Se trata de Marchevsky de Cleve (quizás hija de Elías Marchevsky, autor de la memoria *El tejedor de Oro*, que ya analizamos en el Capítulo Uno).

y cinco aniversario, el mensaje cambió de signo, reivindicando el derecho al pluralismo. Para entonces, cuando la mayoría de los judíos argentinos eran nacidos y criados en el país, la experiencia del Holocausto había creado un deber de memoria y una necesidad de reivindicación del derecho a la identidad etno-religiosa. Además, las instituciones comunitarias más importantes tenían una orientación ideológica muy definida hacia el sionismo, lo cual fortalecía sus deseos de legitimar ese derecho al pluralismo. En consecuencia, los destinatarios del nuevo mensaje parecen haber sido especialmente los jóvenes, cuya fuga de las filas comunitarias hacia la nueva izquierda latinoamericana amenazaba la continuidad del judaísmo vernáculo, y cuyo derrame hacia la derecha, dentro del marco del movimiento religioso conservador estadounidense, amenazaba la continuidad en sus puestos de los dirigentes sionistas que lideraban la comunidad. En 1989 el clima era completamente distinto. Durante los años ochenta, el mundo occidental experimentaba el *boom* de la cultura de la memoria (Huyssen, 2001), y en la Argentina alfonsinista se vivía un clima favorable a la legitimación de las colectividades minoritarias que puede apreciarse, por ejemplo, en la sanción de la Ley Antidiscriminatoria (o de penalización de actos discriminatorios, nº 23.592) de 1988, que establecía un marco de protección legal para las minorías hostigadas o discriminadas. En la proliferación de lugares de memoria erigidos en los festejos de Moisés Ville se lee el nuevo mensaje, que señalaba la importancia de recuperar, conservar y difundir el acervo cultural e histórico de los judíos argentinos, y que estaba destinado principalmente a concientizar al propio liderazgo comunitario respecto de su potencial pérdida y olvido.

Algunos aspectos que se mantuvieron constantes en los tres festejos muestran la pregnancia de determinados símbolos y la tendencia a la ritualización de las prácticas conmemorativas. El más importante es la reafirmación de la llegada del Weser como la fecha oficial del origen de la colectividad. En segundo término, el recibimiento de huéspedes a cargo de jinetes criollos, las ofrendas al Padre de la Patria y los desfiles de implementos agrícolas convivieron con la constante convocatoria a presidentes, gobernadores e importantes funcionarios públicos. Ese anhelo de acercar el estado a las culturas vernáculas ha sido detectado por Bodnar en varias conmemoraciones de distintos grupos étnicos residentes en los Estados Unidos, que incluso contaron con la presencia de presidentes de la nación. Por ejemplo, en el centenario de la comunidad noruega, celebrado en 1925, participó Calvin Coolidge, y en el de la sueca, de 1948, se hizo presente Harry Truman (Bodnar, 1992). La cronología conmemorativa que surge de este capítulo también permite establecer un incremento en la exhibición de diacríticos judíos, a la vez que un corrimiento de las actividades hacia Buenos Aires, hecho que acompañó la declinación de la población judía de Moisés Ville. Las repercusiones en la prensa muestran la misma curva ascendente, en tanto el centenario logró una repercusión mucho mayor que la alcanzada por los aniversarios de 1939 y 1964. Otra tendencia observable en la comparación muestra que los elementos subterráneos fueron ganando cada vez mayor visibilidad. Recordemos que, en el centenario, una de las secciones de la muestra "Álbum de una comunidad" estaba dedicada a los judíos llegados antes del Weser, y que las notas de *Mundo Israelita* repartieron culpas sin temor entre los funcionarios de la JCA por los errores que cometió la compañía. Dos años más tarde, en ocasión del centenario de la colonia Mauricio, aparecería por primera vez, en castellano, el controversial libro de Marcos Alpersohn.

Capítulo cinco

Un pueblo museo: activación patrimonial en Moisés Ville (1980-2012)

> En la plaza está parado un hombre, un criollo seguramente. Con anchas bombachas y alpargatas en los pies. Por entre los bigotitos silba una canción española. Usted puede estar seguro, ese criollo es un judío.
> Moisés Ville, mi pequeño pueblito Moisés Ville. Allí donde pasé mis años juveniles ¡Eres un estado judío, eres un orgullo en la Argentina, Moisés Ville!
>
> Jevel Katz[173]

Las conmemoraciones que tuvieron lugar en varias de las ex colonias judías a partir del centenario de 1989 estimularon la puesta en valor del patrimonio vernáculo. Desde entonces, nóveles emprendedores de memoria activaron la conservación de sinagogas, cementerios y edificios emblemáticos, organizaron archivos que contienen documentos sobre el pasado local, crearon museos históricos y fomentaron el turismo cultural. Esos trabajos de la memoria hallaron eco en un público heterogéneo, que visita las ex colonias con diferentes propósitos. Algunos llegan en forma particular, sea para satisfacer una serie de curiosidades e inquietudes personales, para realizar una investigación

---

[173] El original, en ídish, dice así: "Oif der plase, shteit a mentsh, a pundik gevis. Mit breite bombaches, un pargatns oif di fis. Durj di bigotites faift er ois a shpanish lid. Ir megt zain zijer az der pundik iz a id. Mozesvil, main Klein shteitale, Mozesvil. Dortn vi ij hob maine iunge iorn farbrajt. Bist a idishe medine, bist a shtoltz in Argentine, Mozesvil!" La versión en castellano de este fragmento de la canción "Mozesvil" corresponde a F. Fistemberg Adler (2005).

periodística o académica, para filmar documentales o para conectarse con el entono de vida de sus propios antepasados. Otros lo hacen de modo colectivo, tanto en el marco de los viajes que organizan periódicamente algunas instituciones comunitarias judías, como clubes y escuelas secundarias, como en el de los tours que ofrecen agencias privadas, o bien como una salida didáctica que permite a escuelas y colegios de pueblos y ciudades cercanos aprovechar la existencia de museos judíos para trabajar temas del curriculum oficial, como la inmigración, la diversidad cultural, el atentado a la AMIA y el Holocausto.

Aunque existen ciertas generalidades que se repiten de una colonia a otra, expresando los aspectos más visibles de un proceso histórico bastante homogéneo, cada cual promociona sus propias singularidades. Carlos Casares, una ciudad nutrida por numerosas familias de la Colonia Mauricio, se presenta como el primer asentamiento creado por la JCA, y exhibe la casa donde vivió Marcos Alpesohn, el escritor idishista más importante del país y de Latinoamérica. Las colonias del centro de Entre Ríos proponen un recorrido por siete pueblos rurales dispersos en un circuito que une, de sur a norte, a las ciudades de Basavilbaso y Villaguay, y que incluye la posibilidad de alojarse en la estancia del líder cooperativista Miguel Sajaroff (devenida un *hostel*), la de ingresar en una "sinagoga rancho" y la de visitar la chacra donde se crió la célebre productora televisiva y cantante Paloma Efron (1912-1977), más conocida como Blackie. En un alarde de ingenio, la Colonia Rusa, ubicada en la provincia de Río Negro, se promociona como "el asentamiento agrícola judío más austral de mundo" (Kaspin, 2006).

En este capítulo nos concentraremos en la activación patrimonial que tuvo lugar en Moisés Ville, donde desde los años ochenta algunos vecinos se transformaron en verdaderos emprendedores de memoria al crear un museo y un archivo histórico, gestionando declaratorias patrimoniales, inventando una fiesta epónima y auto-organizándose para alojar y guiar a los turistas en sus recorridos por los distintos sitios de interés. En el marco de la 36ª sesión del Comité de Patrimonio Mundial de la UNESCO, de 2012, el Centro Simón Wiesenthal se hizo eco de ese ímpetu emprendedor y propuso que Moisés Ville sea declarado Patrimonio Cultural de la Humanidad, en consideración de que la localidad constituye un "paradigma de la contribución de refugiados al entramado de una nación que abrió generosamente sus puertas a los inmigrantes judíos".[174] Como expresó el delegado moisesvillense Abraham Kanzepolsky en la reunión anual de la Federación de Comunidades Judías de la Argentina, celebrada en AMIA en 2011, oportunidad en la que lo acompañé, Moisés Ville se está transformando en un "pueblo museo".

Una "activación patrimonial" consiste en la puesta en valor organizada de determinado bien cultural, e implica una conjunción de elementos discursivos, políticos y económicos que aportan a la legitimación de identidades, empresas e ideologías (Llorenç Prats, 2005). Según Elizabeth Jelin y Victoria Langland, la activación de la memoria en el ámbito público lleva implícita una intencionalidad narrativa que puede abrir arenas de confrontación y debate con otras interpretaciones y otros sentidos acerca del pasado (2003: 4-5). Concretamente: "los procesos de marcación pública de espacios territoriales han sido escenarios donde se han desplegado, a lo largo de la historia, las más diversas demandas y conflictos" (2003: 1). En la misma línea, Néstor García Canclini plantea una mirada de

---

[174] "Moisés Ville, candidata a Patrimonio de la Humanidad", *Tiempo Argentino*, 13/7/2012.

los procesos de patrimonialización enfocada en la dinámica política y apoyada en el concepto de *capital cultural*.[175] Según ha expresado,

> la reformulación del patrimonio en términos de capital cultural tiene la ventaja de no presentarlo como un conjunto de bienes estables neutros, con valores y sentidos fijos, sino como un proceso social que, como el otro capital, se acumula, se renueva, produce rendimientos que los diversos sectores se apropian en forma desigual (1999: 18).

Y agrega que "si bien el patrimonio sirve para unificar a una nación, las desigualdades en su formación y apropiación exigen estudiarlo también como espacio de lucha material y simbólica entre las clases, las etnias y los grupos" (1999: 18).

Desde un punto de vista antropológico, la activación patrimonial en Moisés Ville permite observar las relaciones entre memoria, identidad y política en una sociedad de pequeña escala, conformada por una población heterogénea en cuanto a lo étnico, lo religioso y lo socioeconómico. En el transcurso de las tres últimas décadas, el pueblo ha experimentado un recambio demográfico producto de dos fenómenos paralelos: la emigración de jóvenes de clase media, en general provenientes de familias dedicadas a la producción agropecuaria, y el ingreso de migrantes internos llegados mayoritariamente del norte del país, atraídos por el bajo costo de vida, ya que el precio de la propiedad y los montos de los alquileres son bastante menores en Moisés Ville que en las localidades vecinas de Sunchales y Humberto Primo, donde algunos de esos nuevos vecinos tienen sus lugares de trabajo. Aunque en las últimas décadas las colectividades conformadas por descendientes de

---

[175] El concepto fue acuñado por Pierre Bourdieu; véase *La distinción* (1979) y *El sentido práctico* (1980).

europeos (judíos, italianos, españoles, eslavos) se redujeron considerablemente, la sociedad local sigue mostrando su faz multicultural debido al creciente número de católicos, protestantes y testigos de Jehová que trajo la nueva ola migratoria. Como muchos otros enclaves de la Argentina en la pos-crisis de 2001, en el pueblo existe una polarización social que tiene en uno de sus extremos a un núcleo próspero, conformado por chacareros, comerciantes, profesionales y empresarios agro-ganaderos generalmente de origen "gringo" y, en el otro, a una población compuesta por asalariados y subsidiados, a veces incluso en situación de vulnerabilidad social.[176] Según pude observar en mis registros de campo, la demarcación residencial y el uso diferencial de espacios de sociabilidad tales como la plaza San Martín o las instalaciones del club Tiro Federal ponen de manifiesto esa polarización en el escenario de la vida cotidiana.

En consecuencia, a pesar de que la colonia fue fundada por inmigrantes judíos, y de que hasta pasada la primera mitad del siglo XX el pueblo haya sido un verdadero enclave étnico judaico, los emprendedores de memoria consustanciados con la preservación del patrimonio representan, a comienzos del siglo XXI, a una minoría demográficamente declinante, obligada a legar, en un futuro cercano, su capital cultural a nuevas generaciones de moisesvillenses no judíos. Esa situación ha originado algunos desencuentros y tensiones entre el grupo de emprendedores, los funcionarios de la comuna y los líderes de la kehilá.

---

[176] Diversas entrevistas a Luis Strass (jefe comunal entre 1987 y 1995), Carlos Solís (pastor de la congregación local de Testigos de Jehová) y Abraham Kanzepolsky (ex directivo de la cooperativa La Mutua, ex vicepresidente comunal e integrante del grupo de emprendedores de memoria).

1. La Jerusalem argentina

El nombre "Moisés Ville" designa a tres entidades geográfico-políticas distintas, a saber: un pueblo surgido a fines de 1889 en la zona centro-oeste de la provincia de Santa Fe, un distrito de 29.100 ha perteneciente al departamento provincial de San Cristóbal que incluye al pueblo, y una colonia agrícola de 118.262 ha que incluía a ambos y que ya no existe como tal. En la actualidad, para llegar al pueblo por una ruta asfaltada, la única opción es ingresar desde el este, tomado un tramo de quince kilómetros que lo conecta con la ruta provincial nº 13, a la altura de Virginia. Aunque también se puede acceder desde otras localidades cercanas, como Palacios o Sunchales, por caminos de tierra. Moisés Ville también supo tener su propia estación de tren: un ramal local lo unía con el Ferrocarril General Belgrano a la altura de Virginia, pero el tramo fue levantado en la década del noventa.

Dentro del pueblo, donde todas las calles del centro han sido asfaltadas, reina la tranquilidad propia de aquellos lugares en los que el tránsito vehicular es mínimo, ya que las distancias de los recorridos cotidianos son cortas, por lo que la mayoría de la gente circula a pie o en bicicleta, inmersa en una fisonomía arquitectónica plana, que encuentra su construcción más alta en el teatro de la Sociedad Kadima, ubicado frente a la plaza San Martín, en una zona que concentra los comercios y los espacios destinados a la vida social. Las actividades económicas más extendidas son la ganadería de invernada, la lechería y la cosecha de leguminosas, forrajes y cereales. En la actualidad también existe una fábrica de mayonesa de la cooperativa SanCor y algunas pymes prestadoras de servicios, como un proveedor de TV por cable y de internet que cuenta con un canal local y con una radio FM. El organismo político de nivel municipal es la comuna (antiguamente denominada sociedad de fomento), cuyo cargo máximo, la jefatura, se extiende por un plazo de dos años y es reelegible indefinidamente. Además de dos escuelas primarias y dos secundarias, el pueblo cuenta con una biblioteca popular, un club deportivo, un museo, tres sinagogas, una iglesia católica, un templo evangelista, otro de Testigos de Jehová, dos cementerios y un hospital. Hacia el este, se extiende La Salamanca, el barrio precario, de calles de tierra, que alberga al sector más vulnerable de la población.

En las últimas décadas, la población del distrito ha decrecido respecto de sus máximos históricos, pasando de albergar aproximadamente a 3.500 habitantes a unos 2.500. Este hecho se relaciona tanto con el proceso de urbanización general experimentado por la Argentina desde los años treinta en adelante como con el crecimiento económico y demográfico reciente de las localidades vecinas de Sunchales, Humberto Primo y Rafaela.

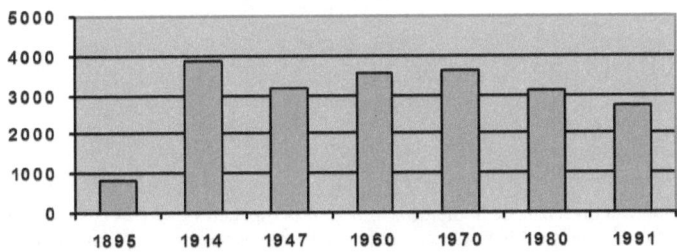

Evolución demográfica del distrito Moisés Ville.[177]

---

[177] Los datos fueron tomados de los censos nacionales (nota: en 1895, Moisés Ville pertenecía al distrito Palacios); 1895: 849, 1914: 3837, 1947: 3166, 1960: 3543, 1970: 3663, 1980: 3091, 1991: 2719, 2001: 2620, 2010: 2557.

Hasta la década del cuarenta, la mayoría poblacional en toda el área de la colonia era de origen judío ashkenazí, y convivía con criollos e inmigrantes italianos, españoles, polacos y ucranianos.[178] A pesar de la existencia de datos censales, tanto estatales como generados por la JCA, resulta complejo precisar la evolución demográfica de los distintos colectivos que integran la sociedad moisesvillense. En el caso judío, esto es problemático no sólo en virtud de los distintos criterios existentes acerca de la identidad judía de personas concretas, sino también porque las cifras no siempre aluden a la misma entidad territorial: los informes de la JCA registran la población de la colonia; los censos nacionales, la del distrito. Por ejemplo, en 1947, la compañía contabilizó en la colonia 5000 "almas israelitas", mientras que la cifra del censo nacional para el distrito fue de 3166 individuos, sin desagregar por religión.[179] La siguiente curva demográfica compara la población judía con la población total dentro del distrito Moisés Ville a lo largo de los últimos setenta años:

---

[178] Sobre la presencia de numerosos inmigrantes españoles y eslavos cristianos en Moisés Ville (y sobre su presunto silenciamiento por parte de los emprendedores de memoria judíos), véanse las siguientes notas de la profesora Sofía Chomiak, ella misma de origen eslavo: "El rescate de una herencia", revista *Qué lindo país, amigos*, enero de 2000, página 11; "Con sabor a girasol", *Castellanos*, 5/7/2004; "Memoria de castañuelas", *Castellanos*, 3/6/2005.

[179] Sólo los censos de 1895, 1947 y 1960 incluyeron la pregunta sobre religión. En 1895, tal como han señalado entre otros Yaacov Rubel (2012) y Francis Korn (2004), y como figura explícitamente en el texto del censo de 1947 (página LXXIII), la pregunta sobre religión no era indicativa de las cifras demográficas reales, en tanto el censista sólo interrogaba a aquéllas personas que no tuvieran aspecto de católicas. Si bien en 1947 la pregunta se hizo a todos los censados, los 4288 israelitas contabilizados corresponden a todo el Departamento de San Cristóbal. Es decir que el dato del distrito Moisés Ville no fue desagregado.

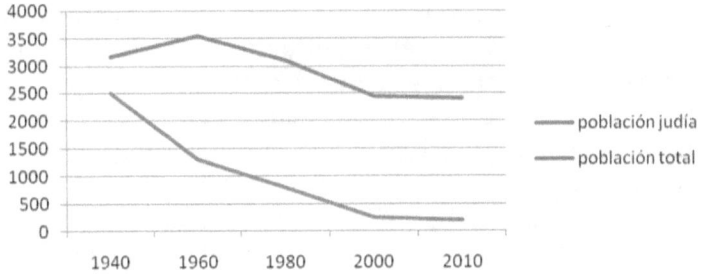

Evolución de la población en el distrito Moisés Ville, 1940-2010.[180]

El gráfico muestra la retracción demográfica de la población judía, que se da tanto en términos absolutos como relativos, y que forma parte de un fenómeno extensible a la mayoría de las colectividades judías del interior del país, cuyas problemáticas son similares: jóvenes que emigran, aumento del promedio de edad, escasez de líderes, cierre de escuelas, abandono de sinagogas y deterioro de los cementerios y del patrimonio edilicio.[181] Uno de los aspectos derivados del proceso de reducción demográfica judía en Moisés Ville es el incremento de la tasa

---

[180] Los datos que utilicé para confeccionar el gráfico son aproximados; fueron tomados de informes de la JCA, de informes comunitarios, de los censos nacionales y de fuentes periodísticas.

[181] Entrevista a Gabriel Salamon, vicepresidente del Vaad Hakehilot (diciembre de 2009). Existen 54 comunidades que cuentan con personería jurídica y están afiliadas al *Vaad Hakehilot*. Un programa de AMIA que apunta a capacitar y formar nuevos líderes brinda algunos recursos mínimos, como enviar oficiantes en las altas fiestas religiosas. Se trabaja sobre tres ejes centrales: educación, culto y solidaridad. También hay problemas financieros (muchos de estos proyectos dependen de aportes filantrópicos) e intergeneracionales: los mayores no aceptan las nuevas formas de expresar la identidad judía (rabinas mujeres, líderes jóvenes, etc.). Sintomáticamente, la emigración subsidiada conforme con la Ley del Retorno del Estado de Israel, conocida como *aliá*, es mucho mayor en las comunidades del interior del país (donde viven algo más del 10% de los casi 300.000 argentinos judíos) que en el área metropolitana. Sobre la población judía de la Argentina, ver Adrián Jmelnizky y Ezequiel Erdei, *La Población Judía de Buenos Aires: estudio sociodemográfico*, AMIA 2005.

de matrimonios exogámicos, hecho que trajo aparejados algunos conflictos. El más importante se relaciona con el deseo de los cónyuges de ser enterrados en el cementerio judío junto con sus parejas, cosa inadmisible según el estatuto de la kehilá, que adscribe a los preceptos religiosos de la ortodoxia. La única forma que tiene una pareja no judía de ser admitida en el cementerio israelita es realizar una conversión ortodoxa, un proceso complejo, que demanda años de estudio y preparación y cuyo tramo final sólo se realiza en Israel y los Estados Unidos.

De acuerdo con las cifras generadas por la kehilá local al momento de finalizar esta investigación (2013), existen en el pueblo 164 hogares judíos que albergan a 258 personas e incluyen a 35 familias conformadas por matrimonios "mixtos" o exogámicos. Es decir que la colectividad judía representa aproximadamente un diez por ciento de la población total. Unas 120 familias se encuentran asociadas a la kehilá, que con los aportes de la cuota societaria hace equilibrio financiero para sostener el funcionamiento de las instituciones.[182] Además de la cuota, otros aportes provienen de un pequeño subsidio que otorga la AMIA de Buenos Aires, del cobro de los servicios funerarios y de la renta que deja un campo de 300 ha que ha sido donado por una de las socias.[183] Pese a la retracción demográfica, la colectividad judía continúa ocupando un lugar de peso en la estructura decisoria de la política local. Esto ocurre tanto en virtud de su capital simbólico, cultural y patrimonial, como de su capital económico, ya que el sesenta por ciento de los campos que tributan en el distrito Moisés Ville aún

---

[182] El dato de las 120 familias asociadas corresponde a 2007.
[183] Las autoridades son elegidas por voto de los socios con cuota al día mayores de veintidós años que tengan una antigüedad mayor a un año. El mandato dura dos años y los cargos incluyen a un presidente, dos vicepresidentes, secretario, tesorero y doce vocales. Fuente: *Estatutos de la Comunidad Mutual Israelita de Moisés Ville*, 1970.

pertenecen a propietarios judíos, cuyos aportes impositivos son determinantes dentro del apretado presupuesto anual de la comuna.[184]

Las prácticas y representaciones relacionadas con la identidad judía en Moisés Ville muestran parámetros cercanos a los de la población judía urbana de la Argentina, aunque con un índice mayor de adhesión a las instituciones. En el plano religioso, se trata de una colectividad de orientación conservadora, de la que aproximadamente una cuarta parte acude a los Kabalat Shabat de la sinagoga Barón Hirsch, la única que aún se encuentra activa los viernes y durante las festividades religiosas más importantes. Aunque en el pueblo no hay rabino, existe un oficiante que lleva adelante las ceremonias en el templo y en el cementerio, y que ocupa el rol de representante del judaísmo local en diversos actos públicos. Muy pocos observan los preceptos cotidianos básicos, como el descanso sabático y el consumo de alimentos avalados por el kashrut, y, aun así, deben transgredirlos ocasionalmente debido a la inexistencia de productos frescos bendecidos o a la eventual necesidad de acudir a reuniones laborales y sociales en el transcurso de los días y horarios prohibidos.

Buena parte de los líderes comunitarios y activistas de la memoria judía se formaron en una escuela hebrea llamada Iahaduth ("judaísmo"), que abrió sus puertas en 1929 y que catorce años más tarde amplió sus instalaciones para dar vida al Seminario de Maestros de Hebreo Yosef Draznin, bautizado así en homenaje a su emblemático fundador (Literat Golombek, 1982: 35-40). El seminario funcionaba por la tarde con programas de estudio consensuados con la AMIA, y llegó a titular a más de 500 maestros

---

[184] Se trata de la tasa anual por hectárea, impuesto equivalente al valor de una cantidad fija de litros de gasoil. Entrevistas a Osvaldo Angeletti, jefe comunal, y a Marcelo Jarovsky, vicejefe comunal (febrero de 2012).

de hebreo que ejercieron en distintos destinos latinoamericanos e, incluso, en Israel. En la década del cincuenta, el seminario incorporó la Casa del Estudiante, una residencia estudiantil que atrajo a cientos de jóvenes provenientes no sólo del área de la colonia, sino también de otras provincias y hasta del exterior del país. La mayoría de los emprendedores de memoria locales han compartido distintas instancias de sus vidas en la escuela Iahaduth y en el Seminario Draznin, adonde concurrieron inicialmente como estudiantes y, en muchos casos, como docentes o directivos. El seminario cesó sus actividades durante los años noventa, mientras que la escuela cerró definitivamente en 2012, aunque actualmente existe un ámbito de educación judía no formal vinculado con el movimiento sionista Hejalutz Lamerjav y con el proyecto internacional Lomdim ("aprendemos"), que se sostiene con aportes norteamericanos.[185] Estos emprendimientos educativos no sólo enseñaban el hebreo moderno, sino que además se identificaban con los valores y con la cultura del Estado de Israel.

2. El museo

A medida que la población judía iba mermando, las instituciones no sólo quedaron vacantes de actividades y de concurrentes, sino también de los fondos necesarios para mantener sus instalaciones. Esa situación llegó a un punto extremo a mediados de la década de 1980, cuando los miembros de la congregación lituana decidieron demoler la sinagoga ashkenazí, un templo construido en 1915 por sus propios antepasados. Los socios alegaron que el

---

[185] Varias entrevistas a Ester Gabriel de Falcov, docente de Iahaduth, tesorera del museo comunal y guía turística.

edificio, que ya no se usaba, se encontraba muy deteriorado por efecto de las filtraciones pluviales, y que su demolición pondría freno a las actividades *non sanctas* que realizaban clandestinamente algunas parejas de jóvenes en su interior. En esos años, también fue derribado otro edificio emblemático del patrimonio judío: la casona en la que había funcionado la oficina local de la JCA, que servía a la vez como vivienda para el administrador de turno y para su familia. En este caso, la decisión corrió por cuenta de un particular que compró el terreno y actuó sin dar aviso a la kehilá ni a la comuna. Un ex residente de Moisés Ville que asistió a los festejos por el centenario de 1989, aludía al estado abandónico del patrimonio judío en estos términos:

> Por la noche se realizó un gran baile y al otro día recorrimos lo que fue nuestro pueblo, la plaza San Martín, el salón Kadima, las bibliotecas, las escuelas, el museo y todos los rincones llenos de recuerdos. Hermosas edificaciones. Recuerdos de una vida intensa, pero ahora vacíos. Sinagogas cerradas y a punto de derrumbarse, bibliotecas atestadas de libros sin desempolvar. Viviendas ahora deshabitadas. Los que fueron bulliciosos negocios, cerrados o venidos a menos.[186]

Quizá los líderes y dirigentes de la comunidad judía local también hayan percibido ese estado de deterioro, ya que desde 1980 asumieron una responsabilidad creciente respecto del patrimonio, implementando distintas soluciones para responder a una variada gama de problemas. La más inmediata fue el traspaso de los inmuebles institucionales en desuso a la órbita de la kehilá, vía donación escritural, así fuera que éstos pertenecieran a particulares o a asociaciones con personería jurídica. Fue el caso, por ejemplo, del edificio insigne del pueblo: el teatro de

---

[186] Fistemberg (2004: 68). Felipe Fistemberg nació en Moisés Ville en 1936 y emigró durante su adolescencia. Sus memorias fueron publicadas en 2004.

la Sociedad Kadima, cuyos asociados donaron las instalaciones a la kehilá en 1982. Más tarde ocurrió lo mismo con las sinagogas "de Brener", donada en 1986, la Arbeter u "obrera", en 1998, y la Barón Hirsch, en 2001. La misma suerte corrieron la escuela Iahaduth y el centro de Jubilados y Pensionados Bet-Am Weisburd (Collado, Del Barco, Guelbert: 2004). En 2009, parte del patrimonio fue puesto en resguardo por iniciativa de los empleados del antiguo Banco Israelita de Rosario, quienes evitaron que las estrellas de David que adornan la fachada y los vidrios del hall interno fueran eliminadas cuando el Grupo Macro absorbió al Grupo Bisel, ya que sus planes de refacción no contemplaban mantener los símbolos judíos.[187] En cambio, el también emblemático edificio de la cooperativa La Mutua Agrícola, que ocupa un cuarto de manzana, fue adquirido por un consorcio de vecinos que instalaron allí locales comerciales, modificando sustancialmente la fachada histórica.

Además de preservar los sitios en peligro, era menester salvaguardar el patrimonio mueble atesorado por los vecinos particulares, que guardaban miles de fotos, documentos y objetos en sus propias casas, así como registrar muestras del patrimonio intangible colectando testimonios orales entre los más ancianos. La iniciativa de salvaguardar los repositorios materiales surgió durante la gestión del interventor comunal Oscar Epstein, quien entre los años 1981 y 1982 pidió a la comisión de cultura, que había sido creada en 1973, que se ocupara de organizar un museo bajo la denominación de "Museo Histórico Comunal y de la Colonización". De acuerdo con los testimonios que recogí, el principal emprendedor durante aquella etapa embrionaria del museo fue Isaac Yacob Salimson,

---

[187] El líder del grupo fue Mauricio Falcov, a la sazón gerente de la sucursal. Entrevistas a Falcov y a su esposa, Ester Gabriel de Falcov.

conocido por todos como "el Mago", apodo que hacía los honores a su ingenio para inventar artefactos. Salimson había nacido en Moisés Ville en 1927, pero se autodefinía como un ferviente ateo, antisionista y militante comunista, por lo que era reticente a autoidentificarse como judío. Sin embargo, cuando se enteró de los planes de demolición de la sinagoga lituana –el templo en el que había rezado su devoto padre toda la vida– organizó a un grupo de vecinos "resistentes" que propusieron a la comuna destinar el edificio para fines sociales, como por ejemplo albergar el futuro museo. Aunque la iniciativa no prosperó, Salimson y sus colegas continuaron activando en la subcomisión de cultura, desde donde lograron recolectar varias reliquias patrimoniales entre los vecinos. Curiosamente, aquel grupo inicial de activistas se nutrió de varios integrantes católicos, liderados por un descendiente de judíos alejado de la grey.[188]

Hacia 1985, el grupo había conseguido suficientes objetos como para que la comuna decidiera instalarlos en un espacio físico concreto. El lugar elegido fue la vieja usina de agua y energía, cuyo amplio edificio se encontraba en desuso desde 1970.[189] Unos meses antes de la apertura, alumnos y docentes del Seminario Draznin organizaron la muestra "Rumbo al Centenario", que exhibió esos materiales en la sinagoga de Brener, conformando el germen de la muestra museológica visible en la actualidad. Pero la usina estaba ubicada lejos del centro y el museo era demasiado improvisado, sin personal rentado ni horarios de atención fijos, por lo que, llegado el año de la conmemoración

---

[188] Los principales activistas de aquel grupo iniciático fueron Enrique Kulemeyer y su esposa (de apellido Alexenicer), Ángela Ibáñez, Maris Quejena, Faustino Scarafía y Alondra Ambach. Entrevista a María Beatriz Muñoz (viuda de Salimson) y a Eva Guelbert (marzo de 2012).

[189] Véase la revista del centenario de Moisés Ville: 32. También, el texto de la disposición en la ordenanza comunal nº 254.

del centenario, la comisión de cultura decidió darle más entidad y lo trasladó al edificio del antiguo correo, ubicado sobre una de las esquinas de la plaza San Martín. Por iniciativa del grupo de emprendedores, y en virtud de las características de la muestra, también se determinó que la institución extendiera su nombre a Museo Comunal y de la Colonización Judía Rabino Aarón Halevi Goldman, en honor al rabino llegado con el grupo de Podolia en 1889.[190]

La casa del correo había dejado de usarse en 1983, y su traspaso a la comuna en calidad de donación fue gestionada por Naúm Guelbert, el antiguo Jefe de Correos y Telégrafos, quien había vivido allí durante treinta y dos años con su familia.[191] Su hija, Eva Guelbert, nombrada desde ese momento directora del museo, ha sido hasta la fecha la líder más activa dentro del grupo de emprendedores de memoria moisesvillenses. Eva se formó en el seminario Draznin, donde luego ejerció como profesora y más tarde como directora. En esos años, contrajo matrimonio con un inmigrante alemán llegado al pueblo de niño, a fines de los años treinta, cuando la JCA logró salvar a numerosas familias del Holocausto trayéndolas a sus colonias argentinas. Con el tiempo, el marido de Eva se convertiría en uno de los ganaderos más importantes del pueblo, al punto de que sus amigos solían compararlo en broma con Felipe II, en cuyo imperio "nunca se ponía el sol". Entusiasmada con la activación patrimonial en ciernes, Eva decidió profesionalizarse, para lo cual obtuvo una Licenciatura en Museología en la Universidad del Museo Social Argentino. Luego se incorporó a la Asociación de Directores de Museos de la República Argentina (ADIMRA), a la Asociación de Museos

---

[190] Ordenanza comunal nº 334, del año 1989. Véanse los textos de Guelbert en la folletería impresa por el museo. Parte de estos datos corresponden a entrevistas realizadas a la ex tesorera Ester Gabriel de Falcov (diciembre de 2009).
[191] Revista del centenario de Moisés Ville: 32.

de la Provincia de Santa Fe y al International Council of Museums (ICOFOM), instituciones que le permitieron participar de la vida académica y tender redes internacionales.

La misión del museo consiste en "promover la conservación, protección, utilización y puesta en valor del patrimonio", así como en "desarrollar docencia, investigación y ayudar a armar proyectos de difusión y concientización" tendientes a su conservación y protección (Guelbert, 2008: 44). Desde la dirección, Eva logró canalizar sucesivas reformas edilicias, entre las que sobresale la construcción de un amplio salón de usos múltiples construido sobre el antiguo patio de la casona del correo, costeado por el gobierno de la provincia de Santa Fe durante la gestión del peronista Jorge Obeid. También organizó un archivo histórico que cuenta con valiosos materiales relacionados con distintos aspectos de la historia local, como informes de la JCA, fotografías, afiches, periódicos, planos, correspondencia y libros de actas de las instituciones judías. Además, organizó un banco de datos genealógicos digitalizado que se encuentra a disposición de los visitantes, que en 2013 sumaban unos cinco mil por año. Aunque el museo es una institución comunal, el municipio sólo se ocupa de realizar tareas de mantenimiento y de abonar el salario de la única empleada rentada. El resto del presupuesto se sustenta con las cuotas abonadas por unos sesenta socios, más las donaciones de visitantes particulares y los ingresos por la venta de algunos libros y souvenirs.[192]

La muestra permanente refleja "el proceso inmigratorio, la historia socio-cultural-educativa de nuestra localidad y de su colonia, los cambios poblacionales y su

---

[192] Los libros que vende el museo son *Génesis de Moisés Ville* (Noé Cociovich, 1987), *Memoria oral de Moisés Ville* (Eva Guelbert, 2008), *Patrimonio urbano y arquitectónico de Moisés Ville* (Collado, Del Barco, Guelbert, 2004) y *Aromas y sabores de las bobes de Moisés Ville* (Ester Gabriel y Lilí González de Trumper, 2006).

incidencia en la evolución del pueblo" (Guelbert 2008: 44). Ocupa las cinco salas de la casona, mientras que en el salón de usos múltiples se suelen montar exhibiciones temporarias. La primera sala, *Orígenes*, está dedicada a las distintas oleadas migratorias que conformaron la colonia. Allí, los visitantes son informados acerca de las circunstancias que impulsaron a los podolier y demás grupos a emigrar, mientras observan pasaportes, mapas de la JCA, un cuadro con la nómina de los viajeros del Weser, recortes de periódicos europeos y diversos utensilios de uso cotidiano exhibidos en estantes y vitrinas. El objeto más notorio es la imagen gigantográfica del rabino Aarón Halevi Goldman, el pionero que en 1889 bautizó al pueblo como *Kiriat Moshé*. El guión del museo que estudian los guías indica que:

> Si bien al principio la inmigración fue netamente judía, se sumaron a ellos otras familias de inmigrantes italianos que se asentaron en la zona y posteriormente en las décadas del 30 y el 40 hubo también inmigración no judía de Polonia y Ucrania como así también la inmigración golondrina que provenía del norte del país y que parte de ella se asentó aquí. Todos ellos ayudaron a conformar lo que fue y es Moisés Ville.

En la segunda sala, *Moisés Ville y sus colonias*, se exhibe el objeto más preciado: un gran cuaderno traído de Podolia en el que el colono Pinjas Glasberg registraba nacimientos, defunciones y casamientos en hebreo, antes de que hubiera en la zona un juez de paz. Simbólicamente, este hecho refuerza la idea de que la colonia fue administrada por los inmigrantes judíos antes incluso que por el propio estado argentino. Sobre todo porque, a posteriori, el gobierno provincial dio al libro de Glasberg el estatus de un documento público legítimo. El guión relata la aventura de los pioneros, desde el inicio de sus gestiones para emigrar hasta el momento de su instalación en las chacras, incluyendo varios de los aspectos que forman parte de los textos conmemorativos que analizamos en el Capítulo Tres, como la muerte de los sesenta y un niños en Palacios y la dispersión de varias familias por pueblos y ciudades. Según el texto, si bien no existe un acta de fundación de Moisés Ville, el asentamiento se habría realizado en octubre de 1889, luego de la festividad de *Sucot.*

Sigue la sala *Instituciones,* que contiene mobiliario procedente de la cooperativa La Mutua Agrícola, de la Sociedad Kadima, de las escuelas y de las sinagogas. Además de algunos objetos religiosos, como un traje de cantor litúrgico y los tabernáculos de dos sinagogas que ya no existen (la lituana y otra del pueblo Monigotes), se exhiben instrumentos de los músicos de la colonia y una colección completa de *El Alba* que puede ser consultada por el público.[193] Las guías describen los años de la *belle époque* en estos términos, tomados textualmente del guión impreso:

> La Kadima desarrolló una descollante vida socio-cultural (…) En la década de 1930, para que un espectáculo teatral tuviera éxito en Buenos Aires, debía presentarse previamente ante el culto público de Moisés Ville y recibir su aprobación.

Finalmente, la sala de *Los artesanos* narra la historia de los trabajadores urbanos que no recibieron tierras o que no pudieron sostenerse como colonos. Hay objetos pertenecientes a sastres, panaderos, fabricantes de ladrillos, horticultores, hojalateros, herreros, talabarteros, fabricantes de soda y comerciantes. Sobre la quinta y última sala, denominada *Evolución tecnológica,* donde pueden apreciarse objetos tales como las primeras lamparitas eléctricas, heladeras y máquinas de escribir, dice el guión que "en

---

[193] El tabernáculo es el cofre que guarda los Rollos de la Ley o Torá.

ella hemos querido reflejar la evolución tecnológica y los cambios que se han producido en el mundo pero también en nuestra localidad".

3. El patrimonio arquitectónico

Los mecanismos ideados para evitar el deterioro del patrimonio edilicio que puso en práctica la kehilá a comienzos de los años ochenta fueron sólo la primera de una serie de etapas en la activación patrimonial. Para conseguir subsidios y destinarlos a la conservación duradera de esta clase de inmuebles, es necesario obtener declaratorias patrimoniales que implican la realización de complejas gestiones, en las que deben articularse instancias decisorias de nivel local, provincial y estatal. La encargada de llevar adelante esas gestiones fue la directora del museo, Eva Guelbert. En 1995, Eva consiguió que la comuna aprobara una ordenanza que facultaba al municipio a declarar "de interés" los edificios históricos que se encontraran en riesgo de deterioro, así como a resarcir impositivamente a sus propietarios que se ocuparan de mantenerlos. En 1998, sus esfuerzos hallaron eco en la delegada regional de la Comisión Nacional de Museos, Monumentos y Lugares Históricos, la arquitecta Adriana Collado. Luego de su primera visita, Collado quedó positivamente impresionada con el patrimonio local, y determinó que Moisés Ville tenía argumentos de sobra para transformarse en Pueblo Histórico Nacional. Aun así, obtener una declaratoria semejante no era sencillo. Para poner un ejemplo cercano, sólo el centro urbano de la famosa colonia santafecina Esperanza fue declarado Sitio Histórico Nacional. Los aspectos más relevantes de la fundamentación que redactaron Guelbert y Collado para que Moisés Ville fuera declarado Pueblo

Histórico fueron el tipo de asentamiento y de traza urbanística, de estilo europeo oriental, la existencia del primer cementerio judío del país, el estatus de primera colonia judía organizada e independiente de la Argentina y la presencia del primer rabino, matarife y circuncidador. Collado también propuso gestionar una declaratoria para la sinagoga de Brener, la única de las tres que, como no había sufrido refacciones, reunía los requisitos necesarios para ser nombrada Monumento Histórico Nacional.[194]

Una vez que las declaratorias fueron aprobadas, en 1999, el paso siguiente consistió en efectuar un relevo edilicio, condición necesaria para solicitar los fondos destinados a restauración y mantenimiento de los inmuebles patrimoniales. Un estudio de esta naturaleza implicaba conseguir los planos originales y reseñar la historia de cada edificio basándose en documentos legítimos. Luego de varios desencuentros con funcionarios de la comuna, que no estaban dispuestos a costear el relevamiento, y con integrantes de la kehilá, que se negaron a entregar los planos de la escuela Iahaduth y de la Sociedad Kadima, en 2001 Collado consiguió que un grupo de profesores y alumnos de la Facultad de Arquitectura de la Universidad del Litoral confeccionara los planos en forma gratuita, mientras Eva y sus colegas se ocupaban de hacer el relevo documental. Los motivos de las desavenencias entre el museo, la comuna y la kehilá no me fueron develados, pero podrían obedecer a rivalidades políticas. Concretamente,

---

[194] Inaugurada en 1909, su nombre legal es Sinagoga de la Sociedad Unión Israelita Beith Hamidrash Hagadol, pero se la conoce popularmente como la sinagoga de Brener por el apellido del vicepresidente de la sociedad que llevó adelante la edificación; también se la conoce como la poilishe shul, o sinagoga de los polacos. Cada una de las cuatro sinagogas de Moisés Ville reunía públicos diferentes: la Barón de Hirsch era la de la gente "acomodada", la Arbeter, la de los trabajadores, la poilishe era la de los inmigrantes polacos y la litvishe o ashkenazí, la de los lituanos (Collado, Del Barco, Guelbert, 2004).

los integrantes de la kehilá, y, por extensión, la mayor parte de la colectividad judía local, se identifican con el radicalismo, mientras que Eva trabó buenas relaciones con el gobernador justicialista Jorge Obeid y con el jefe comunal Osvaldo Angeletti, electo desde 2007 en adelante en representación del Frente Para la Victoria, un partido de orientación justicialista.[195] Según me contó Eva, su acercamiento a los peronistas Obeid y Angeletti no fue ideológico sino estratégico: su propio padre, Naúm, el Jefe de Correos y Telégrafos, había sido castigado por el peronismo por no haberse afiliado al partido justicialista. Al poner de lado la ideología política, Eva logró que un gobernador y un jefe comunal peronistas colaboraran en distintas instancias con el museo. Otros desencuentros ocurrieron cuando Collado sugirió derivar el proyecto a la ONG internacional World Monuments Fund (WMF), para lo que debió solicitar las firmas de funcionarios de la comuna y de la kehilá (esta última en calidad de propietaria de los inmuebles). También, cuando Eva propuso que la kehilá, que cuenta con personería jurídica desde 1923, constituyera una ONG, lo que le habría permitido gestionar fondos prescindiendo de la anuencia de la comuna.

Una vez obtenidas las firmas de dirigentes y funcionarios locales, Eva Guelbert y Adriana Collado enviaron el proyecto a la WMF, que colocó a la sinagoga de Brener dentro de la lista de los cien edificios patrimoniales en situación de peligro a nivel mundial.[196] Paralelamente, iniciaron gestiones para obtener un subsidio de 150.000 pesos, aportado en 2009 por la secretaría de cultura de la provincia, que fue destinado a una obra de aislación de la

---

[195] Obeid fue gobernador en los períodos 1995-1999 y 2003-2007, alternándose con Carlos Reutemann.
[196] "El caso de la sinagoga", *Página 12*, 16/6/2007.

humedad de cimientos en el templo.[197] Más tarde, el Poder Ejecutivo Nacional otorgó 950.000 pesos para completar la restauración definitiva. La obra fue inaugurada el 6 de septiembre de 2012, en un acto celebrado en las instalaciones del teatro Kadima que fue transmitido para todo el país por cadena nacional. La presidenta de la nación, Cristina Fernández, participó del acto por video-conferencia, e incluso mantuvo un breve diálogo público con Eva y con el jefe comunal peronista, Osvaldo Angeletti.

---

[197] La gestión fue llevada adelante por María de los Ángeles González, quien trabajó en la secretaría de cultura de Rosario y asumió luego en la provincia (durante las gestiones de Hermes Binner como intendente, primero, y como gobernador, después).

La sinagoga de Brener, antes y después de la restauración.

4. Rencillas interculturales

Más allá del deterioro del patrimonio edilicio, durante los años previos a la conmemoración del centenario, los líderes comunitarios advirtieron otra sombra cerniéndose sobre la memoria de la Jerusalem argentina: buena parte de los nuevos vecinos arribados al pueblo durante las últimas décadas desconocían por completo la historia vernácula. Las primeras alertas provinieron de las escuelas primarias, donde docentes llegadas desde localidades cercanas enseñaban que Moisés Ville había sido fundado por un tal barón Hirsch.[198] Si bien el error seguramente obedecía a la omnipresencia iconográfica del barón, sustentada por un busto, una avenida, una sinagoga, un hospital, una biblioteca y varios retratos suyos decorando las

---

[198] Entrevista a Eva Guelbert (marzo de 2009).

instituciones, el grupo de emprendedores comprendió que debía impartir algunas nociones básicas a la vecindad, y, especialmente, a los jóvenes, futuros encargados naturales de velar por la conservación del patrimonio. Como señala Marc Augé: "Cuando las aplanadoras borran el terruño, cuando los jóvenes parten a la ciudad o cuando se instalan 'alóctonos', en el sentido más concreto, más espacial, se borran, con las señales del territorio, las de la identidad" (1992: 54).

En los dos planos que siguen, correspondientes a 1935 y 2012, se aprecia la expansión del tejido urbano sobre una antigua zona de chacras ubicada al sur y al oeste. Como la población del distrito se mantuvo prácticamente constante entre ambos períodos, incluso mostrando un leve decrecimiento, se deduce que desde que el pueblo comenzó a ofrecer mayores comodidades, tales como tendido eléctrico, asfalto, servicios sociales y una red más amplia de comercios, recibió a varias familias que antes vivían en las chacras. Además, en el segundo plano se puede ver el barrio La Salamanca, un asentamiento poblado por migrantes internos llegados en general del norte del país.

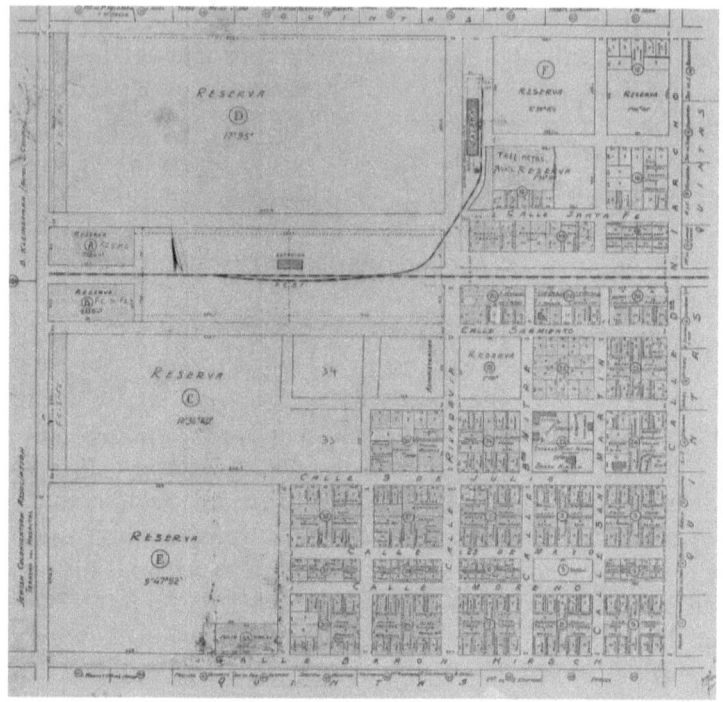

Plano de 1935. El rectángulo horizontal vacío que se ve abajo a la derecha es la plaza San Martín.[199]

---

[199] Museo Comunal y de la Colonización Judía Rabino Aarón Halevi Goldman.

Plano correspondiente a 2012. La plaza San Martín aparece casi en el centro, en un rectángulo cruzado por una equis. A la derecha, debajo del viejo tendido ferroviario, se ve la cuadrícula de 8 x 4 manzanas rectangulares del barrio La Salamanca.[200]

La institución que asumió la tarea de difundir conocimientos acerca del pasado local fue el museo, que desde entonces dispuso la organización de distintas muestras y actividades que apuntan sobre todo a los alumnos y docentes de las escuelas, a quienes se invita a realizar los trabajos prácticos de materias tales como historia, instrucción cívica, literatura, plástica y comunicación social, lo que les permite consultar materiales en el archivo, la hemeroteca, la biblioteca y la filmoteca. Entre 2004 y 2007, el museo lanzó el proyecto "Al rescate de nuestra identidad", en el que los alumnos de ocho escuelas primarias y secundarias

---

[200] Fuente: trabajo realizado en 2012 para la fundación Jewish Heritage por Mijal Doukarsky, Nadav Madanes e Iván Cherjovsky.

de la zona realizaron trabajos de investigación focalizados en la recolección de "dichos, anécdotas, juegos, danzas, música, costumbres y tradiciones" moisesvillenses, y cuyos resultados luego fueron exhibidos en una muestra colectiva abierta a la comunidad (Guelbert, 2008: 57). De acuerdo con su fundamentación, el proyecto buscaba favorecer la integración intergeneracional con vistas a "fortalecer y preservar la identidad local", a la luz de los fuertes cambios poblacionales experimentados a partir de la última década del siglo XX (2008: 14 y 57).[201]

Los planes para que la población actual de Moisés Ville, que es mayoritariamente católica, "recupere" una identidad histórica ligada a lo judío, ocasionaron diversos desencuentros entre la comuna, la kehilá y los emprendedores de memoria. En mis registros de campo, realizados a lo largo de cuatro años, varios integrantes de la colectividad judía me manifestaron sus preocupaciones respecto del futuro identitario del pueblo. Un episodio en el que afloraron las rencillas interculturales tuvo lugar cuando, por sugerencia de la Dirección de Turismo de la Provincia de Santa Fe, a mediados de la primera década del siglo XXI la comuna se propuso crear una fiesta tradicional anual cuyo sentido fuera más allá de los meros aniversarios de la creación de la colonia. Para entonces, los vecinos de San Cristóbal, Ceres y Humberto Primo ya celebraban anualmente las fiestas del Caballo, el Zapallo y la Bagna Cauda.[202] En ese espíritu, la comuna invitó a los vecinos

---

[201] Este proyecto integrador contrasta con otros casos mencionados en la bibliografía. Al investigar qué grupos fueron convocados para contar la historia en el museo local y en los festejos del centenario de Villa Clara, Freidenberg (2009) encuentra un predominio del componente judío y europeo (suizo-franceses y alemanes del Volga). En segundo lugar, parecían los gauchos y criollos, mientras que los migrantes internos recientes, pobres y racializados, fueron ciertamente discriminados.

[202] Entrevista a Beatriz Ferrero de Smulovitz (mayo de 2009).

a reunirse periódicamente en el marco de un comité de voluntarios que debía organizar todos los detalles de la nueva fiesta epónima. Más allá de determinar la dinámica propiamente dicha, consistente en el típico paquete de música, gastronomía, espectáculos humorísticos, concursos de belleza y discursos, lo que debía decidir el comité era el título y el significado de la fiesta, es decir, un símbolo que representara a Moisés Ville y lo proyectara hacia el futuro. Durante las primeras reuniones, algunos de los participantes sugirieron que, en vista de la particularidad histórica local, el título debía ser "Fiesta de la Colonización Judía". Como la idea no obtuvo el quórum necesario, el ala "pro identidad judaica" del comité volvió a la carga con títulos alusivos a las delicias de la repostería ashkenazí que se consumen en el pueblo, y que elaboran incluso algunos vecinos no judíos. No obstante, ni la Fiesta del Kamishbroit, ni la del Strudel, lograron el voto mayoritario.[203]

Así las cosas, una de las integrantes expuso una idea más ecuménica: había que celebrar la Fiesta de Integración Cultural, lema que interpelaba a todos los sectores del pueblo, conformado, de hecho, por sucesivas generaciones de judíos, italianos, españoles, alemanes, eslavos, criollos, aborígenes, católicos, testigos de Jehová y evangelistas. La idea tomó cuerpo, y los presentes se abocaron a esgrimir argumentos de índole histórico y folklórico que la justificaran *ex post*. En primer lugar, adujeron que los pioneros del Weser habían sido auxiliados por dos familias de colonos italianos que los ayudaron a llegar desde Palacios hasta Moisés Ville, en aquélla suerte de peregrinación fundacional. En segundo término, los inmigrantes judíos habían dejado sus ropajes europeos muy pronto, para adoptar el atuendo rural de los criollos. Tercero: las

---

[203] Entrevista a Golde Gerson (mayo de 2009).

recetas de la gastronomía ashkenazí que habían fracasado a la hora de denominar a la fiesta, ahora fueron incorporadas como otra evidencia de que los usos gastronómicos locales eran un subproducto de la integración cultural. Esos platos no sólo se seguían consumiendo, sino que también mantuvieron sus denominaciones originales en ídish. Estos argumentos llevaron al comité a proclamar a Moisés Ville como "Cuna de Integración Cultural": la tradición había sido inventada una vez más.

Para Eric Hobsbawm, el concepto de "tradición inventada" remite a

> un grupo de prácticas, normalmente gobernadas por reglas aceptadas abierta o tácitamente y de naturaleza simbólica o ritual, que buscan inculcar determinados valores o normas de comportamiento por medio de su repetición, lo cual implica automáticamente continuidad respecto al pasado. De hecho, cuando es posible, normalmente intentan conectarse con un pasado histórico que les sea adecuado.

Este proceso se hace visible a los ojos del analista a partir del "contraste entre el cambio constante y la innovación del mundo moderno y el intento de estructurar como mínimo algunas partes de la vida social de éste como invariables e inalterables" (2002: 8). La mujer que inventó la fiesta tradicional de Moisés Ville se llama Lilí González de Trumper. Entrerriana y católica, González llegó al pueblo en 1957, recién recibida de docente, para dictar materias del área de lengua y literatura. Allí conoció a Nosen Trumper, miembro de uno de los clanes familiares más importantes de la colonia, vinculado históricamente a la política municipal y comunitaria.[204] Consumado el casamiento, Lilí

---

[204] Su suegro, Boris (Bernardo) Trumper, llegado en 1904 como colono, ejerció las funciones de juez de paz y de comisario. En sociedad con un hermano farmacéutico, compró campos a crédito y llegó a tener una explotación ganadera de

debió adecuarse a un entorno sociocultural que le resultaba completamente desconocido. Según me contó, "Moisés Ville era todo judío. Una vez me invitaron a un *bris* [circuncisión] y dije no, gracias, yo no juego a las cartas". Si bien fue aceptada e incluida por su familia política y por la sociedad judía local, jamás consideró la posibilidad de convertirse al judaísmo; tampoco quiso unirse a las instituciones judaicas que la invitaban a sumarse a sus filas, ya que consideraba que no la representaban. Aunque hoy en día se hace llamar Trumper, Lilí no reniega de su parte González. En su opinión, las negativas del comité de vecinos a dar a la fiesta un sentido estrictamente judaico se debieron a que "el Moisés Ville de hoy es una sociedad híbrida; ahora hay un espíritu católico".[205]

Pese a las inteligentes mediaciones de Lilí, las rencillas interculturales prosiguieron. En 2009, algunos vecinos judíos me manifestaron su desazón ante la ausencia del jefe comunal en la celebración de Iom Haatzmaut (el día nacional israelí), ausencia que fue leída como un hecho inédito en la historia local. El jefe comunal que rompió la costumbre de asistir al acto judío secular más importante del año es un católico descendiente de italianos, casado con una mujer judía. Ese mismo año también pude observar otro conflicto, relacionado en este caso con los festejos por el ciento veinte aniversario del pueblo. Hasta entonces, como había sucedido desde el cincuentenario, los aniversarios locales conmemoraban los inicios de la Colonización Judía en la Argentina. Sin embargo, en esa ocasión se celebró la Fundación de Moisés Ville. La decisión produjo tensiones dentro del comité de festejos, un espacio

---

más de 3.000 ha en San Cristóbal. Su marido se mantuvo siempre involucrado en la vida política: fue dos veces jefe comunal y también presidente de La Mutua Agrícola. Entrevista a Lilí González de Trumper (mayo de 2009).

[205] Entrevista a Lilí González de Trumper (mayo de 2009).

pluralista que suele incluir a vecinos de distintas religiones y orígenes étnicos, donde, nuevamente, se generó una interna conformada por dos bandos. Uno tenía por lema "Moisés Ville por los moisesvillenses", y estaba claramente interesado en comenzar a despegarse del pasado judaico para mostrar la actualidad del pueblo. Una de las primeras decisiones que impulsó fue bastante desafortunada: había que suprimir la tradicional ejecución del himno del Estado de Israel durante el acto oficial de la plaza San Martín.[206] Irritado, el bando "pro conservación de la identidad judía" decidió retirarse y organizar unilateralmente un evento paralelo, por lo que ambos grupos terminaron disputándose al público: mientras en el teatro Kadima actuaba un conjunto rosarino de música klezmer contratado por la kehilá, en la plaza San Martín tuvo lugar un espectáculo de fuegos artificiales programado por la comuna, exactamente para el mismo horario. De todos modos, los organizadores judíos lograron captar a buena parte del público extra-comunitario, ya que habían solicitado al grupo rosarino que incluyera en su repertorio *covers* de Serrat, Sabina, Mercedes Sosa, Baglietto y Soledad Pastorutti.[207]

Según me contó en una entrevista la presidenta del conflictivo comité de festejos de 2009, María Rosa Udrisar, el propósito del bando anti judaico no era silenciar la memoria de la colonización judía, sino atraer a la "gente nueva, llegada del norte de la provincia, que no se acerca a las instituciones, ni siquiera a las deportivas". Con ese fin, el

---

[206] En realidad, diez años antes había tenido lugar un episodio similar, pero por un descuido, ya que la orquesta no tenía a mano la partitura del himno, aunque en esa oportunidad el embajador isarelí subsanó la omisión entonando el Hatikva a capela.
[207] Entre los integrantes judíos se encontraban importantes personalidades locales, como la directora del museo Eva Guelbert, el entonces presidente de la kehilá Sergio Mitnik y los ex jefes comunales radicales y judíos Arminio Seiferheld (1983-1987) y Luis Strass (1987-1995).

comité diseñó actividades inclusivas, tales como una exposición de colecciones de objetos particulares de los pobladores: corbatas, etiquetas de ropa, biromes, armas, aperos, etc. También convocó a los vecinos que alguna vez hubieran formado bandas musicales a desempolvar los instrumentos para reunirse nuevamente en un concierto colectivo. Udrizar me relató que algunos integrantes judíos del comité ya habían manifestado reticencias a distintas actividades integradoras que ella había propuesto antes, desde su cargo en la comisión de cultura de la comuna. Por ejemplo, varios criticaron que el coro femenino de Moisés Ville, que reúne a mujeres de distintos credos, cantara villancicos navideños en la plaza central frente a un pesebre viviente. Tampoco vieron con buenos ojos que la comisión ofreciera un taller de rikudim (la danza nacional israelí) abierto a toda la comunidad. Es una cuestión de reciprocidad, me dijo Udrizar: "si querés que el Día del Holocausto o el de Iom Hatzmaut toda la gente vaya, tenés que corresponder". María Rosa Udrisar, más conocida como "la Cuca Mularz", por su apellido de casada, es una de las emprendedoras culturales locales más activas del pueblo. Nacida y criada en la ciudad de Rafaela, pero radicada en Moisés Ville desde 1974, proviene de una familia conformada por un padre católico, de origen alemán, y una madre vasco-francesa protestante. Sus primeras nociones acerca del judaísmo llegaron en los años de estudiante en el Colegio Nuestra Señora de la Misericordia, donde la enseñanza era claramente antisemita: "el diccionario decía judío: avaro; en la sinagoga se adoraba la cabeza de cerdo", me relató Cuca, que al finalizar el colegio hizo caso omiso de esas representaciones y se casó con un judío, Bernardo Mularz, comerciante minorista moisesvillense. Hoy, Cuca se autodefine como una persona "de espíritu pluralista y hippista: profe de bellas artes, ojotas y pelo largo".[208]

La primera edición de la fiesta, celebrada en 2005, logró una convocatoria de público superior a los mil invitados que dejó conformes a los organizadores, aunque excluyó a los sectores populares, en tanto se trató de un evento cerrado, cuyo costo por cubierto era demasiado oneroso para las familias más humildes.[209] Más tarde, en la edición de 2009, los organizadores decidieron que la clase baja igualmente pudiera ingresar a ver los espectáculos en forma gratuita, y que, si así lo deseaban, las familias se llevaran su propia vianda. Particularmente, esa opción me pareció estigmatizante, sobre todo tratándose de una sociedad de pequeña escala, en la que el anonimato es casi inexistente. A partir de la edición de 2013, los organizadores dispusieron otro formato mucho más popular e inclusivo: la fiesta se celebró en la calle, a cielo abierto, sin mesas, y cada cual consumió lo que quiso en los *stands* de comidas montados por los distintos grupos culturales y sociales.

Como era previsible, la Fiesta de Integración Cultural, que al principio se realizaba en mayo, terminó fundiéndose con los tradicionales festejos de octubre por los aniversarios del pueblo que analizamos en el Capítulo Cuatro. La convergencia se dio recién en el ciento veinticinco aniversario, celebrado en 2014. Para el espectador común, la idea de la "integración" se advierte en la coexistencia escénica de elencos folclóricos que bailan malambo seguidos por grupos de rikudim, en la presencia de la bandera israelí junto con la argentina y en la del himno hebreo junto al nacional. Sobre la historia de la colonización queda poco y

---

[208] Entrevista a María Rosa Udrisar (marzo de 2010).
[209] El costo era de 60 pesos por persona.

nada: apenas algunas referencias difusas en los discursos, que señalan que el pueblo fue fundado por inmigrantes judíos llegados de la Rusia zarista. Por eso, algunos vecinos siguen lamentando que el título de la nueva fiesta epónima no aluda a la identidad judía y colona de Moisés Ville, hecho que, según sostienen, podría redundar en una mejor forma de divulgar la historia local y de promocionar el turismo cultural. Desde mi punto de vista, quizás un título judaico hubiera tenido más sentido, sobre todo considerando que las dos declaratorias patrimoniales nacionales obtenidas se relacionan con el pasado judío, que el principal atractivo del Museo Comunal y de la Colonización Judía Rabino Aarón Halevi Goldman radica justamente en el relato acerca de los orígenes de la colonización, y de que la propia comuna promociona el turismo con lemas tales como: "En la tierra de los Gauchos Judíos disfrute de su historia, cultura y gastronomía".[210]

Balance del capítulo

Varios son los factores que hicieron posible que la activación patrimonial moisesvillense se pusiera en marcha. En primer lugar, resultó determinante la existencia del grupo de emprendedores de memoria comandado por Eva Guelbert, una líder que logró profesionalizarse y tender fructíferas redes extramuros. El éxito de sus gestiones se debe no sólo a la pericia política, el empuje personal y a su formación como museóloga, sino también a que supo conformar un canal de participación ciudadana alternativo a la dirección de cultura comunal, desde donde fue capaz de dialogar con la kehilá y con la comuna en forma

---

[210] Folleto impreso por la Subcomisión de Cultura y Turismo.

independiente. En segundo término, también fue clave la coparticipación instrumental y presupuestaria de distintas agencias estatales y transnacionales, que coadyuvaron en las gestiones para obtener declaratorias y subsidios económicos. También resultó funcional el bajo valor de mercado de los edificios históricos, producto de la retracción demográfica general del pueblo, que permitió que la kehilá recibiera los inmuebles mediante donaciones sin mayores inconvenientes. En varias ciudades y pueblos que experimentaron procesos de patrimonialización similares ha ocurrido lo contrario: la gentrificación de los barrios históricos derivó en una suba de los valores de la propiedad (Barretto, 2007). Otro aspecto destacable del caso moisesvillense es que la escasez de la renta turística permitió a los emprendedores ejercer cierto control ideológico sobre el patrimonio. Éste a veces puede resultar banalizado, hasta convertirse incluso en un espectáculo al estilo de los parques temáticos (Fortuna, 1998). A diferencia del caso que comentan Johan Van Rekom y Frank Go sobre los indígenas ecuatorianos que "no tenían alfombras 'tradicionales' hasta que vinieron los turistas" (citado por Barretto, 2007: 99), el aporte monetario del turismo en Moisés Ville apenas cubre una parte mínima de los gastos de mantenimiento, por lo que el género posmoderno denominado *Distory* (Disney + *History*) hoy no parece cernirse sobre la Jerusalem argentina, ni como una posibilidad de crecimiento ni como una amenaza para el patrimonio. No obstante, no hay garantías de que el sentido dado al pasado por los emprendedores se mantenga inalterado con el paso del tiempo. De hecho, el proceso de activación patrimonial en Moisés Ville aun no ha concluido. Si la UNESCO resuelve declarar al pueblo Patrimonio Cultural de la Humanidad, es de esperar que, junto con la declaratoria, lleguen nuevos subsidios, oportunidades y tensiones.

De acuerdo con mis observaciones, la patrimonialización del pasado judío pone en juego intereses divergentes. A la colectividad judía vernácula le interesa que el pueblo mantenga su identificación originaria con la colonización, y que acreciente el lugar de prestigio ganado dentro de la memoria colectiva argentina, donde se la considera una suerte de *Plymouth Rock* de la inmigración judía. Para la comuna, la identificación judaica implica tanto beneficios como perjuicios. Los beneficios se asocian con la posibilidad de gestionar fondos para obras de restauración que le aportan prestigio personal y capital político a las dirigencias de turno. En el actual contexto de revalorización del pluralismo, de musealización del pasado y de difusión de la cultura de la memoria, el patrimonio judío conecta a la pequeña comuna de Moisés Ville con instituciones provinciales, nacionales e internacionales. Sin embargo, acrecentar el capital simbólico judío también podría perjudicar a los dirigentes comunales, que verían amenazada su identificación con el electorado local de la clase baja, conformado por nuevos vecinos a quienes el relato judaico no los interpela. Como ha escrito Prats,

> la puesta en valor y la activación de los referentes patrimoniales no corresponde a la población, sino a los poderes locales, pero estos poderes se ven forzados a reflejar las sensibilidades mayoritarias de la población al respecto y darle curso, so pena de perder apoyos políticos (2005: 26-27).

En este sentido, cuando indagué acerca de la conformación de los dos bandos contendientes, uno pro identidad judía y otro pro reactualización identitaria, noté que la distancia social entre ambos es prácticamente inexistente, y que sus integrantes, mayoritariamente descendientes de italianos, judíos y españoles, comparten intereses de clase, relaciones de parentesco y valores culturales. Algunos incluso son socios en emprendimientos económicos. Finalmente, no es un dato menor el hecho de que las dos activistas que oficiaron de "mediadoras interculturales" en las rencillas por la identidad y la memoria sean mujeres católicas casadas con maridos judíos.

Capítulo seis

¿Moisés se consideraba un israelita o un egipcio?

En este capítulo observaremos cómo funciona actualmente la transmisión de contenidos acerca de la colonización dentro de la red de escuelas judías de Buenos Aires. Considerando que el área judaica de las escuelas de la red comunitaria es un espacio clave a la hora de modelar la identificación con el judaísmo en las nuevas generaciones, revisar el curriculum nos permitirá sopesar qué espacio ocupa en él la historia judeo-argentina, tanto desde el punto de vista cuantitativo, es decir, comparándola con otras actividades y materias judaicas, como desde el cualitativo, esto es, atendiendo a cómo se aborda concretamente el tema de la colonización agrícola. El curriculum escolar es el resultado de disputas entre diversos actores que suelen presentar tensiones, especialmente cuando se trata de inculcar identidades y valores (Pineau, 2001: 37). En él, se recortan, seleccionan y ordenan los saberes que se busca transmitir. Dentro del área judaica, el curriculum es consensuado entre las autoridades de cada institución, el Vaad Hajinuj (el Consejo Escolar Judío de la Argentina), el centro de capacitaciones Fundación Bamá/La Casa del Educador Judío, la Agencia Judía para Israel y los padres de los alumnos. Según la información que pude recabar en distintas instituciones de la red, los contenidos relacionados con la colonización se imparten casi exclusivamente dentro del programa "Mi historia familiar", un recurso que impulsa a los alumnos a realizar un proceso de investigación sobre sus propios orígenes familiares.

Hasta la fecha, no existe un trabajo sistemático que analice las relaciones entre identidad judía y contenidos curriculares en la Argentina. Tampoco es sencillo hacerse con fondos documentales exhaustivos, series organizadas de curriculum, textos escolares, ni actas de las instituciones, aunque algunos materiales dispersos, correspondientes a distintas épocas, pueden consultarse en el Instituto IWO y en el Centro Marc Turkow. Otros datos acerca de los contenidos judaicos pueden entreverse en la tesis doctoral de Efraím Zadoff sobre la historia de la educación judía en Buenos Aires entre 1935 y 1957, aunque el período es limitado y el foco del trabajo está puesto en las disputas relativas a la organización institucional, a las relaciones de la red escolar con el estado y a las diferentes orientaciones ideológicas de las escuelas (Zadoff, 1995). Mi investigación acerca de la transmisión de contenidos sobre la colonización en la red judaica actual surge a partir de datos provenientes del relevo de manuales escolares, de materiales destinados a la capacitación de los docentes y de las entrevistas que realicé a docentes y directivos de cinco escuelas judías integrales de la ciudad de Buenos Aires.[211]

---

[211] Las consultantes son docentes y directoras del área judaica de las escuelas tradicionalistas/sionistas Bialik-Devoto, Tel Aviv y Natán Guesang, del Toratenu, de orientación ortodoxa, y de un establecimiento que se autodefine como laico y alineado con Israel: el secundario del Scholem Aleijem, según cuyo estatuto promueve una "educación judía pluralista, sionista, laica y abierta a la comunidad", comprometida "en afianzar la continuidad del Pueblo Judío y del Estado de Israel a través de la transmisión y preservación de sus valores". Sección "Misión y visión" en http://www.scholem.edu.ar/.

1. La red escolar judía de la Argentina

El aula es un factor determinante a la hora de construir identidades colectivas. Entre fines del siglo XIX y fines del XX, la educación oficial jugó un rol central en el proceso de homogeneización cultural de la sociedad argentina, donde la escuela pública favoreció la adquisición de sentidos de pertenencia nacionales por parte de alumnos procedentes de hogares culturalmente heterogéneos, sea mediante el uso de una simbología y una ritualidad patrióticas, o bien merced al tratamiento curricular de contenidos específicos sobre historia, geografía, música y literatura argentinas (Amuchástegui, 1995; Bertoni, 1992; Escudé, 1992; Jelin y Lorenz, 2004; Guillén, 2008). Aunque el curriculum oficial ha incluido, de manera oscilante, nociones acerca del proceso migratorio y de la diversidad cultural reinante de hecho en el país, la educación ha mostrado sobre esos aspectos "una visión a menudo estereotipada, idealizada, y finalmente congelada en el tiempo" (Carlini, 2006: 119).

Sin embargo, mientras el curriculum oficial se constituía en una de las patas de la política del crisol de razas, el estado convalidó la existencia de escuelas étnicas que funcionaron en contraturno, cuya habilitación sólo dependía del cumplimiento de reglamentaciones básicas y de que los alumnos no dejaran de asistir a la escuela oficial. En el caso de la red educativa judía, durante el período 1930-1946 se suscitaron algunos conflictos cuando el Consejo Nacional de Educación clausuró temporalmente las escuelas de orientación izquierdista apelando al incumplimiento de normas de higiene. Sin embargo, las clausuras fueron levantadas rápidamente. Además, los contenidos quedaban librados al arbitrio de las propias escuelas, a las que sólo se les exigía que los textos publicados en lenguas extranjeras abordaran una serie de temas patrióticos que debían consignarse por impreso en un índice en castellano (Zadoff, 1994: 225-227). Al gozar de una autonomía casi total respecto de los contenidos étnicos y religiosos que impartían, las escuelas judías fueron depositarias de las expectativas relacionadas con la continuidad identitaria por parte de las familias que decidían enviar a sus hijos a la red comunitaria. De hecho, una serie de manuales escolares publicados a mediados del siglo XX llevaba por título, justamente, *Undzer Hemschej* (Continuemos). Al consolidarse, a mediados de la década del treinta, la red educativa devino un espacio clave para la resistencia a las políticas homogeneizantes, así como uno de los dispositivos centrales del proceso de comunalización (Brow, 1990) que tuvo lugar al interior del colectivo judío, cuya dirigencia temía una rápida fusión en el maremágnum de la argentinidad laica.

No obstante, en tanto nunca existió un consenso unánime acerca de qué significaba exactamente ser judío/a, distintos sectores de la colectividad crearon una heterogénea variedad de establecimientos representativos de sus respectivas ideologías y pertenencias, que pueden resumirse en tres modelos: uno que entendía al judaísmo como una religión, otro que lo interpretaba como una cultura (ashkenazí o sefaradí), y un tercero alineado con la causa nacional sionista. Llevados al plano de la realidad, los tres modelos han dado lugar a diferentes combinaciones. Dependiendo de la tendencia de cada escuela, los contenidos judaicos impartidos podían oscilar dentro de un amplio arco que iba desde los textos sagrados hasta la literatura idishista y la historia judía secular, o bien desde la conmemoración de las festividades religiosas a la celebración de rituales seculares, relacionados ya sea con la resistencia en el Gueto de Varsovia o con la creación del Estado de Israel. Lo mismo ocurrió respecto de la enseñanza de las lenguas étnicas, en tanto enseñar ídish, hebreo o ambos representaba también una postura ideológica acerca de la etnicidad.

La historia de la educación judía en la Argentina presenta tres períodos importantes. En el primero, que abarca de 1890 a 1930, el proyecto educativo más extendido fue auspiciado por la JCA, que equipó a sus colonias agrícolas con una red de setenta y ocho escuelas rurales. Es cierto que, a raíz de una polémica suscitada en el seno del Consejo Nacional de Educación por los contenidos étnicos que impartían las escuelas judías y las de los alemanes del Volga en Entre Ríos, entre 1910 y 1917 la JCA cedió sus establecimientos al estado, pero, aun así, los mismos siguieron impartiendo el currículum judaico en contraturno. De acuerdo con la ideología de la JCA, el judaísmo era un asunto privado, sólo relacionado con cuestiones religiosas, por lo que la misión básica de sus establecimientos educacionales consistía en enseñar el ejercicio del culto. Las clases de hebreo que recibían sus alumnos sólo apuntaban a que pudieran leer los textos sagrados y así participar de la liturgia en la sinagoga. A partir de 1910, la compañía también abrió institutos urbanos que dictaban los Cursos Religiosos Israelitas. Lo hizo atendiendo a un pedido de la dirigencia comunitaria de Buenos Aires, que interpretaba que la escasa oferta educacional judía citadina reforzaba la amenaza "asimilacionista". Pero la tendencia ideológica de las escuelas de la JCA pronto comenzó a ser cuestionada por los colonos y por inmigrantes urbanos llegados de Europa en el período de entreguerras, que deseaban una educación laica para sus hijos, donde el judaísmo fuera entendido como una identidad nacional. Consecuentemente, durante la década del veinte aparecieron escuelas que impartían contenidos seculares de historia y de literatura judía, donde se enseñaba el ídish y el hebreo como lenguas vivas, y donde por primera vez se asistía a clase los sábados (como en la escuela oficial). Además, a los varones no se les exigía el uso de la kipá. Estas escuelas laicas representaban a las tres ideologías predominantes del momento en la calle judía: la sionista, la autonomista y la progresista o comunista, y algunas presentaban alternativas combinadas entre izquierda y sionismo (Zadoff, 1994; Visacovsky, 2010).[212] En cambio, las escuelas de judíos sefaradíes y orientales siguieron una orientación religiosa ortodoxa, y las divisiones existentes entre sus establecimientos correspondían a las distintas lenguas (árabe, ladino) y a las regiones de procedencia de los inmigrantes (Zadoff, 1994: 53-62; y 2007). No obstante esta variedad, en aquellas primeras décadas del siglo XX, sólo el diez por ciento de los niños judíos asistía a los precarios establecimientos escolares de la ciudad de Buenos Aires, que apenas perduraban por más de dos o tres años.

El segundo período comenzó hacia los años cuarenta, cuando la matrícula aumentó debido a varios factores. Uno fue la mejora edilicia de los establecimientos educativos, ocurrida como consecuencia de la presión que ejercía el

---

[212] Existieron tres corrientes educativas de izquierda: la bundista, la sionista socialista y la icufista. Las escuelas bundistas se autodefinían como autonomistas, socialistas y marxistas evolucionistas de la Segunda Internacional; no eran sionistas pero aceptaban la ritualidad impuesta por el Vaad Hajinuj; defendían el *idishismo* y sus posicionamientos políticos eran coincidentes con los del Partido Socialista Argentino. Las sionistas socialistas se autodefinían como sionistas marxistas seguidores de Dov Ber Bórojov y la Internacional Comunista hasta mediados del treinta. A fines de los años treinta ingresaron al Vaad Hajinuj y a partir de entonces fueron involucrándose con el proyecto del Estado de Israel. Fueron promotores de la *aliá* (emigración a Israel) e incorporaron el hebreo y una moderada ritualidad religiosa. Se declararon "apolíticas" respecto de la oferta partidaria argentina. Las escuelas del ICUF se autodefinían judeoprogresistas. Fueron seguidoras de las políticas de la Internacional Comunista y luego del Partido Comunista Argentino. Aunque adscribieron al Vaad Hajinuj, rechazaron la enseñanza del hebreo, la ritualidad judía religiosa y la política de la *aliá*. Se manifestaron no sionistas, defendieron su judaísmo cultural en ídish y sus prácticas abiertas a la comunidad argentina (Visacovsky 2010: 132-134).

Consejo Nacional de Educación y sustentada en el paulatino aumento del poder adquisitivo de las familias de la colectividad. Otro, la conformación, en 1935, del Consejo Central de Educación Judía o Vaad Hajinuj, que progresivamente logró nuclear a toda la red escolar metropolitana bajo un mismo mando, y que, desde 1957, extendió sus competencias a todas las escuelas judías del país (Zadoff, 1994 y 2007; Goldstein, 2010). Un tercer factor fue la decisión del liderazgo judío de reforzar la identidad en las comunidades de la diáspora debido a la situación que atravesaba el judaísmo en Europa. En esta etapa, se sumaron nuevas escuelas creadas por inmigrantes alemanes que llegaban a la Argentina escapando del nazismo. También comenzaron a aparecer los primeros jardines de infantes, colegios secundarios y seminarios de formación docente.[213] En la década del cincuenta, la aparición en escena del Estado de Israel reforzó la orientación sionista de las escuelas, que ya había sido predominante en el Vaad Hajinuj desde sus inicios, por lo que la mayoría de los establecimientos se alinearon con los distintos partidos políticos israelíes. Las escuelas progresistas y anti-sionistas, que enseñaban el ídish y la tradición secular ashkenazí, poco a poco fueron perdiendo terreno, hasta desaparecer hacia los años sesenta.

El tercer período abarca los últimos cuarenta años. Allí tuvieron lugar tres cambios sumamente significativos. El primero fue el reemplazo del sistema complementario por el de las escuelas integrales, en las que los alumnos cursan las áreas oficial y judaica dentro del mismo establecimiento. Si bien esto fue posible merced a la promulgación de la Ley 14.557 de Enseñanza Libre (1958), su implementación

---

[213] Sobre los seminarios de formación docente véase Yaacov Rubel "Creación, apogeo y crisis de los institutos de formación docente dependientes de la AMIA", *Mundo Israelita*, 8 y 15 de diciembre de 2000.

surgió como una respuesta al proyecto estatal lanzado en 1967, que preveía extender la enseñanza oficial a jornada completa en todos los establecimientos oficiales, lo que habría imposibilitado la asistencia de los alumnos a la escuela judía complementaria (Zadoff, 2007; Rubel, 2010). El segundo cambio consistió en la incorporación de varias escuelas al Movimiento Conservador o Masortí, que en los años setenta experimentó un notable *boom* de adhesión en la Argentina, dando vida a un nuevo judaísmo denominado *tradicionalista*, cuyas escuelas introdujeron el tratamiento de contenidos religiosos básicos y la práctica de rituales judaicos en establecimientos que anteriormente habían sido laicos. Aquí, el concepto "tradicionalista" significa que se busca dar continuidad a las tradiciones judías dentro de un estilo de vida moderno (ese es básicamente el espíritu del Movimiento Conservador). El tercer cambio tuvo lugar a partir de la década del noventa, cuando esta tendencia comenzó a declinar y, paralelamente, aumentó la asistencia a escuelas ortodoxas, fenómeno que se mantiene vigente hasta la actualidad (Zadoff, 2007; Goldstein, 2010; Rubel, 2010).[214] La retracción de la matrícula en las escuelas tradicionalistas se relaciona con la competencia que ejercen las escuelas privadas bilingües no judías, que focalizan en la preparación académico profesional de los alumnos (Goldstein, 2010).

En la actualidad, el 90% de las escuelas de la red judía son integrales, y se dividen en un grupo que sostiene el ideal tradicionalista y sionista, y otro religioso ortodoxo, lo que implica un cumplimiento mucho más estricto de la

---

[214] Los autores difieren en la forma de caracterizar al grupo de escuelas no ortodoxas. Por ejemplo, para Rubel son establecimientos sostenidos por "instituciones que reflejan diferentes ideologías intracomunitarias (sionistas, seculares, tradicionalistas o adheridas al movimiento religioso conservador)" (2010: 547).

ritualidad cotidiana, acorde con los lineamientos de cada comunidad educativa particular. Sumando la matrícula de los treinta y tres establecimientos existentes en todo el país a mediados de la década de 2010, la cifra total de concurrencia es de alrededor de 18.000 alumnos, lo que representaría el 50% de la población judía en edad escolar. Como complemento de la red, en los últimos años han surgido diversos proyectos de educación no formal, que son impartidos en espacios tales como clubes deportivos, centros juveniles sionistas y congregaciones religiosas (Goldstein, 2010; Rubel, 2010).

2. La colonización en el curriculum judaico

Aunque existen algunas diferencias entre las distintas escuelas, las asignaturas del curriculum judaico muestran que los contenidos orientados a transmitir la identidad judía se relacionan, básicamente, con cuatro ítems: la enseñanza del hebreo, la cultura israelí, la religión y la historia judía, tanto argentina como universal.

En la escuela Bialik-Devoto, el área judaica se cursa casi completamente en hebreo, y se distribuye en "Lengua y Literatura Hebrea", "Historia del Pueblo Judío", "Fuentes y Pensamiento Judío" (los textos sagrados) y "Actualidad Israelí". El área expresivo-artística, denominada "Omanut", es transversal, e imparte contenidos sobre música, danzas y teatro. El tema de la colonización en Argentina se trabaja dentro de "Historia del Pueblo Judío".[215] En la escuela Tel Aviv, el área judaica se compone de "Hebreo", "Tradición",

---

[215] Entrevista a Mirta Jablonski, directora del área de estudios judaicos del Bialik (junio de 2011). La escuela cuenta con un templo del Movimiento Conservador desde 1982. En 2011 contaba con una matrícula de 350 alumnos en primaria y 227 en jardín.

"Historia Judía" (sólo de 4º a 7º grado), "Actualidad Israelí", "Torá" (desde 3º grado en adelante), "Computación" (con contenidos judaicos), "Rikudim" (danzas israelíes) y "Shirá" (música israelí). En la materia "Hebreo", además de autores israelíes, los alumnos leen literatura que fue escrita originalmente en ídish, pero en versiones traducidas al hebreo. Durante el tercer grado, tiene lugar la ceremonia conocida como *Torá Li*, en la que los padres entregan a los hijos una Torá simplificada, símbolo de continuidad entre las generaciones judías (en otras escuelas se realiza la misma actividad, pero con otros nombres). En quinto grado, los alumnos reciben un *Tanaj* (Antiguo Testamento) de manos de un seminarista. En "Historia Judía" de cuarto grado se imparten contenidos sobre la inmigración a la Argentina.[216] En la escuela Natán Gesang, las materias judaicas son "Hebreo", "Tanaj" (desde tercer grado en adelante), "Mecorot" (fuentes judías), "Historia Judía", "Parashot" (capítulos de la Torá que se trabajan en computación) y "Actualidad Israelí" (también se trabaja en computación). Los contenidos sobre la inmigración judía a la Argentina se estudian en sexto y séptimo grado, utilizando un programa de computación interactivo que muestra, entre otras cosas, cómo y en qué situación llegaban los inmigrantes, cuáles fueron las distintas provincias en las que se establecieron colonias y quién fue el barón Hirsch.[217] El currículum judaico del secundario del Scholem Aleijem incluye las materias "Hebreo", "Historia del Pueblo Judío", "Torá" y un "Taller de judaísmo contemporáneo" que aborda temáticas

---

[216] Entrevista a Dora Draiman, directora del área judaica del Tel Aviv (junio de 2011). Ese año, la matrícula era de 230 alumnos entre jardín y primaria.

[217] Entrevista a Miriam Volfson, del Natán Gesang (junio de 2011). La escuela Natán Gesang, fundada en 1920, fue la primera que enseñó en hebreo moderno en el país. Comenzó como sionista laica complementaria, pero en los setenta se hizo integral y luego se asoció a un templo del Movimiento Conservador. En 2011, la matrícula era de 263 alumnos en primaria y 147 en jardín.

transversales. La inclusión de la materia "Torá" en una escuela que se autodefine como laica es demostrativa de los usos del libro sagrado como una memoria oficial del judaísmo que puede ser concebida de manera secular. La inmigración y la colonización judía se estudian en tercer año.[218] En cambio, en Toratenu, una de las escuelas ortodoxas más importantes de la Argentina, los alumnos de primaria cursan "Hebreo", "Torá", "Leyes", "Costumbres", "Oraciones" y "Talmud". En la secundaria se dicta la materia "Historia Judía", que aborda el tema del Estado de Israel moderno. Los aspectos históricos sobre la vida judía en la Argentina sólo se ven en el área de la escuela oficial.[219]

En los últimos años, a pedido de los padres, el área judaica ha incorporado contenidos similares a los de las escuelas privadas bilingües, como la enseñanza del inglés y la de técnicas de computación. El inglés ha ido ganando cada vez más espacio, a veces en detrimento del hebreo e, incluso, del resto de las materias. Por ejemplo, en Bialik-Devoto, dos de las cuatro horas diarias del área se dedican al inglés. Con la materia "Computación" ocurre algo similar, por lo que se busca integrar contenidos bíblicos, históricos o culturales, de modo de que la asignatura no reste horas a los estudios judaicos. Según me relataron docentes y directivos, y tal cual pude observar en una jornada de capacitación docente desarrollada en la AMIA, en la actualidad los padres buscan dar a sus hijos un entorno

---

[218] Entrevista a Flora Pragia Azar, directora del secundario Scholem Aleijem (junio de 2011).
[219] Toratenu incluye los cuatro niveles: jardín, primaria, secundaria y profesorado. La matrícula total en 2011 era de 1300 alumnos. Entrevista al director de Toratenu, Dr. Tawil (junio de 2011).

comunitario y una educación de buen nivel, antes que prepararlos para una eventual emigración a Israel, como solía suceder durante las décadas del sesenta y el setenta.[220]

Otra marca identitaria relevante es el nombre hebreo que usan alumnos y docentes dentro de los establecimientos escolares de la red. Una vez dentro de la escuela, todos abandonan su nombre de pila en castellano para interpelarse mutuamente usando el nombre en hebreo. La mayoría de los varones ya llegan con un nombre recibido en la ceremonia ritual del Brit Milá (circuncisión). En los casos de las niñas y de los varones sin Brit Milá, el nuevo nombre lo eligen los padres al momento del ingreso a la escuela. En algunos ámbitos socioprofesionales, los docentes también se auto-identifican con su alter ego en hebreo más allá de los límites escolares. Por ejemplo, cuando Berta, una docente jubilada, prometió contactarme con gente de la red, me sugirió: "deciles que llamás de parte de Batia, ahí todo el mundo me conoce como Batia".

Las fechas que se conmemora en la red judía son de dos tipos: las propias del calendario religioso judío (que pueden variar de acuerdo con la orientación tradicionalista o religiosa) y las israelíes seculares. Entre estas últimas se encuentran Iom Hashoá, Iom Hazikarón y Iom Haatzmaut, respectivamente el día de la Shoá, el de la memoria por los caídos en las guerras de Israel y el de la independencia israelí. Algunas escuelas incluso envían a sus alumnos de los grados mayores al acto de Iom Haatzmaut que organiza la AMIA todos los años en el Luna Park. En relación con la memoria judía local, sólo se conmemoran dos hechos

---

[220] Observación de la jornada "La escuela y el desafío de transmitir identidad en la sociedad de la incertidumbre", Jornada de Intercambio para Nivel Primario. Área Oficial y Judaica, 16 de junio de 2011, Vaad Hajinuj Hakehilatí de AMIA. Coordinación general Lic. Gustavo Iaies. Ejes temáticos: Las claves de la construcción de la identidad y los modos de transmitirla, Hacia una pedagogía del sentido, La crisis de la idea de "transmisión" y La reconstrucción de las certidumbres.

traumáticos: los atentados a la AMIA y a la Embajada de Israel. Otras actividades dependen de cada escuela. Por ejemplo, algunas rememoran el Día de la Paz en Medio Oriente, que se celebra en la fecha de la muerte del primer ministro Itzak Rabin, asesinado por un fundamentalista religioso judío. Si bien la injerencia del Vaad Hajinuj en el curriculum judaico fue relativizada por mis consultantes, quienes coincidieron en cuanto a que, si bien el organismo suele sugerir programas de estudio, nunca los impone, su tendencia en cuanto al tema de la identidad muestra un posicionamiento cercano a valorar la autoadscripción, que descarta categorías como raza, religión o ascendencia, aunque las escuelas ortodoxas sostienen el punto de vista identitario halájico (es decir, madre judía o conversión legítima).[221]

La presencia de colonos agrícolas en el campo argentino fue abordada desde temprano por el curriculum judaico. Varios manuales de lectura y textos escolares preparados para la enseñanza del ídish, correspondientes al período 1940-1960, incluían obras de escritores locales, entre quienes se destacaba largamente Marcos Alpersohn. Por ejemplo, en los libros de lectura del período 1948-1958 de la serie titulada Undzer Hemschej (Continuemos), editada en Buenos Aires y preparada por los autores Tkach y

---

[221] La función del Vaad Hajinuj consiste en dar un marco común, en enviar supervisores, ofrecer capacitaciones y representar a la red ante el Estado. Varios directores de escuelas judías señalan que uno de los principales problemas que enfrentan es la falta de una organización central sólida y con metas claras. Véase el "Informe sobre la educación judía en Argentina", Agencia Judía de Noticias, edición on-line del 30/6/2008, http://www.prensajudia.com/shop/detallenot.asp?notid=11286. Véanse, en el archivo del Vaad Hajinuj, del centro Marc Turkow, los siguientes documentos: "5º jornadas de capacitación para directores y morim de pequeñas y medianas kehilot", noviembre de 1996, "7º jornadas de capacitación para directores y morim de pequeñas y medianas kehilot", marzo de 1998, "El liderazgo educativo: ética judía en acción, seminario de capacitación para dirigentes escolares de 1995", "Listado de Proyectos del Vaad Hajinuj, 1994".

Czesler, que se utilizaron para distintos niveles de la escuela primaria y secundaria, aparecen capítulos de las memorias de Alpersohn, una reseña biográfica sobre el autor, e incluso se reproduce el afiche del Cincuentenario de la Colonización. El libro *Argentina a través de trozos de poesías, prosa y ensayos*, publicado en Buenos Aires en 1960, contiene fotos de niños colonos (página 37), un cuento del poeta Moscovich sobre las colonias (página 40) y una semblanza de Hirsch (página 56). En *Literatura ídish*, libro de texto para el 1º año del Seminario de Maestros de Hebreo de la AMIA, versiones de 1969 y 1973, también hay fotos de niños colonos y una biografía de Alpersohn. Uno de los libros de los grados inferiores de la Shul Biblioteque (Biblioteca Escolar), editada por las escuelas idishistas laicas no sionistas de la red TSVISHO, ilustraba la vida en las colonias con dibujos alusivos, y traía una sección en la que el alumno, recortando y doblando figurines con solapas, podía armar el rancho del colono judío y otras escenas de la vida en las colonias. Según me contó la profesora Esther Schwartzman, para abordar el tema colonización en los seminarios de formación docente durante los años sesenta, setenta y ochenta, se utilizaban los tomos 31, 32 y 66 de la colección *Musterverk*, los tres dedicados a la vida judía en el país.[222]

Otros materiales más recientes, aparecidos a partir de la década de 1980, enfatizan la necesidad de recuperar la memoria judeo-local. Por ejemplo, en el manual de 1986 *Los judíos en la Argentina*, los autores Miriam Dujovne, Ana Bircz, Abraham Hiller y Jaime Barylko abordaron

---

[222] Se trata de una famosa colección de obras maestras de la literatura ídish mundial editada en la Argentina y publicada entre los años 1950 y 1980 por el IWO de Buenos Aires, bajo dirección de su ideólogo, Samuel Rollansky. Realicé la entrevista a la profesora Esther Schwartzman, docente del Instituto Rambam y del IWO, en junio de 2011.

amplias zonas del pasado judeo-argentino que, según indicaban, permanecían olvidadas, y que se dividían en la inmigración rural, la urbana, y la vida comunitaria e institucional. En ese sentido, señalaban que, aunque el manual había sido compuesto para alumnos de escuelas secundarias judías, "todos los hogares podrían enriquecerse con el material que contiene". En el texto introductorio proponían que "La identidad es el tema de nuestro tiempo. Empecemos por conocernos". Otros libros editados recientemente por los colegios Tarbut y ORT para los secundarios y los seminarios de formación docente también trabajan extensamente sobre la inmigración y la colonización, apoyándose tanto en materiales tomados de los libros conmemorativos que ya revisamos, como en la producción historiográfica de Haim Avni, Leonardo Senkman, Víctor Mirelman y Boleslao Lewin.

Sin embargo, aunque algunos manuales recientes hicieran hincapié en la necesidad de prestar atención a la memoria local, según la información que recabé en mis entrevistas a docentes y directivas del área judaica, los contenidos relativos a la historia judeo-argentina se trabajan en toda la red a partir de un recurso proveniente del Museo del Pueblo Judío de la Universidad de Tel Aviv, el Museo de la Diáspora o Beit Hatfutsot. Se trata del programa "Mi historia familiar", consistente en una serie de actividades pensadas para alumnos de entre 12 y 15 años de edad, cuya finalidad es que realicen una investigación personal sobre sus propias raíces familiares y sociales. Los resultados pueden ser presentados ya sea en forma narrativa o bien en un formato audiovisual, de acuerdo con el criterio de cada alumno, quien, además, al desarrollar su trabajo participa de un concurso internacional junto con otros estudiantes provenientes de los distintos países donde se utiliza este programa.

El programa, que fue lanzado en 1995, se compone de cinco etapas, comenzando por una primera titulada "¿Quién soy yo?", que apunta a recabar los datos centrales de la historia personal del niño/a investigador/a: lugar de procedencia, cuál es el significado del nombre elegido por los padres, cuáles fueron los eventos vitales más significativos, qué actividades religiosas desarrolla la familia, como es su vida social, qué intereses y aficiones tiene, en qué consiste su participación en la comunidad judía y en la comunidad ampliada, cuáles son sus anécdotas favoritas, etc. En la segunda etapa, titulada "Mi familia", los alumnos deben elegir un tema de investigación específico, para lo cual se les brinda una serie de núcleos temáticos que los ayudan a focalizar el trabajo en un determinado pariente, en la historia de un lugar donde vivió la familia, en un componente cultural específico, como por ejemplo determinados alimentos, vestimentas o costumbres judías, o bien en cualquier aspecto relativo a la comunidad judía a la que pertenece su familia. El tercer paso consiste en la confección del árbol genealógico familiar, y lleva precisamente ese título, "Mi árbol familiar". En el cuarto, "Mi comunidad", los participantes deben describir la comunidad de pertenencia de acuerdo con sus experiencias y vivencias particulares, incluyendo un relevo de las instituciones locales y de las instituciones judías. La quinta y última etapa, titulada "Mi pueblo", explora la conexión entre la propia trayectoria vital del autor/a y las de los demás compañeros de clase. En ella, los alumnos investigan determinados eventos que impactaron en sus tramas familiares y en la historia judía en sentido colectivo. Según se indica a los docentes/tutores en el instructivo titulado "Mi historia, nuestra historia", la quinta etapa es sumamente importante, en tanto "les ayudará a encontrar su sentimiento de pertenencia y su conexión al pueblo judío."[223]

Las tareas contempladas durante el proceso de investigación incluyen actividades diversas, tales como la lectura de distintos capítulos de la Torá, el mapeo de las rutas migratorias seguidas por los ancestros familiares de los alumnos y un análisis de ciertos objetos simbólicamente representativos para la familia, como una carta, una foto o un pasaporte de otro país. La colonización judía en la Argentina se trabaja justamente a partir de esos objetos que traen los alumnos, entre los que suelen llegar fotos, mapas, escrituras de campos y otros elementos relacionados con la vida en las colonias que pertenecieron a los antepasados y que funcionan como disparadores de preguntas. Todas estas tareas habilitan, luego, una serie de debates acerca de determinados conceptos teóricos clave, como identidad, diáspora, raíces, pertenencia, etc.

Pero, aunque los eventos locales como la colonización sean trabajados dentro del proyecto, el propósito central es reforzar la pertenencia judía transnacional, considerando al país de residencia como un lugar circunstancial en la trayectoria del Pueblo Judío. Por ejemplo, al referirse a los objetivos, la guía "Mi historia, nuestra historia" recomienda a los docentes:

> animar al estudiante a investigar su propia historia familiar, estimulando y reforzando lazos familiares, fortalecer la identidad del alumno, apreciar y entender la conexión entre diferentes historias individuales, la historia del pueblo judío y eventos

---

[223] *Mi historia nuestra historia*, guía para docentes del programa Mi historia Familiar, de las doctoras Lea Cecilia Waismann y Elana Maryles Sztokman: 5-6.

históricos globales, reforzar el sentimiento de conexión, pertenencia y compromiso con el pueblo judío y desarrollar habilidades de investigación, escritura y presentación.[224]

La guía propone una actividad que consiste en que los alumnos lean capítulos del Libro del Éxodo, y luego respondan las siguientes preguntas:

> ¿Moisés se consideraba un israelita o un egipcio? ¿Qué te enseña esta historia sobre la importancia de conocer tu historia personal? ¿Qué relación tiene esta historia con los judíos de la diáspora hoy en día? ¿Cómo te sientes siendo judío, pero al mismo tiempo americano/ canadiense/ argentino/ mexicano/ ruso/ francés/ etc.?

Al abordar el tema de las raíces, la guía sugiere a los docentes la lectura de un breve texto sobre una visita de Winston Churchill a Tel Aviv, durante los años veinte:

> Al no haber árboles en la joven ciudad, y por el hecho de que no se podía recibir a un ministro sin una avenida decorada con árboles, se plantaron ramas de árboles en su honor. Llegó un fuerte viento que arrancó la elegante fila de ramas. Churchill pasó por la avenida, y cuando vio las ramas dijo: 'lo importante son las raíces'.

Balance del capítulo

Una pregunta que surge a partir de esta revisión fragmentaria de la historia del curriculum judaico es por qué los contenidos acerca de la colonización agrícola, que a mitad del siglo XX abundaban, luego fueron declinando, a tal punto que, en la actualidad, su tratamiento se redujo prácticamente al marco del programa "Mi historia familiar".

---

[224] Íbid.: 4.

Aunque existen otras instancias en las que la inmigración y la colonización son a veces abordadas, e incluso algunos pocos colegios secundarios organizan viajes a las colonias, pareciera que, en muchos casos, el hecho de que los alumnos judíos tomen contacto con el tema puede depender de que haya un descendiente de colonos en la clase cuando se trabaja el programa antedicho.

Dado el incremento paralelo de temáticas curriculares relacionadas con los aspectos religiosos, tradicionalistas e israelíes de la identidad, una interpretación posible es que, a partir de la creación del Estado de Israel, y de la subsiguiente adhesión al sionismo de las instituciones comunitarias más importantes, la educación judía viró de la identificación integracionista, que consideraba a la Argentina como el país de arraigo, hacia una judeo nacionalista, que pone el horizonte identitario en Medio Oriente. En este sentido, el programa "Mi historia familiar", que como se recordará fue confeccionado por una institución israelí, propone un tratamiento de la identidad que coloca en primer plano los lazos familiares y comunitarios, conectando a los alumnos con una memoria genealógica profunda, que se remonta al pasado pre-migratorio, e incluso a la época bíblica. Algunos mecanismos, tales como interrogar a los alumnos acerca de si Moisés se consideraba un israelita o un egipcio, para luego preguntarles o cómo se sienten siendo judíos y, al mismo tiempo, argentinos, permiten inferir que el programa intenta trazar un paralelismo un tanto anacrónico entre una sociedad esclavista de la antigüedad y otra moderna y pluralista. Aunque, por supuesto, siempre queda abierta la posibilidad de que el docente ponga sobre la mesa esas diferencias, orientando el tratamiento de la cuestión identitaria hacia un territorio más complejo y profundo. Una segunda hipótesis sugiere que la retracción de temáticas integracionistas, donde se presente a los judíos no como un grupo diaspórico, sino como una minoría étnica que reafirma su nacionalidad argentina, se explica por el hecho de que esos contenidos y representaciones ya existirían en el ámbito de la escuela oficial, como me dijo el director de una escuela ortodoxa. Sin embargo, esto es discutible. Los contenidos destinados a crear sentidos de pertenencia nacionales incluidos en el curriculum oficial siguen siendo asimilacionistas, y el multiculturalismo es, hasta ahora, más bien una declaración de principios, antes que una práctica que haya encontrado en la escuela argentina, plagada de problemáticas sociales y económicas, interlocutores válidos y una pedagogía eficaz.

Capítulo siete

La colonización en el cine argentino

En vista de su eficacia para recrear técnicamente el pasado, de su gran capacidad comunicativa y del tipo de conexión emocional que establece con la audiencia, el cine se ha transformado en uno de los vehículos ideales para poner en circulación las memorias colectivas de distintos grupos (Pollak, 2006; Tal, 2007), y las producciones argentinas no han sido una excepción. Desde sus orígenes, el cine nacional abordó numerosos hechos y procesos históricos relacionados con la memoria local. En la primera década del siglo XX, Mario Gallo, un director italiano radicado en Buenos Aires, filmó varias películas sobre personajes históricos, entre las que sobresalen *La revolución de Mayo* (1908) y *El fusilamiento de Dorrego* (1908).[225] Más tarde, otros directores continuaron aportando títulos a la larga lista de producciones apegadas al discurso oficial, como la exitosa *El Santo de la espada* (1970, Leopoldo Torre Nilsson), segunda en el ranking de las taquillas históricas del cine argentino de todos los tiempos (Nora Sack-Rofman, 2003).[226]

---

[225] Gallo filmó también *La batalla de Maipú* (1908), *Camila O' Gorman* (1908) y *La creación del himno* (1910).

[226] La película más convocante fue *Nazareno Cruz y el lobo* (1975), que llevó 3.400.000 espectadores. Le siguen *El Santo de la espada* con 2.600.000 (1970), *Juan Moreira* con 2.500.000 (1973), *Martín Fierro* con 2.400.000 (1970), *El secreto de sus ojos* con 2.330.000 (2009), *Manuelita* con 2.320.000 (1999), *La tregua* con 2.200.000 (1974), *Camila* 2.160.000 (1989), *Patoruzito* con 2.150.000 (2004) y *La Patagonia rebelde* 2.100.000 (1974). Fuente: "Las películas argentinas más taquilleras", *Clarín*, 19/10/2009.

La temática de la inmigración masiva hizo su aparición recién durante los años treinta, cuando la llegada del sonoro permitió reproducir estereotipadamente los acentos de las colectividades y referirse a la ideología del crisol en tono de comedia (Erausquin, 2012). Una de las primeras películas sonoras argentinas, *Los tres berretines* (1933, Enrique Telémaco Susini), mostraba las peripecias de la integración social, encarnadas en un inmigrante español dueño de una ferretería que se aficionaba al tango, al cine y al fútbol. En *El Conventillo de la Paloma* (1936, Leopoldo Torres Ríos) se problematizaban las relaciones entre un argentino, un italiano, un español y un "turco", que convivían en una de las típicas casas de inquilinato porteñas. Otras producciones de la época que ahondaron en el tema fueron *Así es la vida* (1939, Francisco Mugica), *Corazón de Turco* (1940, Lucas Demare), *Mujeres que trabajan* (1938, Manuel Romero) y *Cándida* (1939, Bayón Herrera). En esta última, la actriz Niní Marshall inauguró su célebre personaje Catita: una gallega vestida de campesina que trabajaba como empleada doméstica (Erausquin, 2012). Marshall, que se especializaba en componer personajes para la radio basados en mujeres inmigrantes, también dio vida a Doña Pola, una cambalachera judía muy pobre, cuya característica principal era una tremenda tacañería. A partir de los años cuarenta, la inmigración dejó de ser un tema convocante, aunque varias películas incluyeron personajes pertenecientes a las colectividades, que ahora aparecían insertos en las tramas argumentales más diversas. El tono general de esas caracterizaciones muestra que el tema de la diversidad cultural fue trabajado con una mirada apegada a la historia oficial.

Esa mirada celebratoria del crisol recién comenzaría a ser cuestionada a fines de los años sesenta y comienzo de los setenta, en películas que mostraban coyunturas sociales signadas por la represión y la explotación de los inmigrantes. Es el caso de La Patagonia rebelde (1974, Héctor Olivera) y de *Quebracho* (1974, Ricardo Wullicher), lanzadas en una coyuntura revisionista, en la que también el cine documental abordó aspectos relacionados con la historia político-social de la mano de directores como Fernando Pino Solanas, Octavio Getino y Raymundo Gleyzer (Erausquin, 2012; Getino, 2005). A partir del retorno de la democracia, en diciembre de 1983, hasta el presente, el cine nacional retomó el tema de las colectividades minoritarias e inmigrantes pero mostrando una tendencia novedosa: la crítica de la ideología del crisol y la valoración del pluralismo. Es el caso, entre otras películas, de Pobre mariposa (1986, Raúl de la Torre), donde se muestra la impunidad con la que refugiados nazis asesinan judíos a comienzos de la era peronista. También el de Bolivia (2001, Israel Adrián Caetano), que expone la intolerancia con la que son tratados trabajadores bolivianos y paraguayos residentes en Buenos Aires (Erausquin, 2012).

La potencia del cine como vehículo de la memoria se ve amplificada en el caso argentino en virtud de la gran demanda de producciones de parte del público, ya que la sociedad local presenta, por lejos, el mayor índice de concurrencia a las salas en toda Latinoamérica, tal como se desprende del relevamiento efectuado por el Observatorio Mercosur Audiovisual durante el período 2002-2005, que incluye datos de Brasil, Uruguay, Paraguay, Chile, Bolivia y Venezuela.[227]

---

[227] El índice de concurrencia en la Argentina es un 20% más alto que en Chile y en Uruguay, y un 50% mayor que en Brasil, aunque el estudio no mide otros dispositivos de acceso al cine como el DVD, Internet y la TV por cable. Octavio Getino "APROXIMACION AL MERCADO CINEMATOGRAFICO DEL MERCOSUR. Período 2002-2005". Documento on line accesible en:
http://www.recam.org/_files/documents/
aprox_al_mercado_cinemat_del_mercosur.pdf

1. Presencia judía en el cine Argentino

El cine nacional comenzó a reflejar la presencia de la colectividad judía en la Argentina desde fines de los años cuarenta. En *Pelota de trapo* (1948, Leopoldo Torres Ríos), un chico judío era retratado de acuerdo con varios estereotipos antisemitas, como la debilidad física, la excesiva aplicación al estudio y la incapacidad para el deporte. Su padre –quien atesoraba la pelota que anhelaban comprar los compañeros "de barra" del chico estigmatizado– era un comerciante desalmado, sólo movido por el afán de lucro. En cambio, otras películas contemporáneas presentaron una mirada benigna, como *La niña del gato* (1953, Román Vignoly Barreto), en la que un solitario hombre judío (encarnado por un reconocido actor de la colectividad, Adolfo Stray) daba amparo a una niña que huía de un hogar desquiciado. Durante los años sesenta, *Dar la cara* (1962, Martínez Suárez) y *La terraza* (1962, Leopoldo Torre Nilsson) también presentaron miradas favorables (Loterszstein, 1990).

La primera película referida *in toto* a los judíos de la Argentina fue *Los gauchos judíos* (1975, Juan José Jusid), un musical basado en la obra de Alberto Gerchunoff que contó con la participación de un elenco estelar: Pepe Soriano, China Zorrila, Víctor Laplace, Luisina Brando, Osvaldo Terranova, Dora Baret y otras figuras relacionadas con el mundo de la canción, como Ginamaría Hidalgo y Raúl Lavié. Sin embargo, aunque *Los Gauchos judíos* se transformó en un éxito de taquilla, la verdadera explosión de personajes judíos en las producciones nacionales recién tendría lugar a partir de los años noventa, cuando numerosas producciones que llegaron al público masivo tocaron en alguna medida el tema de la identidad judía en la Argentina. Entre ellas se destacan *Tango feroz: la leyenda de Tanguito* (1993, Marcelo Piñeyro), *Picado fino* (1993, Esteban Sapir), *Cohen vs. Rosi* (1998, Daniel Barone), *Felicidades* (2000, Lucho Bender), *Valentín* (2002, Alejandro Agresti) y *Luna de Avellaneda* (2004, Juan José Campanella). Otras, aunque menos taquilleras, han abordado cuestiones relacionadas con la memoria judía local. Por ejemplo, el atentado a la AMIA quedó reflejado en *18J* (2004, diez cortometrajes de diferentes directores), *Anita* (2009, Marcos Carnevale) y *Esclavo de Dios* (2013, Joel Novoa Schneider), mientras que la inmigración y la vida en las colonias fueron abordadas en *La cámara oscura* (2008, María Victoria Menis), que trata sobre el romance entre una mujer tímida y un fotógrafo ambulante en una colonia entrerriana de fines del diecinueve, y por *Un amor en Moisés Ville* (2000, Antonio Ottone), filmada y ambientada en la colonia homónima. A su vez, las exitosas *Sol de otoño* (1996, Eduardo Mignona) y *Nueve reinas* (2000, Fabián Bielinsky) incluyeron a personajes originarios de las colonias, aunque ya emigrados a las ciudades.

La mayoría de estas películas presentó miradas favorables, respetuosas e integradoras sobre los judíos, aunque con una importante excepción. En *Tango feroz*, basada en la vida del famoso pionero del rock José Alberto Iglesias Correa, el músico es estafado por su amigo y mánager, un muchacho apodado "el Rusito", quien lo "vende" a una compañía discográfica instándolo a firmar un contrato cuya letra chica lo obligará a tocar música "comercial", hecho presentado en la película como una traición a las aspiraciones anti-mercantilistas del protagonista. En esta versión rockera de Judas Iscariote, el Rusito aparece caracterizado como un personaje poco agraciado, de corta estatura y con anteojos de lentes gruesos, rodeado de amigos mucho más favorecidos por la naturaleza.

A partir del año 2000, aparecieron películas en las que la identidad judeo-argentina era el objeto de reflexión central de la trama. A diferencia de la pionera en el rubro, *Los gauchos judíos*, esas otras producciones comenzaron a basarse en guiones originales contemporáneos, plasmando de ese modo miradas actuales y renovadas. En el terreno de la ficción, el más representativo y prolífico de los directores "judaicos" ha sido Daniel Burman, autor de una trilogía que incluye *Esperando al Mesías* (2000), *El abrazo partido* (2004) y *Derecho de familia* (2006), en las que el actor Daniel Hendler encarna a Ariel, un muchacho porteño, de origen judío, cuya vida es atravesada por diversos conflictos típicos de la etnicidad en era posmoderna. Otras películas que focalizan en la identidad judía son *Judíos en el espacio* (2005, Gabriel Lichtman) y *Cara de queso, mi primer ghetto* (2006, Ariel Winograd).

En el mismo período, algunos directores recurrieron al género documental para reflejar la vida judía en la Argentina, ya sea recordando las trayectorias de personalidades destacadas o bien rememorando determinados acontecimientos históricos. Por ejemplo, *Jevel Katz y sus paisanos* (2005, Alejandro Vagnenkos) recupera la biografía de un célebre músico y humorista radicado en la Argentina de los años treinta, *Hombre de Suerte: El Legado Invisible de Max Glücksmann* (2008, Mariano Fernández Russo) muestra fragmentos de la vida y la obra de uno de los pioneros de la industria cinematográfica local, mientras que *Blackie, una vida en blanco y negro* (2012, Alberto Ponce) recorre la increíble vida de la popular conductora de radio y TV Paloma Efrón. Entre los documentales que abordaron acontecimientos históricos se encuentran *Haciendo Patria* (2007, David Blaustein), que muestra una historia familiar a lo largo de tres generaciones, *Un pogrom en Buenos Aires* (2007, Herman Szwarcbart), que aborda los sucesos de La

Semana Trágica y *Kadish* (2009, Bernardo Kononovich Bernardo Kononovich), dedicada al tema de los desaparecidos judíos durante la dictadura militar. Entre los trabajos que reflejaron las distintas aristas de la colonización agrícola se destacan *Legado* (2004, Vivian Imar y Marcelo Trotta), *De Bessarabia a Entre Ríos* (2007, Pedro Banchik) y *Retorno judaico a Avigdor* (2010, Martha Wolff).[228]

2. Gerchunoff en versión Broadway

La película *Los gauchos judíos* surgió a partir de la iniciativa personal de Juan José Jusid, un director joven e interesado en mostrar una versión de la historia nacional despegada del relato oficial relacionado con los próceres del siglo XIX, que valorara el aporte de los inmigrantes a la construcción de la Argentina moderna.[229] Para financiar el proyecto, en 1974 Jusid se asoció con Leopoldo Torre Nilsson y con los hermanos Emilia, Mario y Norberto Kaminsky, a la sazón dueños del sello discográfico Microfón Argentina. El hecho de que un director consagrado, como Torre Nilsson, se interesara en el proyecto, podría haber respondido a motivaciones similares a las de Jusid: el crítico Alberto Ciria lo ubica, políticamente, como un artista cercano a las concepciones de la historia argentina liberal (1990: 47-48). Además, quince años antes, Nilsson había trabajado sobre

---

[228] Ver al respecto Tzvi Tal (2010), que incluye un listado de películas en las que se aborda el tema judío. Para Carolina Rocha, más allá del interés que ha despertado la temática étnica en la nueva era del pluralismo cultural, la creciente abundancia de personajes y argumentos que problematizan aspectos de la integración de los judíos en la sociedad argentina puede leerse en clave coyuntural, como una respuesta a las representaciones que circularon en la prensa local luego del atentado a la AMIA, que solían separar lo judío de lo nacional, asociándolo a la ortodoxia religiosa o vinculándolo directamente con el Estado de Israel (2010).

[229] Entrevista a Juan José Jusid (abril de 2013).

textos de otro autor judío consagrado, cuando dirigió *Un guapo del 900* (1960), basada en la obra de teatro homónima de Samuel Eichelbaum, junto con quien había coescrito el guión.

A partir de una sugerencia de los hermanos Kaminsky, el equipo de producción decidió transformar la obra de Gerchunoff en un musical al estilo de *El violinista sobre el tejado* (1971, Norman Jewison), el film norteamericano basado en un libro de Scholem Aleijem que narraba la opresión de los judíos en la Rusia zarista. Esa estrategia les posibilitaba asociar al proyecto con un antecedente exitoso (la película de Jewison había ganado tres premios Oscar) y, al mismo tiempo, darle entidad al relato gerchunoffiano por contraste, en tanto *Los Gauchos Judíos* mostraba la integración de los oprimidos en un país tolerante. Además, implicaba una vía de financiamiento alternativa, que ayudaría a amortizar el elevado costo de producción, cercano al medio millón de dólares, consistente en la venta de un *longplay* con las canciones interpretadas por autores consagrados, para lo cual los hermanos Kaminsky disponían de su propio sello. En ese momento, el valor de las entradas para el cine se encontraba sumamente depreciado (rondaba los 40 centavos de dólar), por lo que era difícil sostener emprendimientos costosos sólo con el aporte de los espectadores.[230]

Los gauchos judíos combina distintas historias independientes, tomadas de cuatro capítulos del libro original y protagonizadas por inmigrantes y criollos que conviven en una colonia agrícola situada en la Entre Ríos de fines del siglo XIX. La trama comienza en el momento de la llegada de los primeros colonos judíos, y finaliza cuando se resuelve un conflicto entre ellos y un grupo local que conspira

---

[230] Pese a la gran cantidad de entradas vendidas, la película terminó dejando un saldo negativo. Entrevista a Juan José Jusid (abril de 2013).

para echarlos del campo. Es probable que, ante la inexistencia de un relato central en el libro original, los autores hayan incluido esa trama policial a fin de dar cohesión a la película, de crear un clima de suspenso y de resolver el guión con un final contundente. El grupo conspirativo se componía de terratenientes, políticos locales y peones criollos que cooptaban a los administradores de la colonia, quienes no queda del todo claro si eran o no judíos, ya que hablaban el español con un acento más bien anglófono, y nunca mencionaban a la JCA ni al barón Hirsch. Aunque los conspiradores intentan expulsar a los colonos quemándoles las parvas de trigo y envenenando el agua de los pozos, finalmente serán descubiertos por el doctor Noé Yarcho, una figura histórica que aparece en el libro original, aunque transformada por los guionistas en una suerte de Sherlock Holmes, cuya interpretación recayó en el actor Pepe Soriano.[231] Los autores también decidieron introducir a un narrador en off –en este caso, interpretado por Sergio Renán– que relata los acontecimientos de su propia infancia y juventud en la colonia. En una de sus primeras intervenciones, el narrador decía:

> A mi padre, el primero después de tantas generaciones, le tocó conducir el arado. Allí surgió Ragil, borrado hoy de casi todos los mapas. Esta es parte de su pequeña historia. La que recuerdo, la que ha quedado grabada en mi memoria. La transformación de un grupo de gringos que habían vivido claveteando zapatos o comerciando baratijas, en lugares sórdidos y tristes, en gauchos avezados, labradores de su propia tierra.

Esa preservación del espíritu integracionista, apologético y legitimador del libro originario llevó a algunos intelectuales de la comunidad judía a pronunciarse nega-

---

[231] El guión fue escrito colectivamente por Jusid, Oscar Viale, Jorge Goldenberg y la hija del escritor, Ana María Gerchunoff, dueña de los derechos de la obra.

tivamente respecto de la falta de realismo del guión, que, según adujeron, no se correspondía con la historia verdadera. Por ejemplo, el periodista Daniel Muchnik y el crítico teatral Kive Staiff, ambos descendientes de colonos, criticaron varias de las escenas por su mirada idealista, citando como ejemplo la secuencia inicial, en la que los inmigrantes llegan a la estación de la colonia a bordo de un tren lujoso, radiantes y bien vestidos para, una vez allí, ser recibidos por una orquesta y luego pasar a instalarse en casas confortables. No obstante, el diario de Timerman incluyó también una semblanza sumamente elogiosa de la película, escrita por el director y crítico cinematográfico Agustín Mahieu.

Aunque la película se promocionaba en los diarios argentinos como "un mágico mundo de canciones, música, pasiones, amor, alegría, humor, valor y misterio que gira alrededor de una pintoresca aldea entrerriana de fines de siglo", algunos episodios ocurridos en torno a su estreno evidencian que la película incomodó a distintos sectores nacionalistas. En primer lugar, durante el rodaje –que se llevó a cabo entre fines de 1974 y comienzos de 1975– hubo un conflicto con militares del regimiento bonaerense de Campo de Mayo, donde se instaló el set de filmación a fin de reproducir el ambiente rural de las colonias. Una madrugada, cuando sólo restaban filmarse las escenas finales, un grupo de conscriptos presuntamente alcoholizados incendió las escenografías y el vestuario, ocasionando perjuicios económicos, demoras y la obligada contratación de custodios. El segundo episodio ocurrió en las oficinas del Ente de Calificación Cinematográfica, el órgano censor cuyo famoso director, Paulino Tato, había asumido funciones en agosto de 1974. Si bien en una primera instancia Tato avaló el guión, cuando vio la película terminada cambió de parecer y amenazó con prohibirla, en consideración de que incluía escenas inconvenientes y de que el título era ofensivo para la patria, ya que investía de una identidad extranjera a uno de los máximos símbolos nacionales de la Argentina. Pero el principal problema que encontraba Tato estaba relacionado con una secuencia de unos diez minutos de duración, en la que los colonos asistían a observar unas cuadreras (carreras de caballos tradicionales del campo argentino) de las que participaban los gauchos y los criollos de la zona. En una de las carreras, un criollo pierde contra el hijo del gaucho Remigio Calamaco, viejo amigo de los colonos judíos, pero denuncia que el joven hizo trampa para llegar primero. La discusión deriva en un duelo, facón en mano, en el que el hijo de Calamaco da muestras de cobardía que lo ponen en ridículo. Avergonzado por el mal desempeño de su propio hijo en la pelea, Calamaco se le acerca y lo asesina de una puñalada. A continuación, ante la consternación generalizada, un colono judío se cobra venganza y le da una feroz golpiza al muchacho, hasta hacerle confesar que, en realidad, su contrincante no había hecho trampa. Paulino Tato adujo que la secuencia debía ser censurada por dos motivos: en primer lugar, porque los gauchos filicidas no existían, y, en segundo término, porque era imposible que un judío le ganara en una pelea a un gaucho. La escena finalmente fue censurada, aunque hoy la se puede ver en la versión completa, editada a posteriori en DVD.[232]

El tercer episodio tuvo lugar en el momento del lanzamiento. El 11 de mayo de 1975, durante la avant premiere, realizada en el Cineclub Núcleo, la función debió suspenderse debido a una amenaza de bomba. Unos días más tarde, durante el estreno en el cine Braodway, estudiantes de la Universidad del Salvador arrojaron petardos dentro

---

[232] Entrevista a Juan José Jusid (abril de 2013).

de la sala, pintaron esvásticas en los afiches y rompieron algunos vidrios del hall, aunque la película igualmente se pudo proyectar.[233] Los panfletos arrojados por los agresores muestran sus ideas sobre el judaísmo:

> Estos son los gauchos judíos: bronner, gelbard, todres, nattin, mizragi, madanes, timermann, borenstein, kestelboim, stivel, sadovsky, asher, rapaport, tifernberg, bunge y born, berenstein, (...), dreyfus, hirsch, gerchunoff, (...), ERP, siguen las firmas... El oro fue su semilla/ la usura, su arado/ el hombre, su animal de carga/ su fruto: la sangre de los argentinos. Por una Argentina nacional-justicialista, sin judíos ni explotados (...) combatamos al judaísmo apátrida.[234]

Apelando a un tono más moderado, algunos medios nacionalistas hostigaron a la película publicando sinopsis tendenciosas. Por ejemplo, para la revista *Semana Política*, el film narraba la llegada de judíos dispuestos a "crear en nuestra Mesopotamia un Estado israelita".[235] Aunque los productores informaron a la DAIA acerca de estos hechos discriminatorios, no obtuvieron respuestas, lo que resulta curioso, dado que en la misma época la institución central de la colectividad se encontraba muy activa: había denunciado publicaciones y panfletos antisemitas impresos por la Triple A y por otros sectores extremistas del peronismo, y se había ocupado de criticar la prohibición de un acto

---

[233] "Hechos y resonancias", *Mundo Israelita*, 17/5/1975. Entrevista a Juan José Jusid, quien también se refirió a estos temas en la versión de la película en DVD; véase la sección "extras".

[234] "Hechos y resonancias", *Mundo Israelita*, 31/5/1975. Para el semanario judío, el panfleto mostraba la contradicción entre el verdadero pensamiento de Perón y de Evita, quienes habían indicado en 1948 que el antisemitismo era "un engendro de la oligarquía", y aquéllos otros pseudo-peronistas que pretendían "revestir al movimiento de masas con sus miserias hitlerianas". Estas consideraciones deben leerse a la luz de que en ese momento el país era gobernado por el peronismo.

[235] Sobre la nota en *Semana Política*, véase "Hechos y resonancias", *Mundo Israelita* 31/5/1975.

en homenaje al aniversario del Levantamiento del Gueto de Varsovia, ordenada por el gobernador de la provincia de Córdoba. También había denunciado la difusión del mito conspirativo del Plan Andinia por parte de un programa televisivo de Canal Once, presuntamente financiada por países árabes interesados en debilitar el apoyo internacional a Israel.[236] Para Jusid, la desatención de la DAIA respecto de las denuncias hechas por los productores se explica porque la dirigencia comunitaria, adscrita a las filas sionistas, no simpatizó con el reciclaje del discurso integracionista y acrisolador gerchunoffiano.[237] De hecho, si la DAIA hubiese tenido una mirada favorable, podría haber aprovechado la circunstancia de que el estreno de la película haya coincidido con el vigésimo quinto aniversario de la muerte de Gerchunoff, ocurrida el 2 de marzo de 1950, una fecha que fue conmemorada por distintas instituciones judías. Incluso Ediciones Aguilar lanzó en ese momento una reedición ilustrada de *Los gauchos judíos*, que estaba agotado desde hacía tiempo.[238]

En contraste con la actitud de los conscriptos de Campo de Mayo, los argumentos insólitos de Paulino Tato y las agresiones de la derecha peronista, los diarios nacionales más importantes elogiaron la película y denunciaron

---

[236] "El titular de la DAIA dio nuevos detalles de la escalada antisemita y alertó sobre los peligros que se ciernen", *Mundo Israelita*, 10/5/1975. Lanzado a la esfera pública en 1972, el mito reactualizaba la idea de una conspiración judía mundial para dominar el mundo pero focalizado, en este caso, en la Argentina.

[237] En mayo de 1975 asumió la presidencia de la AMIA el doctor Mario Gorenstein, abogado proveniente de las filas del movimiento sionista Poalé Sión, militante luego de Avodá, ambos correspondientes al ala laborista. En su discurso inaugural, Gorenstein instó a la comunidad a adecuar los contenidos de sus estructuras y programas a la ideología natural, el sionismo, movimiento de liberación nacional del pueblo judío. El discurso se puede leer en "Asumieron las nuevas autoridades de AMIA", *Mundo Israelita* 31/5/1975. Véase también "Anticipa el doctor Mario Gorenstein pautas de su futura gestión", *Mundo Israelita* 24/5/1975.

[238] "Homenaje a Gerchunoff", Mundo Israelita, 17/5/1975; "Los gauchos judíos", Mundo Israelita, 24/5/1975.

largamente los incidentes ocurridos.[239] Incluso la gran concurrencia de público, que llenó las salas, también podría leerse como una actitud positiva de parte de la sociedad argentina hacia la película de Jusid. Sólo durante su primera semana de exhibición, *Los gauchos judíos* convocó a 250.000 espectadores, cifra que casi igualaba a la población judía del país, mientras que el número definitivo habla por sí mismo: concurrieron a verla, en total, 1.400.000 personas. Más allá de los eventuales méritos artísticos y musicales del film, y de la presencia de un elenco sumamente convocante, cuando lo entrevisté, Jusid atribuyó el éxito de público a tres factores: la curiosidad despertada por la difusión que alcanzaron los atentados, la identificación que suscitó la película en descendientes de otras colectividades de inmigrantes, que sentían que sus propias trayectorias familiares estaban ausentes en el relato de la historia oficial, y el deseo de algunos espectadores de observar las particularidades del mundo cultural judío, algo que les era completamente desconocido.

2. El cine documental

La primera película documental sobre la colonización judía fue prácticamente contemporánea de la famosa *Nanuk el esquimal* (Robert Flaherty, 1922), el primer documental de la historia del cine. Producida en 1925 por Max Glücksmann, uno de los pioneros de la industria cinematográfica local, la película muestra escenas de la vida

---

[239] Ver la crítica sumamente elogiosa de *Clarín* en "Entre Ríos, la Tierra prometida", 23/5/1975, y la más mesurada pero igualmente favorable de *La Nación* en "Gerchunoff en una ajustada adaptación", 23/5/1975. *La Opinión* del 23/5/1975 dedicó dos páginas enteras a comentar la película. En un recuadro, el diario dirigido por Jacobo Timerman denunció la censura de las escenas mencionadas.

cotidiana y de la labor agrícola en las distintas colonias, acompañadas por textos escritos en ídish y en castellano que aportan datos sobre la demografía judía y sobre los rendimientos agrícolas. Treinta años más tarde apareció *Medio siglo. Rivera 1905-1955* (1955, Justo Martínez y Enrique Dawidowicz), mientras que en 1964 llegaría *Un viaje por las colonias judeo argentinas* (Pioneros Films), una película producida como homenaje por el setenta y cinco aniversario de la colonización, que muestra a un grupo de ex colonos, residentes ahora en Buenos Aires y lanzados a recorrer las colonias. Otros trabajos posteriores son *75 aniversario de Rivera y sus colonias* (1980, Alberto Frenkel), *100 años: Colonia Mauricio* (1991, Edu Feller), *A mis antepasados riverenses* (1992, Pablo Milstein), *Esperanza: Basavilbaso crisol de razas* (1996, Isaac Wolfowicz), *Cien años de Las Palmeras* (2004, Mario Fritzler) y *Las raíces y los frutos* (2005, Alejandro Cantor). Más tarde, durante las dos últimas décadas, aparecieron también decenas de cortometrajes y de emisiones televisivas que abordaron distintos aspectos históricos, culturales y sociales de la colonización con un grado de profesionalismo variable. La mayoría surgió a partir del interés personal, periodístico, museológico y municipal por difundir la historia y el patrimonio turístico locales. Algunos directores recibieron apoyo del estado, como en el caso del entrerriano Guillermo Meresman, autor de *De gauchos, colonos y vecinos* (1995) y de *El último gaucho judío* (1997).[240] Todos estos materiales son muy dispares, tanto en cuanto a la calidad como a las tecnologías utilizadas.

Aquí me detendré en tres largometrajes de factura reciente, que fueron realizados con espíritu divulgativo y que han alcanzado cierta difusión. Me refiero a *Legado* (2004, Vivian Imar y Marcelo Trotta), a *De Bessarabia a Entre Ríos* (2007, Pedro Banchik) y a *Retorno judaico a Avigdor* (2010, Martha Wolff).

De las tres, la única profesional, estrictamente hablando, es *Legado*, en tanto fue dirigida por cineastas de oficio, circuló por distintos festivales internacionales y recibió una nominación de la Asociación de Cronistas Cinematográficos de la Argentina para el premio Cóndor de Plata en la categoría mejor video-film y el Premio al Mejor Guion Documental, entregado ese mismo año por la Sociedad General de Autores de la Argentina (ARGENTORES). El proyecto surgió en 1991 bajo el impulso de Baruj Tenembaum, un educador oriundo del pueblo Las Palmeras, colonia Moisés Ville, que aportó los fondos desde la Fundación Internacional Raoul Wallenberg, una ONG creada y dirigida por él mismo, que cuenta con sedes en Nueva York, Jerusalén, Berlín y Buenos Aires, aunque luego la película también recibió aportes del Instituto Nacional de Cine y Artes Audiovisuales (INCAA). Si bien el

---

[240] El primero narra las vivencias interculturales de los vecinos de distintas generaciones y procedencias en Basavilbaso, y fue auspiciado por el INCAA, mientras que el segundo recorre la historia de vida de Don Cito Borodovsky, y fue realizado con un Subsidio a la Creación Artística Regional en Video de la Fundación Antorchas, declarado de Interés Cultural por la Subsecretaría de Cultura de la Provincia de Entre Ríos y auspiciado por el Programa Identidad de la Secretaría General de la Gobernación de la misma provincia. Otros documentales son *Viaje por el Legado Judío - Moisés Ville* (del israelí Omri Rot), *Moisés Ville - La fuerza de la integración* (trece capítulos, realizado por un equipo de cineastas jóvenes santafecinos), *Rivera, un pueblo que vive* (Jonatan Feldman) y *Memoria del presente* (Museo Judío de Entre Ríos).

guión original sólo se proponía registrar y editar testimonios brindados por descendientes de los colonos judíos, cuando Tenembaum convocó a la directora Vivian Imar, el film tomó un cariz más cinematográfico. Imar se involucró afectivamente con la temática, que reflejaba aspectos de su propia historia familiar, por lo que decidió darle un giro emotivo y vivencial mediante la inclusión de narradores imaginarios que, con sus relatos, irían develando la trama del proceso histórico y contribuirían a amalgamar los testimonios reales que pedía Tenembaum. Para lograr una atmósfera a la vez íntima y realista, Imar decidió que las locuciones del personaje principal –una mujer llegada con los podolier en 1889– fueran grabadas en ídish. Para ello convocó a Shifra Lerer, una actriz argentina radicada en los Estados Unidos, cuyos propios antepasados habían arribado al país en el mítico Weser. Para ilustrar el relato, *Legado* combina imágenes tomadas en las colonias durante la década de 1990 con registros históricos, entre los que se destacan aquéllas filmadas por Max Glücksmann en 1925. Entre los testimonios incluidos sobresalen el de la hija de Miguel Sajaroff, el del intelectual Máximo Yagupsky y el de Roberto Schopflocher, como se recordará, uno de los últimos administradores de la JCA. Imar, quien sumó como codirector a Marcelo Trotta, solicitó asesoramiento histórico a Ana Weinstein, Máximo Yagupsky, Leonardo Senkman, Saumel Rollansky y Mónica Salomón.[241] Tzvi Tal ha manifestado que, "como documental institucional, [*Legado*] impulsa un conformismo heroico donde se aprecia a quien no claudica ante las dificultades, pero no reclama

---

[241] Entrevista a Vivian Imar (abril de 2013). Ver también "Hoy estamos como cuando ellos vinieron a este país", *Página 12*, 13/10/2004. Weinstein es directora del centro de investigaciones Marc Turkow de AMIA, Yagupsky fue un pedagogo e intelectual judío de renombre, Senkman y Salomon son historiadores y Rollansky fue un importante intelectual y emprendedor cultural idishista.

un cambio estructural para solucionar la crisis que lo afecta" (2007: 9), y que la película construye "una narrativa de integración en tono nostálgico con acento infantil a-crítico que pondera las cualidades del inmigrante para vencer las dificultades y la buena disposición de la cultura argentina, que aprecia la voluntad de sobreponerse del judío" (2007: 13-14). Sin embargo, desde mi punto de vista, la película no transita el clima optimista y apologético de la memoria oficial, como había ocurrido en el caso de *Los gauchos judíos*, sino que adopta un enfoque más bien cercano a la producción historiográfica y a las memorias de vida de los colonos pioneros, evitando los discursos grandilocuentes y mostrando las dificultades de la adaptación al nuevo país. En este caso, los pioneros no arriban prolijamente aseados y sonrientes: la secuencia inicial sólo deja ver el oleaje del mar desde la perspectiva de la proa de un barco, mientras una música dramática y el tenue movimiento del agua acompañan como telón de fondo a la voz de Lerer, que narra la situación expulsora en la Rusia zarista con cierto énfasis en el desgarramiento de los exiliados. Luego, en el transcurso de la película, afloran las temáticas de la memoria subterránea, no sólo a partir de los relatos ficcionales, sino también en los testimonios de vida "reales", donde los pormenores del conflicto colonos/JCA son abordados sin dubitaciones.

Al año siguiente del estreno de *Legado*, en 2005, apareció *De Bessarabia a Entre Ríos*, un documental de factura casera, realizado con escasos recursos, pero que logró una importante repercusión. Producto de la inquietud personal de Pedro Banchik, un empresario cultural nacido en la ciudad entrerriana de Villaguay que se desempeñaba como representante de artistas de música klezmer, el documental fue pensado para transmitir la historia del clan familiar a cientos de parientes convocados a una "reunión cumbre" de más de trescientos invitados, que incluía a viajeros llegados de distintas partes del mundo, con el fin de celebrar el centenario de los orígenes de la familia, hecho ocurrido a comienzos del siglo XX en una colonia entrerriana. Luego de la reunión, Banchik entregó copias a cada una de las familias asistentes, quienes más tarde se ocuparon de difundir el material –que contaba con subtítulos en inglés– en sus propios países de residencia, haciéndolo llegar incluso a algunas instituciones que solicitaron permiso para proyectarlo, como universidades, museos y señales de TV. Entre esos llamados, llegó uno del *Beit Hatfutsot*, el Museo de la Diáspora Judía de Tel Aviv (como se recordará, la institución patrocinadora del programa "Mi historia familiar"), interesado en comprar la película, en tanto sus autoridades la consideraron un documento histórico.[242] Subtitulado más tarde en hebreo y en portugués, el documental fue exhibido en el IV Festival Internacional de Cine Judío en la Argentina (2006) y en el Festival Internacional de Cine Judío del Uruguay (2007). Obtuvo las declaratorias de Interés Cultural por el Gobierno de Entre Ríos (Decreto N° 018, el 19 de marzo de 2007) y de Interés Cultural y Parlamentario por el Honorable Senado de la Nación Argentina (Decreto n° 135/07, del 11 de Abril de 2007) y por la Cámara de Diputados de la Nación. Los congresistas que firmaron ese petitorio argumentaron que:

> el filme tiene implícita una profunda expresión de gratitud a la generosa patria Argentina, y al mismo tiempo transmite un mensaje de Paz, e importantes valores como la solidaridad, la comprensión mutua, los derechos humanos, la tolerancia y la

---

[242] Disertación de Pedro Banchik en el Coloquio Experiencias de Colonización en Argentina, organizado por el Seminario Rabínico Latinoamericano y el CEMLA en agosto de 2011.

aceptación ante la diversidad de todos los habitantes de nuestro país y del Mundo, por cuanto el mismo podría significar un aporte a la educación y la cultura nacional.[243]

A lo largo de una hora y media, la película traza un recorrido que comienza en el primer siglo de la Era Cristiana, cuando llegaron a la zona de Besarabia los primeros pobladores judíos, y finaliza en el presente, a comienzos del siglo XXI. La primera parte focaliza en la situación de la población ashkenazí asentada en aquella región durante el siglo XIX, caracterizando sus rasgos culturales: lengua, música, literatura, gastronomía y culto. El principal insumo que utilizó Banchik para referirse a las peculiaridades de la vida judía en Besarabia fue una entrevista que le hizo al embajador de Rumania en la Argentina. Luego, para ilustrar aspectos de la vida de los inmigrantes ya instalados en la colonia entrerriana, recurrió al montaje de escenas tomadas de *Los gauchos judíos*, e incluyó locuciones de textos originales del libro de Gerchunoff. En ambos casos, eligió fragmentos que transmiten las representaciones centrales de la memoria oficial: la idea del gaucho judío es tomada como una realidad que da cuenta de los éxitos de la integración, se omiten los conflictos intraétnicos y se resaltan los aportes al país anfitrión.

Cinco años más tarde apareció *Retorno judaico a Avigdor*, un documental que recorre la historia de la colonia entrerriana creada por la JCA en 1936 para recibir a judíos que escapaban del nazismo.[244] Producida por la Fundación Judaica y auspiciada por la Embajada de Alemania en la Argentina, la película repasa el ascenso del nazismo en Alemania utilizando imágenes de archivo, para luego

---

[243] Proyecto de resolución de la Honorable Cámara de Diputados de la Nación n° de expediente 4730-D-2007.
[244] La Fundación Judaica fue creada en el año 1997 por el Rabino Sergio Bergman, a partir del marco de la Congregación Emanu-El, http://www.judaica.org.ar/.

relatar la llegada de los refugiados a Entre Ríos durante la preguerra valiéndose de entrevistas realizadas al psicoanalista e historiador Alfredo Schwarcz –autor de varios trabajos sobre los judíos alemanes en la Argentina–, al director del museo de la colonización de Villa Domínguez, Osvaldo Quiroga, y al ex-administrador de la colonia Roberto Schopflocher. Luego, son los mismos habitantes de Avigdor quienes describen el pasado y el presente en el pueblo, introduciendo al espectador en las casas, la sinagoga, las chacras y el cementerio. Este documental ofrece además una nueva versión del mito del gaucho judío: el gaucho *ieke* ("alemán"), que cobra materialidad en los testimonios de un chacarero de origen judeo-alemán, pero con un acento y un léxico típicamente entrerrianos.

La película tiene proyecciones educativas, políticas y sociales. En primer lugar, porque forma parte de un proyecto vivencial orientado a inculcar valores solidarios, pluralistas y respetuosos de la memoria colectiva en alumnos de la red escolar judía que pasan una estadía veraniega en Avigdor, donde conviven con algunos de los inmigrantes y sus descendientes. En una larga entrevista incluida en la película, el ideólogo de este proyecto, el rabino Sergio Bergman (un político integrante del Pro, un joven partido nacional de orientación liberal), recalca la importancia de que los estudiantes aprendan la historia "tan judía como argentina de los inmigrantes", y de que incorporen el mensaje de integración que transmite la vida cotidiana en Avigdor, que no es "un mensaje de tolerancia sino [de] aceptación y celebración de nuestras diferencias". Según Bergman, la elección de Avigdor obedece a que era la única colonia en la que los inmigrantes originales podían transmitir a los jóvenes su propia historia sin intermediarios y sin el romanticismo literario que envuelve la memoria de las otras colonias. Desde el punto de vista político y social, el proyecto "Retorno judaico a Avigdor" busca revivir el legado productivista de la JCA y ofrecerlo como contraejemplo del modelo asistencialista implementado en el país para paliar los efectos de la crisis económica de 2001 por parte del rival del Pro, el Frente Para la Victoria (otro partido joven, pero de orientación peronista), una postura similar a la que sostiene el economista e investigador Edgardo Zablotzky (2004). Según la descripción que figura en la página web de Fundación Judaica, además del documental, el proyecto incluye el desarrollo de un Polo de Desarrollo Económico, Educativo y Social capaz de brindar "condiciones de vida sustentables a la población local mediante la generación de organizaciones de base micro empresarial y basadas en el trabajo cooperativo comunitario", de modo de convertir a la ex colonia en

> un foco de motivación, instrucción, capacitación y difusión de tecnologías aplicables a la empresa rural que aporten a la explotación extensiva tradicional a través de la combinación de la aplicación de tecnología y la producción intensiva.[245]

---

[245] El texto continúa así: "En los pobladores de la Colonia existe, en estado latente, el bagaje cultural y de trabajo heredado de los primeros colonos, fortalezas para compartir en un contexto de una auténtica demanda y necesidad de romper con el círculo vicioso que generan programas de asistencialismo. El Pueblo está rodeado de inmensos campos surcados por arroyos, con dificultades de encontrar emprendimientos familiares que contribuyan a aumentar los magros ingresos, desafiar años de políticas expulsivas y de asistencialismo que han adormecido las potencialidades y disminuido las capacidades sinérgicas de los pobladores. La carencia de recursos económicos amenaza la composición de los grupos familiares por la necesidad de emigración hacia ciudades en búsqueda de oportunidades", en http://www.judaica.org.ar/.

Balance del capítulo

Con diferentes recursos, y a partir de miradas e intereses particulares bien diversos, las cuatro películas que analizamos presentan la experiencia de la colonización en términos positivos, poniendo el énfasis en el hecho de que las colonias fueron el *locus* de la integración de los judíos en la sociedad argentina, sea reproduciendo el relato del crisol, mostrando a los descendientes de los gauchos judíos como argentinos de pura cepa, a una colonia entrerriana como la génesis de un extenso clan familiar o bien recuperando el ideal productivista con fines políticos renovados. La más relevante de las cuatro, *Los gauchos judíos*, abunda en loas a la Argentina y a la integración, tanto explícitas como implícitas: los colonos hablan un castellano sin acento extranjero y varios de los temas musicales fueron compuestos utilizando ritmos folclóricos locales. Aunque Jusid pudo concretar su deseo de incluir a los inmigrantes judíos en un relato nacional que, según me dijo, hacia los años setenta los había olvidado, el texto leído en off por el narrador al comienzo de la película evidencia el apego a las representaciones típicas de la memoria oficial y al discurso del crisol, tal cual quedaron cristalizados a comienzos del siglo XX. En los documentales *Legado* y *Retorno judaico a Avigdor*, los testimonios de hombres reales que utilizan con total naturalidad el sociolecto chacarero y hablan con un perfecto acento entrerriano, indistinguible del que usaría el más puro de los criollos, incluso mientras trabajan en un entrono rural ataviados con ropa de campo, dan materialidad a esa transformación de los inmigrantes en argentinos, mostrando a los gauchos judíos en carne y hueso. Una faceta novedosa que muestran los documentales es su recepción: a diferencia de las reacciones antisemitas suscitadas por la película de Jusid a mediados de los años setenta, en estos casos no hubo agresiones ni censura, y las exhibiciones de los tres, realizadas en salas y festivales a comienzos del siglo XXI, transcurrieron pacíficamente, en un contexto signado por la revaloración del pluralismo y por una mayor tolerancia hacia la diversidad cultural. Si el estado censuró absurdamente la secuencia más importante de la película de Jusid, en cambio, los documentales recibieron premios y menciones de parte de organismos oficiales.

Conclusiones

Este relevo fragmentario de diferentes lugares de memoria relacionados con la colonización judía en la Argentina arroja como conclusión más evidente que, al menos durante buena parte del siglo XX, el pasado agrícola fue un insumo utilizado por distintos emprendedores del campo judaico interesados en construir un relato legitimante, que contribuyera a lograr el reconocimiento de la minoría judía por parte del estado y de la sociedad nacional. Dentro del conjunto de las diversas representaciones configuradas por los emprendedores emerge, triunfal, una figura mitológica, que ha sido llamada a perdurar en el imaginario social de los argentinos: el gaucho judío. Transcurrido algo más de un siglo desde la consagración literaria de su autor, Wikipedia ofrece tres entradas distintas para la *creatura* gerchunoffiana: una para el libro, otra para la película y una tercera para una supuesta entidad humana real. Entre los 127.000 resultados que arroja en Google la frase "los gauchos judíos" a mediados de 2013 (que bajan a 113.000 para "Jewish gauchos") se destacan varios documentales subidos a plataformas on-line, emisiones de televisión, obras de teatro, cientos de notas periodísticas, sitios turísticos y museológicos, artículos académicos y divulgativos, y hasta una organización solidaria liderada por un joven entrerriano que se autodefine como "el último gaucho judío", y que, entre otras prestaciones, brinda cursos de "Torá-terapia".

Gerchunoff, auténtica *rara avis* de su tiempo, fue el pionero de la memoria judeo argentina. Cuando la colectividad aun se encontraba atomizada en pequeñas organizaciones sinagogales que representaban a una pluralidad de grupos dispares, amalgamados entre sí por la cultura, la lengua y el lugar de origen, él activó políticamente desde el campo intelectual, construyendo una serie de representaciones que favorecieron la aceptación de la presencia judía por parte de la élite liberal. Aunque, más tarde, el escepticismo respecto del crisol lo llevaría a militar abiertamente en el sionismo, su postura originaria dentro del mapa de las políticas identitarias judías fue la integracionista: los judíos debían incorporarse a las sociedades envolventes adoptando la nacionalidad del país de residencia, aunque reservándose la potestad de sostener sus singularidades culturales y religiosas, amparados en los derechos cívicos.

El discurso oficial inaugurado por Gerchunoff mantuvo su vigencia tres décadas más tarde, cuando el avance del nazismo y la proliferación del ideario nacionalista llevaron a los emprendedores del cincuentenario a minimizar los aspectos étnicos de la vida en las colonias para resaltar los sentidos de pertenencia argentinos de toda la colectividad. Más allá de la multiplicidad de posturas acerca de qué política identitaria debían asumir los judíos radicados y nacidos en la Argentina, que en ese entonces daban lugar a sendos debates intramuros, los organizadores de los festejos supieron leer los planos bocetados por Gerchunoff en 1910 para proyectar una imagen pública adecuada a los lineamientos y circunstancias de la época. En ese espíritu, amplificaron el relato apologético y purificador que ponderaba el origen rural, aun a fuerza de distorsionar la cronología histórica, y buscaron reforzar la inclusión de "lo judío" en la narrativa identitaria más amplia de la nación.

Necesariamente, esa versión pública de la memoria silenció algunas aristas inconvenientes, como los pormenores del conflicto interno entre los colonos y la JCA, la existencia temprana de prostitutas y tratantes de blancas judíos en Buenos Aires y la pregnancia del sionismo en las colonias, una ideología portadora del peligroso virus de la doble pertenencia. Sin embargo, estos aspectos más "realistas" fueron colectados por relatos subterráneos, elaborados en ídish, que recién aflorarían públicamente mucho más tarde, cuando la Argentina comenzó a revisar sus supuestos identitarios y a adoptar políticas multiculturalistas que eximieron a los judíos de adorar a sus agricultores, de alabar el crisol y de silenciar sus conflictos internos. A veces, esos aspectos subterráneos saltaron la barrera idiomática antes de tiempo, encendiendo las alertas comunitarias, como ocurrió en 1934 cuando Salomón Resnick dio a conocer en la revista *Judaica* (una publicación integracionista que salía en castellano) una serie de cartas dirigidas por el barón Hirsch a los administradores de las colonias cuarenta años antes, en las que les recomendaba aplicar la mano dura para resolver los conflictos con los agricultores. Resnick fue conminado a mantener el tema en silencio por los dirigentes de las cooperativas agrícolas, máximos representantes de los propios colonos.[246] De esos tabúes, el que recibió mayor atención fue el de los conflictos, seguramente debido a que éstos afectaban directamente a los colonos en diversos aspectos de su economía familiar y de su vida cotidiana. Aunque pueda parecer contradictorio, quienes lo difundieron estaban profundamente consustanciados con el proyecto agrícola/redentor de la JCA. Antes que disidentes ideológicos, debemos considerarlos sujetos críticos, que no acordaban con las políticas tutelares ni con las restricciones económicas impuestas por la empresa, cuestiones que veían como el verdadero impedimento para arraigarse en el campo.

---

[246] Véase el nº 18, de 1934, íntegramente dedicado a la colonización.

Un sondeo exploratorio acerca de otras representaciones y discursos hilvanados por la dirigencia judía muestra que la memoria de la colonización no fue la única vía para activar la legitimación por la vía del productivismo. Por ejemplo, la escuela de oficios ORT, perteneciente a una red educativa judía internacional especializada en ciencia y tecnología, que llegó a la Argentina en 1936, planteaba en su revista-boletín de diciembre de 1939 que:

> nuestra publicación (...) tiende a propagar en forma popular todo lo que contribuya a elevar el nivel físico y a difundir la idea de productivización dentro de la población judía, sentida necesidad en nuestro ambiente para lograr la transformación del actual elemento inútil en productivo.

En el boletín, que llevaba por título "Vida productiva", la sigla ORT era traducida como "organización-reconstrucción-trabajo", aunque en otros folletos se la traducía como "organización para la racionalización del trabajo". Este dato sugiere que las estrategias redentoras se fueron adecuando a los cambios en el modelo económico nacional.

Otra conclusión que surge de este relevamiento de la memoria colona es que, desde la segunda mitad del siglo XX en adelante, las representaciones étnicas fueron ganando terreno sobre las nacionales. Si trazamos una progresión considerando las figuras históricas que fueron honradas en los aniversarios más importantes de Moisés Ville, la curva comienza con San Martín en 1939, continúa con el barón Hirsch en 1964 y finaliza con el rabino Aarón Halevi Goldman en 1989. Es decir, que pasaron de un prócer argentino, a una figura judía internacional, a un inmigrante judío, completando un arco que va de la nación al grupo vernáculo. El enfoque diacrónico de los lugares de memoria permite además asociar esos cambios en las representaciones con las distintas coyunturas locales y con sucesos internacionales, tales como el avance del nazismo, el estallido de la Segunda Guerra Mundial, el Holocausto y la creación del Estado de Israel. En este sentido, si el clima imperante en 1939 fue determinante para que los emprendedores sobreactuaran los aspectos argentinos y relegaran la faz étnica, en 1964 se dio una situación inversa: la consolidación de las instituciones judías centrales y la aparición en escena del Estado de Israel permitieron a los emprendedores resaltar el derecho al pluralismo, motivados sobre todo por las alertas internas que anunciaban una pérdida de identidad en los jóvenes. Luego, el camino trazado a partir del centenario confirma la progresión hacia una postura pluralista, que sería refrendada desde los años noventa por distintas agencias del estado involucradas con la memoria judía al calor del nuevo paradigma multicultural.

La doble lectura que presenta el hecho de que, más allá de la reacción xenófoba y racista que despertó la versión cinematográfica de *Los gauchos judíos* en algunos sectores específicos, la película haya sido un notable éxito de taquilla, puede verse como un mojón dentro de ese sendero de cambio. Apenas siete años más tarde, la celebración de la etnicidad quedaría manifiesta en los primeros libros conmemorativos "aptos para todo público" que lanzó Manrique Zago, cuyo éxito de venta mostró que la sociedad comenzaba a correrse del discurso de una historia oficial apoyada en los próceres del diecinueve para ver a las minorías migratorias como protagonistas del proceso de construcción de la nación.

El pasaje de una memoria nacionalista y legitimante a otra étnica y pluralista también da cuenta de las peripecias de los emprendedores judíos, muchos de ellos líderes comunitarios interesados tanto en legitimar a la colectividad ante la sociedad receptora como en favorecer el auto-reconocimiento al interior del grupo. Esa tensión se aprecia desde los orígenes. Sólo se necesita volver sobre los textos de *Los gauchos judíos*, donde Gerchunoff incluyó capítulos que iban en ambas direcciones. O recordar cómo, cuando en la segunda mitad del siglo XX la comunidad judía organizada se alineó con el sionismo, la autoidentificación con la Argentina implícita en la memoria de la colonización se volvió problemática hacia el interior comunitario, interesado en reforzar los lazos con el Estado de Israel. El caso de las infructuosas denuncias de Jusid ante la DAIA por los actos antisemitas en el estreno de su película y el escaso espacio que ocupa la historia judeo-argentina en el curriculum judaico y en los institutos de formación docente de la red judía, justo en la época en que la memoria judía experimenta un *boom* apreciable en el cine, los museos, el turismo y la patrimonialización, son buenos ejemplos. Por eso, quizá la gran paradoja que debieron resolver los emprendedores fue cómo activar la legitimación apelando a los símbolos de la nacionalidad argentina, pero sin perjudicar el proceso de comunalización que dirigían, cuyo propósito era encolumnar a una población judía étnica e ideológicamente diversa detrás de un conjunto de instituciones centrales que la representaran ante el estado y le brindaran protección, servicios, continuidad y unidad. Dicho de otro modo: se enfrentaron con el consabido problema de cómo celebrar las bondades de la integración en las distintas esferas sociales y, a la vez, advertir a la grey acerca del peligro de una excesiva asimilación.

El caso de la activación patrimonial en Moisés Ville muestra un escenario distinto al del resto de los capítulos: allí, la pequeña comunidad judía local, aun siendo minoritaria, es la mayor depositaria del capital simbólico, cultural e incluso económico. Quienes han quedado fuera del relato que da identidad al pueblo son, naturalmente, los nuevos vecinos no judíos de la clase baja. El hecho de que la fiesta epónima inventada en 2005 haya descuidado la faceta de la colonización, para sumergirse en una dudosa moralina de integración cultural, sólo se debe a la circunstancia de que los nuevos vecinos conforman una porción creciente del electorado, al que los líderes de la política comunal no deben desatender si quieren mantenerse en sus cargos.

Fuentes consultadas

1. Publicadas

AAVV (1938) *Arguentine: fuftzik ior idisher ishev. Tzvantzik ior Di Presse.* Di Presse, Buenos Aires.

AAVV (1939) *50 años de colonización judía en la Argentina.* DAIA, Buenos Aires.

AAVV (1949) *Ioivl buj, sajaklen fun 50 ior idish lebn in Aerguentine: Lijvod Di Idishe Tzaitung.* Di Idishe Tzaitung, Buenos Aires.

AAVV (1941) *Jewish Colonization Association. Su obra en la república argentina. 1891-1941.* JCA, Buenos Aires.

AAVV (1942) *Medio siglo en el surco argentino. Cincuentenario de la Jewish Colonization Association.* DAIA, Buenos Aires.

AAVV (1955) *Pioneros. En homenaje al cincuentenario de Rivera, "Barón de Hirsch".* Movimiento de ex-colonos residentes en la Capital.

AAVV (1961) *Jewish Colonization Association. Reseña de su obra y sus finalidades. 70 años de labor humanitaria. 24 de agosto de 1891-25 de agosto de 1961.* JCA, Buenos Aires.

AAVV (1964) *75 años de colonización judía en la Argentina.* Comité Central Interinstitucional para la Celebración del 75 Aniversario de la Colonización Judía.

AAVV (1989) *Moisés Ville 1898-1989.* Comisión de festejos del centenario de Moisés Ville.

AAVV (1990) *Las Palmeras en el círculo de Moisés Ville, a los cien años de la colonización judía en la Argentina.* IWO, Buenos Aires.

AAVV (1991) *Colonia Mauricio: 100 Años.* Comisión de festejos del centenario de Colonia Mauricio.

Alpersohn, Marcos (1992) *Colonia Mauricio: memorias de un colono judío.* Comisión Centenario de la colonización judía en colonia Mauricio, Carlos Casares.

(1992b) *Colonia Mauricio: memorias de un colono judío*, volúmenes dos y tres: traducciones originales, cortesía de Eliahú Toker.

(2003) "The Gauchito 'Happy Mosses'", en *Yiddish South of the Border*, A. Astro compilador. UNMP, USA.

Caplán, Benedicto (2002) *Memorias. Un gaucho judío en la Casa Rosada.* Milá, Buenos Aires.

Chiaramonte, Susana; Finvarb, Elena: Fistein, Nora y Rotman, Graciela (1995) *Tierra de Promesas: cien años de colonización judía en Entre Ríos. Colonia Clara, San Antonio y Lucienville.* Ediciones Nuestra Memoria, Argentina.

(2011) *Tierra de promesas II. Las colonias judías del siglo XX en Entre Ríos.* Dirección Editorial de Entre Ríos.

Cociovich, Noé (1987) *Génesis de Moisesville.* Milá, Buenos Aires.

Drucaroff, Sansón (1955, Secretario de redacción) *Pioneros. En homenaje al cincuentenario de Rivera, "Barón de Hirsch".* Editado por el Movimiento de ex-colonos residentes en la Capital.

Efron, Jedidia (1934) "La obra educacional de la Jewish Colonization Association". *Judaica* N° 18.

(1939) "La obra escolar en las colonias judías", en *50 años de colonización judía en la Argentina.* DAIA, Buenos Aires.

Fainguersch, Gregorio (1992) *Mis recuerdos (1940-1990)*. Milá, Buenos Aires.
Feierstein, Ricardo (1987, compilador) *Crónicas judeoargentinas /1*, Milá, Buenos Aires.
(1998, compilador) *Los mejores relatos con gauchos judíos*, Ameghino, Buenos Aires.
(1990, compilador) *Cien años de narrativa judeoargentina*, Milá, Buenos Aires.
(1993) *Historia de los judíos argentinos*. Planeta, Buenos Aires.
(2000, compilador) *Alberto Gerchunoff, judío y argentino. Viaje temático desde "Los gauchos judíos" (1910) hasta sus últimos textos (1950) y visión crítica*, Ricardo Feierstein (compilador), 2001. Milá, Buenos Aires.
Garfunkel, Boris (1960) *Narro mi vida*. Edición familiar, impreso en Buenos Aires.
Gabis, Abraham y Merener, David (1957) *Fondo Comunal. Cincuenta años de su vida (1904-1954)*. Fondo Comunal, Villa Domínguez.
Gerchunoff, Alberto [1910] (2003) *Los gauchos judíos*. Arenal, Buenos Aires.
(1950) *Entre Ríos, mi país*. Editorial Futuro, Buenos Aires.
(1952) *El pino y la palmera*. SHA, Buenos Aires.
Gutkowski, Helene (1991) *Vidas. Rescate de la Herencia Cultural en las Colonias*. Contexto, Buenos Aires.
Hurvitz, Samuel (1932) *Colonie lucienville. 37 ior idishe colonizatsie. Ondenk dem baron Moshe Hirsch z"l*. Edición del autor.
Jinich, Samuel (2000) *Monigotes pa´ todo el mundo*. Dunken, Buenos Aires.
JCA (1935) *Rapport de la Direction Générale au Conseil D´Administration pour l´année 1935*.
Kaspin, Iaacov (2006) *Mi colonia Rusa*. Milá, Buenos Aires.

Kapszuk, Elio (2001, director general) *Shalom Argentina, huellas de la colonización judía*, Ministerio de Cultura, Turismo y Deporte, Buenos Aires.

(2004) *Retratos de una comunidad. Álbum fotográfico de la comunidad judía*. AMIA, Buenos Aires.

(2010) *Vida judía en la Argentina. Aportes para el bicentenario*. AMIA y Cancillería Argentina.

Kaplan, Isaac (1969) *Recuerdos de un agrario cooperativista*. Circulo de Estudios Cooperativistas de Buenos Aires.

Leibovich, Adolfo (1947) *Apuntes íntimos 1870-1946*. Imprenta López, Buenos Aires.

Liebermann, José (1959) *Tierra Soñada. Episodios de la colonización agraria judía en la Argentina 1889-1959*. L y L ediciones, Buenos Aires.

(1964) *Aporte judío al agro argentino*. Instituto Judío Argentino de Cultura e información, Buenos Aires.

(1966) *Los judíos en la Argentina*. Editorial Libra, Buenos Aires.

(1969) *Aportes de la colonización agraria judía a la economía nacional*. Oficina sudamericana del Consejo judío Americano.

Literat-Golombek, Lea (1982) *Moisés Ville: crónica de un Shtetl argentino*. La semana publicaciones Ltda., Jerusalén.

Mactas, Rebeca (1936) *Los judíos de las acacias*. Julio Glassman, Buenos Aires.

Marchevsky, Elías (1964) *El tejedor de oro*. Bastión, Buenos Aires.

Mendelson, José (1939) "Los judíos como pueblo agrícola a través de la historia", en *50 años de colonización judía en la Argentina*. DAIA, Buenos Aires.

(1939b) "Génesis de la colonia judía en la Argentina", en *50 años de colonización judía en la Argentina*. DAIA, Buenos Aires.

Merkin, Moisés (1939) "Panorama de la colonia Moisesvislle", en *50 años de colonización judía en la Argentina*.DAIA, Buenos Aires.

Orlian, Natan (1994) *Moisés Ville. Paraíso perdido*. Acervo Cultural Editores, Buenos Aires.

Pavlotzky, José (1960) *Que doradas son las espigas*, editorial Cogtal, Buenos Aires.

Pecheny, Bernardo León (1975) *Tierra gaucha*. Acervo cultural. Buenos Aires.

Rapoport, Nicolás (1960) *Con el tiempo y el recuerdo*. Edición del Autor.

Resnick, Salomón (1934) "Ubicación del Barón de Hirsch". *Judaica* n º18, Buenos Aires.

Ropp, Teresa (1971) *Un colono judío en la Argentina*. IWO, Buenos Aires.

Schallman, Lázaro (1950) *San Martín y los Principios Morales del Judaísmo*. DAIA, Buenos Aires.

(1969) *Los pioneros de la colonización judía en la Argentina*. Biblioteca Popular Judía, Buenos Aires.

(1971) *Historia de los pampistas*. Biblioteca Popular Judía, Buenos Aires.

Schoijet, Ezequiel (1961) *Páginas para la historia de la colonia Narcise Levén (en adhesión a su cincuentenario)*. Edición del autor, Buenos Aires.

Tavosnanska, Gregorio (1999) *Ydel, el judío Pampa*. Corregidor, Buenos Aires.

Toker, Eliahú y Weinstein, Ana (2005) *Sitios de la Memoria. Protagonistas y Forjadores de la Comunidad Judía Argentina*, AMIA, Buenos Aires.

Verbitsky, Gregorio (1955) *Rivera, afán de medio siglo*. Comisión del Cincuentenario de Rivera y sus colonias.

Waismann, Lea y Sztokman, Elana (2009) *Mi historia, nuestra historia*. Beit Hatfutzot, Tel Aviv.

Wolff, Martha (1982) *Pioneros de la Argentina. Los inmigrantes judíos.* Manrique Zago, Buenos Aires.

(1989) *Judíos & argentinos.* Manrique Zago, Buenos Aires.

2. Inéditas

Libro de actas del Comité de Festejos del cincuentenario de Moisés Ville

Libro de actas de La Mutua Agrícola

Libro de actas de la Sociedad de fomento de Moisés Ville

Libro de actas de la DAIM de Moisés Ville

Libro de actas del Centro Juvenil Agrario de Moisés Ville

Libro de actas de la Sociedad Kadima

Libro de actas del Comité de Festejos del centenario de Moisés Ville

3. Publicaciones periódicas relevadas

El Alba
El colono cooperador
Mundo Israelita
Judaica
Davar
Comentario
Vida nuestra
Clarín
La Nación
La Prensa
La Opinión
Crítica

Clarinada
Página 12
Tiempo Argentino
Santafecinas
Nueva Época
Luz y Verdad
El litoral
El Orden
Hoy en la Noticia

4. Entrevistas

En Moisés Ville:

- Osvaldo Angeletti (febrero de 2012)
- Ester Gabriel de Falcov (mayo de 2009, diciembre de 2009, marzo de 2012)
- Mauricio Falcov (diciembre de 2009)
- Golde Gerson (mayo de 2009, diciembre de 2009, marzo de 2012)
- Lilí González de Trumper (mayo de 2009)
- Eva Guelbert (mayo de 2009, diciembre de 2009, marzo de 2012)
- Marcelo Jarovsky (febrero de 2012)
- Abraham Kanzepolsky (mayo de 2009, diciembre de 2009, marzo de 2012)
- Lydia Esther Mrejen (febrero de 2012)
- María Beatriz Muñoz (marzo de 2012)
- María Rosa Udrisar (marzo de 2010)
- Beatriz Ferrero de Smulovitz (mayo de 2009)
- Carlos Solís (marzo de 2010)
- Luis Strass (marzo de 2010)
- En Buenos Aires:
- Dora Draiman (junio de 2011)

- Ricardo Feierstein (marzo de 2013)
- Vivian Imar (abril de 2013)
- Mirta Jablonski (junio de 2011)
- Juan José Jusid (abril de 2013)
- Flora Pragia Azar (junio de 2011)
- Yaacov Rubel (noviembre de 2012)
- Gabriel Salamon (diciembre de 2009)
- Myrtha Shalom (febrero de 2013)
- Esther Schwartzman (junio de 2011)
- Nissim Tawil (junio de 2011)
- Miriam Volfson (junio de 2011)
- Ana Wainstein (diciembre de 2009)
- Martha Wolff (febrero de 2013)

Todos los entrevistados fueron debidamente notificados de la finalidad de mis consultas y han dado su consentimiento para figurar con nombre y apellido.

5. Películas

Los gauchos judíos (1975, Juan José Jusid)
Legado (2004, Vivian Imar y Marcelo Trotta)
De Bessarabia a Entre Ríos (2007, Pedro Banchik)
Retorno judaico a Avigdor (2010, Martha Wolff)

Bibliografía

1. Libros

Aizenberg, Edna (2000) *Parricide on the pampa?: a new study and translation of Alberto Gerchunoff's Los gauchos judíos*, Iberoamericana.

Altamirano, Carlos y Sarlo, Beatriz (1983) *Ensayos Argentinos. De Sarmiento a la Vanguardia*. CEAL, Buenos Aires.

Anderson, Benedict (1993) *Comunidades imaginadas. Reflexiones sobre el origen y la difusión del nacionalismo*. Fondo de Cultura Económica, México.

Aranovich, Demetrio (2002) *Breve historia de la Colonia Mauricio*. Archivo Histórico Antonio Maya, Carlos Casares.

Avineri, Shlomo (1981) *The making of modern Zionism: the Intellectual Origins of the Jewish State*. Basic Books, New York.

Avni, Haim (1973) *Argentina, tierra de promisión. El proyecto del Barón de Hirsch en Argentina*, tesis doctoral en hebreo, Universidad de Jerusalén.

(1993) *Del campo al campo, colonos de Argentina en Israel*. Milá, Buenos Aires.

(2005) *Argentina y las migraciones judías*. Milá, Buenos Aires.

Avni, Haim; Bokser Liwerant, Judit; DellaPergola, Sergio; Bejarano, Margalit y Senkman, Leonardo (coordinadores, 2011) *Pertenencia y Alteridad: Judíos En/De América Latina: Cuarenta Años de Cambios*. Iberoamericana Vervuert, México D.F.

Assmann, Jan (2008) *Religión y memoria cultural, diez estudios*. Lilmod, Buenos Aires.

Astro, Alan (2003) *Yiddish South of the Border. An Anthology of Latin American Yiddish Writing*. University of New Mexico Press.

Auge, Marc (2000) *Los 'no lugares', espacios del anonimato. Una antropología de la sobremodernidad*, Gedisa, Barcelona.

Bertoni, Lilia Ana (2001) *Patriotas, cosmopolitas y nacionalistas. La construcción de la nacionalidad argentina a fines del siglo XIX*. Fondo de Cultura Económica, Buenos Aires.

Bell, Lawrence (2002) *The Jews and Perón: Communal políticas and national identity in peronist Argentina, 1946-1955*, tesis doctoral.

Barsky, Osvaldo y Gelman, Jorge (2001) *Historia del agro argentino*, Grijalbo, Buenos Aires.

Bianchi, Susana (2009) *Historia de las religiones en la Argentina. Las minorías religiosas*. Sudamericana, Buenos Aires.

Bjerg, María (2009) *Historias de la inmigración en la Argentina*. Edhasa, Buenos Aires.

Blasco, M. Elida (2011) *Un museo para la colonia. El Museo Histórico y Colonial de Luján 1918 -1930*. Prohistoria, Rosario.

Bodnar, John (1992) *Remaking America. Public memory, Commemoration, and Patriotism in the Twentieth Century*. Princeton University Press, New Jersey.

Bourdieu, Pierre (1991) *El sentido práctico*. Taurus, Madrid.

Brauner, Susana (2009) *Ortodoxia religiosa y pragmatismo político. Los judíos de origen sirio*. Lumiere, Buenos Aires.

Carioli, Susana (1991) *Colonia Mauricio. Génesis y desarrollo de un ideal*. Editorial del Archivo Antonio Maya, Carlos Casares.

(1991b) *Historia de barbas y caftanes*. Editorial del Archivo Antonio Maya, Carlos Casares.

Chartier, Roger (1992) *El mundo como representación. Estudios sobre historia cultural*. Gedisa, Barcelona.

Ciria, Alberto (1990) *Treinta años de política y cultura. Recuerdos y ensayos*. Ediciones de la Flor, Buenos Aires.

Collado, Adriana; Del Barco, María Elena y Guelbert de Rosenthal, Eva (2004) *Patrimonio Urbano Arquitectónico de Moisés Ville: Inventario de la Primera Colonia Agrícola Judía en Argentina*, Centro de Publicaciones. Universidad Nacional del Litoral.

Connerton, Paul (1998) *How societies remember*. Cambridge University Press, Cambridge.

Devoto, Fernando (2003) *Historia de la inmigración en la Argentina*. Sudamericana, Buenos Aires.

Djenderedjian, Julio; Bearzotti, Sílcora; Martirén, Juan Luis (2010) *Historia del capitalismo agrario pampeano Tomo 6. Expansión agrícola y colonización en la segunda mitad del siglo XIX*. Teseo, Universidad de Belgrano, Buenos Aires.

Djenderedjian, Julio (2008) *Gringos en las Pampas*. Sudamericana, Buenos Aires.

Dubnow, Simón (1951) *Historia universal del Pueblo Judío*: Sigal, Buenos Aires.

Freidenberg, Judith (2005) *Memorias de Villa Clara*. Antropofagia, Buenos Aires.

(2009) *The Invention of the Jewish Gaucho. Villa Clara and the Construction of Argentine Identity*. University of Texas Press, Texas.

Frischer, Dominique (2004) *El Moisés de las Américas. Vida y obra del Barón de Hirsch*. El Ateneo, Buenos Aires.

Gallo, Ezequiel (1983) *La pampa gringa: la colonización agrícola en Santa Fe 1870-1895*. Edhasa, Buenos Aires.

Geertz, Clifford (1997), *La interpretación de las culturas*. Gedisa, Barcelona.

(1994) *Conocimiento local Ensayos sobre la interpretación de las culturas*. Paidés, Buenos Aires.

Getino, Octavio (2005). *Cine Argentino: Entre Lo Posible Y Lo Deseable*. Fundación CICCUS, Buenos Aires.

Gillis, John (1994, editor) *Commemorations. The politics of national Identity*. Princeton University Press, New Jersey.

Gorelik, Adrián (2010) *La grilla y el parque. Espacio público y cultura urbana en Buenos Aires, 1887-1936*. Universidad Nacional de Quilmes, Bernal.

Gurevich, León (1989) *La colonización judía en la Argentina*. Buenos Aires, Instituto de intercambio cultural y científico argentino-israelí.

Guy, Donna (1994) *El Sexo Peligroso. La prostitución legal en Buenos Aires (1875-1955)*. Sudamericana, Buenos Aires.

Halbwachs, Maurice (1992) *On Collective Memory*. University of Chicago Press, Chicago.

Hobsbawm, Eric (1998) *Sobre la historia*. Crítica, Barcelona.

Huyssen, Andreas (2001) *En busca del futuro perdido*.Fondo de Cultura Económica, Buenos Aires.

Jelin, Elizabeth (2002) *Los trabajos de la memoria*. Siglo XXI, Madrid.

(2002 compiladora) *Las conmemoraciones: Las disputas en las fechas "in-felices"*. Siglo XXI, Madrid.

Jelin, Elizabeth y Langland, Victoria (2003, compiladoras) *Monumentos, memoriales y marcas territoriales*. Siglo XXI, Madrid.

Jameson, Fredric (1991) *Ensayos sobre el posmodernismo*. Letra E, Buenos Aires.

Jmelnizky, Adrián y Erdei, Ezequiel (2005). *La Población Judía de Buenos Aires: estudio Sociodemográfico*. AMIA, Buenos Aires.

Karady, Victor (2000) *Los judíos en la modernidad europea*. Siglo XXI, Madrid.

Katz, Dovid (2004) *Words on Fire. The Unfinished Story of Yiddish*. Basic Books, New York.

Katz, Jacob (1978) *Out of the Ghetto. The social Background of Jewish Emancipation 1770-1870*. Schocken Books, New York.

Kaufmann, Carolina (directora), Nora Lijtmaer y Roxana Mauri Nicastro (2008) *Shules y Ateneos. Huellas de la educación no formal judeorosarina (Del Wesser a la Web)*. Laborde Editor, Rosario.

Korn, Francis (2004) *Buenos Aires mundos particulares, 1870-1895-1914-1945*. Sudamericana, Buenos Aires

Kertzer, David (1988) *Ritual, Politics, and Power*. Yale University Press, USA.

Laikin Elkin, Judith (1998) *The Jews of Latin America*. Colmes & Meier, New York.

Le Goff, Jacques (1991) *El orden de la memoria: el tiempo como imaginario*. Paidós, Buenos Aires.

Leon, Abraham (1975) *Concepción materialista de la cuestión judía*. El yunque, Buenos Aires.

Lévi-Strauss, Claude (1987) *Antropología estructural*. Paidós, Barcelona-Buenos Aires.

Levin, Yehuda (1998) *De la crisis al crecimiento: El episodio de la colonización judía en la Argentina, fundada por la Jewish Colonization Association – JCA, 1896-1914*, tesis doctoral en hebreo, Universidad de Tel Aviv.

Lewin, Boleslao (1974) *Cómo fue la inmigración judía a la Argentina*. Plus Ultra, Buenos Aires.

Lipis, Guillermo (2010) *Zikarón-Memoria*. Editorial del Nuevo Extremo, Buenos Aires.

López de Borche, Celia (1987) *Cooperativismo y cultura*. Editorial de Entre Ríos, Entre Ríos.

Lvovich, Daniel (2003) *Nacionalismo y antisemitismo en la Argentina*. Javier Vergara Editor, Buenos Aires.

Mazo, Julio (1987) *Historia de los Ashkenazim de Resistencia*. Banco del Iberá, Resistencia.

Mendelsohn, Ezra (1993) *On Modern Jewish Politics*. Oxford University Press, USA.

McGee Deutsch, Sandra (2010) *Crossing Borders, Claming a Nation, a History of Jewish Argentine Women, 1880-1955*. Duke University Press.

Mirelman, Víctor (1988) *En búsqueda de una identidad. Los inmigrantes judíos en Buenos Aires 1890-1930*. Milá, Buenos Aires.

Norman, Theodore (1984). *An Outstretched Arm: A History of the Jewish Colonization Association*. Routledge, Chapman & Hall, Incorporated.

Poliakov, León (1989) *Historia del antisemitismo IV: la emancipación y la reacción racista*. Milá Editor, Buenos Aires.

Pollak, Michael (2006) *Memoria, olvido, silencio: la producción social de identidades frente a situaciones límite*. Al Margen, La Plata.

Portantiero, Juan Carlos (2004) *La sociología clásica: Durkheim y Weber*. Editores de América Latina, Buenos Aires.

Rein, Raanan (2007) *Argentina, Israel y los Judíos*. Lumiere, Buenos Aires.
Rivkin, Ellis (1971) *The Shaping of Jewish History. A Radical New Interpretation*. Charles Scribner´s Sons, New York.
Rosemberg, Diego (2010) *Marshall Meyer, el rabino que le vio la cara al diablo*. Capital Intelectual, Buenos Aires.
Rubel, Yaacov (1998) *Las Escuelas Judías Argentinas – Procesos de Evolución y de Involución (1985-1995)*. Milá, Buenos Aires.
Ruppin, Arthur (1938) *Los Judíos en America Del Sur*. Editorial Darom, Buenos Aires.
Schenkolewski-Kroll, Silvia (2001) *El cooperativismo agrícola judío en la Argentina: su función socioeconómica y su identidad étnica, 1901-1948*. Edit. Universitaria Magnes, Jerusalén.
Schlopflocher, Roberto (1955) *Historia de la colonización agricola en la Argentina*. Raigal, Buenos Aires.
Schwarcz, Alfredo (1991) *Y a pesar de todo. Judíos de habla alemana en la Argentina*. Grupo Editor Latinoamericano, Buenos Aires.
Scobie, James (1968) *Revolución en las pampas. Historia social del trigo argentino, 1860-1910*. Solar/Hachette, Buenos Aires.
Senkman, Leonardo (1983) *La identidad judía en la literatura argentina*. Buenos Aires, Pardes.
(1984) *La colonización judía. Gente y Sociedad*. Centro Editor de América Latina, Buenos Aires.
(1989) *El antisemitismo en la Argentina*, 3 volúmenes. CEAL, Buenos Aires.
Senkman, Leonardo y Sznajder, Mario (1995, compiladores) *El legado del autoritarismo*. Grupo Editor Latinoamericano.

Sinay, Javier (2013) *Los crímenes de Moisés Ville*, Tusquets, Buenos Aires.
Sneh, Perla (2006, compiladora) *Buenos Aires Ídish*. Gobierno de la Ciudad de Buenos Aires.
Sofer, Eugene (1982) *From Pale to Pampa: A social History of the jews of Buenos Aires*. Holmes and Meier, New York.
Sollors, Werner (1989) *The Invention of Ethnicity*. Oxford University Press.
Sorrentino, Fernando (1996) *Siete conversaciones con Jorge Luis Borges*. El Ateneo, Buenos Aires.
Sosnowski, Saúl (1987) *La orilla inminente*. Legasa Buenos Aires.
Winsberg, Morton (1963) *Colonia Barón de Hirsch: A Jewish Agricultural colony in Argentina*. University of Florida, USA.
Terán, Oscar (2008) *Historia de las ideas en la Argentina. Diez lecciones iniciales, 1810-1980*. Siglo XXI, Buenos Aires.
(2013) *Nuestros años sesentas. La formación de la nueva izquierda intelectual argentina*. Siglo XXI, Buenos Aires.
Thompson, E. P. (2000). *Costumbres en común. Estudios en la cultura popular tradicional*. Crítica, Barcelona.
Turner, Víctor (1999) *La selva de los símbolos*. Siglo XXI, Madrid.
Viñas, David (1982) *Literatura argentina y realidad política*. CEAL, Buenos Aires.
Toker, Eliahú (2003) *El ídish también es Latinoamérica*. Instituto Movilizador de Fondos Cooperativos, Buenos Aires.

Toker, Eliahú y Weinstein, Ana (2006) *En el espejo de la lengua Idish: selección de textos argentinos* Buenos Aires. Ministerio de Cultura, Gobierno de la Ciudad Autónoma de Buenos Aires.

Yerushalmi, Yosef Hayim (2002) *Zajor, la historia judía y la memoria judía*. Anthropos, Barcelona.

Zadoff, Efraín (1994) *Historia de la educación judía en Buenos Aires*. Milá, Buenos Aires.

2. Artículos, tésis inéditas y capítulos de libros

Ain, Abraham (1975) "Swislocz: portrait of a shtetl", en *Voices from the Yiddish*. Schocken Books, New York.

Aizenberg, Edna (2000) "Aquellos gauchos judíos: muerte y resurrección del discurso" en *Alberto Gerchunoff, judío y argentino*, Ricardo Feierstein. Milá, Buenos Aires.

Alonso, Ana María (1994) "Políticas de espacio, tiempo y sustancia: formación del estado, nacionalismo y etnicidad". *Annual Review of Antrhopology* nº 23.

Amuchástegui, Martha (1995) "Los rituales patrióticos en la escuela pública", en *Historia de la educación en la Argentina* (tomo VI). Galerna, Buenos Aires.

Ansaldi, Waldo (1996) "Las prácticas sociales de la conmemoración en la Córdoba de la modernización, 1880-1914". *Sociedad* Nº 8, Facultad de Ciencias Sociales (UBA), abril de 1996: 95-127.

Avni, Haim (1983) "Agricultura judía en la Argentina, ¿éxito o fracaso?". *Desarrollo Económico*, v. 22, Nº 88.

(1990) "El proyecto del Barón de Hirsch: La gran visión y sus resultados". *Indice*, número 3, segunda época, DAIA.

Amuchástegui, Martha (1990-1997) "Los rituales patrióticos en la escuela pública", en *Historia de la educación en la Argentina*, Tomo VI, Adriana Puiggros y otros. Galerna, Buenos Aires.

Astro, Alan (2003b) "Metatheater and Allegory in Morkhe Alpersohn´s ´Di arendators fun kultur´". *Yiddish-Modern Jewish Studies,* 13-2-3.

(2006) "Más allá de la represión: la literatura ídish en América Latina", en *Memoria y representación: configuraciones culturales y literarias en el imaginario judío latinoamericano*, Alejandro Meter y Ariana Huberman (compiladores). Beatriz Viterbo Editora, Rosario.

(2010) "Les fermiers juifs d´Argentine: reflets littéraires". *Les cahiers du judaïsme* 30, revue publiée par l'Alliance Israélite Universelle, Paris.

(2011) "Alpersohn´s Galuth of the Jewish Gauchos". *Yiddish-Modern Jewish Studies* 17-1-2.

Bertoni, Lilia Ana (1992) "Construir la nacionalidad: Héroes, estatuas y fiestas patrias, 1887-1891". *Boletín del Instituto de Historia Argentina Dr. E. Ravignani*. Tercera serie, Nº 5. Buenos Aires.

Bejarano, Margalit (2008) "Los turcos en Iberoamérica: el legado del *millet*", en *Árabes y judíos en Iberoamérica. Similitudes, diferencias y tensiones*, Rein Raanan (coordinador). Tres Culturas, España.

Bargman, Daniel (2006) "Construcción de la nación: entre la asimilación de inmigrantes y el particularismo. Las escuelas de las colonias agrícolas judías", en *Temas de Patrimonio Cultural 17. Patrimonio cultural y diversidad creativa en el sistema educativo*, Leticia Maronese (compiladora).

(2011) "Judíos oriundos de Polonia en la Argentina", en Kahan, Emmanuel y otros (compiladores), *Marginados y consagrados: nuevos estudios sobre la vida judía en la argentina*. Lumiere, Buenos Aires.

Baron, Salo (1938) "The Jewish Question in the Nineteenth Century". *The Journal of Modern History*, Vol. 10, No. 1: 51-65.

Bejarano, Margalit (2008) "Los turcos en Iberoamérica: el legado del *millet*", en *Árabes y judíos en Iberoamérica. Similitudes, diferencias y tensiones*, Raanan Rein (coordinador). Tres Culturas, España.

Bjerg, María y Da Orden, María (2006) "Discursos de dos mundos. Manifestaciones literarias de los inmigrantes en la Argentina del siglo XIX y principios del XX", en Noé Jitrik (dir.) *Historia crítica de la literatura argentina*, Vol. V "La crisis de las formas", Emecé, Buenos Aires.

Blasco, M. Elida (2007) "Los museos históricos en la Argentina entre 1889 y 1943", ponencia presentada en las XI Jornadas Interescuelas / Departamentos de Historia realizadas en Tucumán.

(2012) "De objetos a 'patrimonio moral de la nación'", *Nuevo Mundo Mundos Nuevos* [En línea], Debates, Puesto en línea el 13 diciembre 2012.

Bodnar, John (1994) "Public Memory in a American City: Commemoration in Cleveland", en Gillis, John (1994, editor) *Commemorations. The politics of national Identity*, Princeton University Press, New Jersey.

Botoschansky, Jacobo (1944) "La primera generación de escritores ídish en la Argentina". En *Di Presse*, traducido y republicado en Feiersten, Ricardo (1987, compilador) *Crónicas judeoargentinas /1*, Milá, Buenos Aires.

Brow, James (1990) "Notes on Community, Hegemony, and the Uses of the Past". *Anthropological Quarterly* 63 (1): 1-6.

Bursuck, Meier (1938) "¿Hubo idealismo en la colonización judía argentina?". *Judaica* nº 62, Buenos Aires.

Caron, Vicki (1989) "The Ambivalent Legacy: The Impact of Enlightenment and Emancipation on Zionism". *Judaism*, issue 152, vol 38, Nº 4.

Carlini, Sabrina (2006) "Hacer y deshacer la América. Marcas de la migración italiana en Argentina. Una propuesta didáctica desde una mirada antropológica", en *Temas de Patrimonio Cultural nº 7. Patrimonio Cultural y Diversidad Creativa en el Sistema Educativo*, Leticia Maronese (compiladora), Gobierno de la Ciudad de Buenos Aires.

Cesarani, David (2007) "Memoria social, historia e identidad judía británica", en Mendes-Floehr, Paul; Assis, Yom Tov; Senkman, Leonardo (2007, compiladores), *Identidades judías, modernidad y globalización*. Lilmod, Buenos Aires.

Cherjovsky, Iván (2009) "De 'la Jerusalén argentina' a 'cuna de la integración cultural': negociaciones y resignificaciones identitarias en la comunidad judía de Moisés Ville", en Actas de las Segundas Jornadas de Antropología Social de la UNICEN.

(2011) "La faz ideológica del conflicto colonos/JCA: el discurso del ideal agrario en las memorias de Colonia Mauricio", en *Marginados y consagrados: nuevos estudios sobre la vida judía en la argentina*, Emmanuel Kahan, Laura Schenquer, Damian Setton y Alejandro Dujovne (compiladores). Lumiere, Buenos Aires.

(2015) "La conferencia de Londres: el rol de las cooperativas agrarias en la mediación del conflicto entre los colonos judíos y la Jewish Colonization Association (1946-1950)". *Estudios Rurales*, vol 5, n° 8, segundo semestre de 2015: 1-26.

Cohen, Leonardo (2012) "Lectura e identidad: la teoría marxista de Ber Bórojov en el contexto del judaísmo latinoamericano (1951-1979)". *Cuadernos Judaicos* N° 29, diciembre 2012.

Darnton, Robert (1993) "La France, ton café fout le camp! De l'histoire du livre à l'histoire de la communication". *Actes de la recherche en sciences sociales* N° 100: 16-26.

Degiovanni, Fernando (2000) "Inmigración, nacionalismo cultural, campo intelectual: el proyecto creador de Alberto Gerchunoff. *Revista Iberoamericana* 66, 191: 367-79.

Devoto, Fernando y Otero, Hernán (2003) "Veinte años después. Una lectura sobre el crisol de razas, el pluralismo cultural y la historia nacional en la historiografía argentina". *Estudios Migratorios Latinoamericanos*, año 17, N° 50.

DellaPergola, Sergio (2011) "¿Cuántos somos hoy? Investigación y narrativa sobre población judía en América Latina, en *Pertenencia y Alteridad: Judíos En/De América Latina: Cuarenta Años de Cambios*, Haim Avni, Judit Bokser Liwerant, Sergio DellaPergola, Margalit Bejarano y Leonardo Senkman (coordinadores). Iberoamericana Vervuert, México D.F.

Diez, María Laura (2004) "Reflexiones en torno a la interculturalidad". *Cuadernos de Antropología Social* N° 19: 191-213.

Dimenstein, Marcelo (2007) "En busca de un *pogrom* perdido: diáspora judía, política y políticas de la memoria en torno a la Semana Trágica de 1919 (1919-1999)". *Sociohistórica* N° 25.

Dujovne, Alejandro (2010) *Impresiones del judaísmo. Una sociología histórica de la producción y circulación transnacional del libro en el colectivo social judío de Buenos Aires, 1919-1979*, tesis doctoral. Este trabajo fue publicado en 2014 con modificaciones como *Una historia del libro judío. La cultura judía argentina a través de sus editores, libreros, traductores, imprentas y bibliotecas*, Buenos Aires, Siglo XXI.

(2011) "Tiempo de judíos. Calendarios y sentidos de 'lo judío' en dos instituciones de la comunidad judía argentina". *Prácticas de oficio. Investigación y reflexión en Ciencias Sociales* N° 7/8, agosto de 2011.

(2008) "Cartografía de las publicaciones periódicas judías de izquierda en Argentina, 1900-1953". *Revista del Museo de Antropología UMC*, vol. 1.

Eichelbaum, Samuel (1951) "Su memoria es nuestra herencia". *Davar* 31-33, republicado en *Alberto Gerchunoff, judío y argentino. Viaje temático desde "Los gauchos judíos" (1910) hasta sus últimos textos (1950) y visión crítica*, Ricardo Feierstein (compilador), 2001. Milá, Buenos Aires.

Epstein, Diana (1997) "Maestros marroquíes. Estrategia educativa e integración, 1892-1929". *Anuario IEHS* N° 12.

(2002) "Maestros de la Alianza Israelita Universal en las colonias de la JCA de la Argentina". *Toldot* N° 16.

Erdei, Ezequiel (2011) "Demografía e identidad: a propósito del estudio de población judía en Buenos Aires", en *Pertenencia y alteridad. Judíos en/de América Latina: cuarenta años de cambio*, Haim Avni, Judit Bokser Liwerant, Sergio DellaPergola, Margalit Bejarano y Leonardo Senkman (compiladores). Iberoamericana, Vervuert, Bonilla Artigas, México D.F.

Erll, Astrid y Rigney, Ann (2006) "Literature and the production of cultural memory: Introduction". *European Journal of English Studies*, 10-2: 111-115.

Escudé, Carlos (1992) "Los obstáculos culturales para el desarrollo democrático en la Argentina: la generación de una cultura autoritaria a través de los contenidos de la educación durante el siglo XX". *Índice*, segunda época, N° 5.

Eurasquin, Estela (2012) "Los inmigrantes en el cine argentino. Panorama general y estudio de un caso actual: *Un cuento chino*, 2011". *Amérique Latine Histoire et Mémoire. Les Cahiers ALHIM*, 23-2012, http://alhim.revues.org/index4264.html.

Farías, Ruy (2011) "Aspectos de la identidad gallega en Buenos Aires (1900-1960)". *Madrygal*, Madrid, N° 14: 59-69.

Fidel, Cynthia y Kacowicz, Débora (2011) "Archivos como espacios de conocimiento, memoria y derechos", ponencia presentada en el IV Seminario Internacional Políticas de la Memoria, "Ampliación del campo de los derechos humanos. Memoria y perspectivas", Buenos Aires.

Fischman, Fernando (2008) "En la conversación fluía. Arte verbal, consideraciones Emic y procesos conmemorativos judíos argentinos", en *Runa* N° 29.

(2013) "Tradiciones étnicas en performance en el espacio público: fiestas judías en la calle", presentado en el marco de los Proyectos PIP-CONICET 112 201001 00006 "Análisis del proceso de reconfiguración de identidades de grupos de origen inmigratorio por medio del estudio de sus performances públicas. Judíos y coreanos en la sociedad argentina actual" de la programación 2011-13 dirigido por Fischman.

Flier, Patricia (2011) *Historia y memoria de la colonización judía agraria en Entre Ríos. La experiencia de Colonia Clara*, 1890-1950. Tesis doctoral inédita.

(2012) "Volver a Colonia Clara. Historia y memoria de la colonización judía agraria en Argentina, 1892-1950". *Cuadernos Judaicos* Nº 29, diciembre de 2012.

Friedmann, Germán (2011) "Las identidades judeoalemanas. Alemanes antinazis y judíos de habla alemana en Buenos Aires durante la Segunda Guerra Mundial", en *Marginados y consagrados: nuevos estudios sobre la vida judía en la argentina*, Emmanuel Kahan, Laura Schenquer, Damian Setton y Alejandro Dujovne (compiladores). Lumiere, Buenos Aires.

García Canclini, Néstor (1999) "Los usos sociales del Patrimonio Cultural". En Encarnación Aguilar (editora), *Patrimonio Etnológico. Nuevas perspectivas de estudio*, Consejería de Cultura de la Junta de Andalucía, Granada, 16-33.

(2007) "La construcción de identidades en la interculturalidad global", en *Construcción de identidades en sociedades pluralistas*, Dreher, Figueroa, Navarro, Sautu y Soeffner (compiladores). Lumiere, Buenos Aires.

García, José Luis (1998) "De la cultura como patrimonio al patrimonio cultural". *Política y Sociedad*, 27, Universidad Complutense de Madrid, Madrid, 9-20.

Goldstein, Yossi (2006) "El Judaísmo argentino de fin de siglo XX: del olvido a la recuperación de la memoria colectiva", en *Memoria y representación: configuraciones culturales y literarias en el imaginario judío latinoamericano*, Alejandro Meter y Ariana Huberman (compiladores). Beatriz Viterbo Editora, Rosario.

Gorelik, Adrián (2011) "La memoria material: ciudad e historia". *Boletín del Instituto de Historia Argentina y Americana Dr. Emilio Ravignani* N° 33, Buenos Aires.

(2012) "Dilemas del monumento (o cómo es posible recordar en la ciudad)". *Compromiso por la diversidad y la lucha contra el antisemitismo*, DAIA Año 4, Número 25, Agosto 2012.

Guber, Rosana (1984) "La construcción de la identidad étnica: integración y diferenciación de los inmigrantes judíos ashkenazim en la Argentina", en *Antropología Argentina*. Belgrano, Buenos Aires.

Guillén, Cristina (2008) "Los rituales escolares en la escuela pública polimodal argentina". *Avá* N°12.

Gurevich, Beatriz (2005) "Passion, Politics and Identity: Jewish Women in the Wake of the AMIA Bombing in Argentina", artículo publicado por el Advisor to the Secretary of Human Rights, Ministry of Foreign Affairs, International Commerce and Culture, Argentina.

Gurwitz, Beatrice (2011) "La creación de un judaísmo politizado. Mundo Israelita, identidades colectivas y una propuesta política judeo-argentina", en *Marginados y consagrados: nuevos estudios sobre la vida judía en la argentina*, Emmanuel Kahan, Laura Schenquer, Damian Setton y Alejandro Dujovne (compiladores). Lumiere, Buenos Aires.

Hall, Stuart (1996) "Introducción: ¿Quién necesita 'identidad'?", en *Cuestiones de identidad cultural*, Stuart Hall y Paul du Gay (compiladores). Amorrortu editores, Buenos Aires-Madrid.

Horowitz, Irving Louis (1962) "The Jewish Community of Buenos Aires". *Jewish Social Studies*, Vol. 24, No. 4: 195-222.

Hussar, James A. (2008) "Cycling Through the Pampas: Fictionalized Accounts of Jewish Agricultural Colonization in Argentina and Brazil", tesis doctoral, University of Notre Dame.

(2011) "Los gauchos judíos de Alberto Gerchunoff en su Centenario". *The Free Library*, revista electrónica, N°1, septiembre.

Issaev, Bohor (1954) "La obra del Barón de Hirsch en la Argentina y el pensamiento de Herzl". *Jerusalem* Nº 7.

Jelin, Elizabeth (2004) "Fechas de la memoria social. Las conmemoraciones en perspectiva comparada". *ÍCONOS* N° 18: 141-151, Flacso-Ecuador, Quito.

Jonpoll, Bernard (1995) "Why they left: russian-jewish mass migration and repressive laws, 1881-1917". *American Jewish Archives* N°47, 1: 17-54.

Kahan, Emmanuel (2006), "Sionistas vs. progresistas; una discusión registrada en las páginas de Nueva Sión en torno de la cuestión israelí y la experiencia fascista durante el affaire Eichmann, 1960-1962". *Cuestiones de Sociología* Nº 3: 298-314.

Katz, Jacob (1975) "La emancipación y los estudios judaicos". *Dispersión y Unidad* Nº 15. Jerusalén.

Kreichmar, Nahum (1934) "La evolución de las colonias". *Judaica* Nº 18.

Krupnik, Adrián (2011) "Cuando camino al kibutz vieron pasar al Che. Radicalización política y juventud judía: Argentina 1966-1976", en *Marginados y consagrados: nuevos estudios sobre la vida judía en la argentina*, Emmanuel Kahan, Laura Schenquer, Damian Setton y Alejandro Dujovne (compiladores). Lumiere, Buenos Aires.

Lambroza, Shlomo (1987) "Jewish responses to pogroms in late imperial Russia", en *Living with anti-Semitism: Modern jewish responses* Jehuda Reinhartz editor. Brandeis University Press.

Leven, Narcisse (1934) "Orígenes de la colonización judía en la Argentina". *Judaica* N° 18. Buenos Aires.

Levin, Yehuda (1997) "Cuatro egresados de Mikveh-Israel en Colonia Clara". *Judaica Latinoamericana III*. Magnes, Jerusalén.

(2005) "Posturas genéricas en las colonias de la Jewish Colonization Association (JCA) en Argentina a comienzos del siglo XX". *Judaica Latinoamericana V*. Magnes, Jerusalén.

(2007) "Labor and land at the start of Jewish settlement in Argentina". *Jewish History*, Vol. 21, N° 3/4: 341-359.

(2009) "Justicia y arbitraje en los albores de la colonización judía en la Argentina (hasta la Primera Guerra Mundial)". *Judaica Latinoamericana VI*. Magnes, Jerusalén.

(2009b) "Bibliotecas y lectores en la aurora de la colonización en la Argentina (hasta fines de la Segunda Guerra Mundial)", ponencia presentada en el marco del XV Congreso Mundial de Estudios Judíos, Universidad Hebrea de Jerusalén, agosto 2-6, 2009.

Lesser, Jeffrey (2001) "Jewish Brazilians or Brazilian Jews? A Reflection on Brazilian Ethnicity". *Shofar: An Interdisciplinary Journal of Jewish Studies* Vol. 19, N° 3: 65-72.

Liacho, Lázaro (1951) "Gerchunoff judío". *Davar* 31-33 SHA, republicado en *Alberto Gerchunoff, judío y argentino. Viaje temático desde "Los gauchos judíos" (1910) hasta sus últimos textos (1950) y visión crítica*, Ricardo Feierstein (compilador), 2001. Milá, Buenos Aires.

Löwe, Heinz-Dietrich (1997) "From charity to social policy: the emergence of jewish self-help organizations in late imperial Russia, 1880-1914". *East European jewish affairs*, vol. 22, N° 2.

(2000) "Poles, jews and tartars: religion, ethnicity and social structure in tsarists nationality policies". *Jewish social studies*, vol. 6, N° 3.

Lotersztein, Salomón (1990) "Cine argentino: participación, temática y contribución judías. Reflexiones", en *Ensayos sobre judaísmo latinoamericano*, Ricardo Feierstein (compilador). Milá, Buenos Aires.

Lvovich, Daniel (2007) "Entre la historia, la memoria y el discurso de la identidad: Perón, la cominidad judía argentina y la cuestión del antisemitismo". *Índice*, año 37, N° 24.

Mendes-Flohr, Paul (2007) "Identidades judías postradicionales", en *Identidades judías, modernidad y globalización*, Paul Mendes-Flohr, Yom Tov Assis, y Leonardo Senkman (compiladores), 2007. Lilmod, Buenos Aires.

Meyer, Michael (1989) "Modernity as a Crisis for the Jews". *Modern Judaism*, Vol. 9, N° 2: 151-164.

Mirelman, Víctor (1984) "The Jewish Community versus Crime: The Case of White Slavery in Buenos Aires". *Jewish Social Studies*, Vol. 46, N° 2: 145-168.

Miguel, Paula (2008) "La tierra prometida en el medio de la pampa". *Apuntes de Investigación* N° 13, Buenos Aires.

Nora, Pierre (1998) "La aventura de *Lieux de mémoire*" en *Memoria e Historia*, J. Cuesta Bustillo. Marcial Pons, Madrid.

(1984) "Entre memoria e historia. La problemática de los lugares", en *Lieux de Mémoire I: La République*. Gallimard, París.

(1998) "The Era of Commemoration", en *Realms of Memory. The Construccion of the French Past*, Nora (director) vol 3. Columbia University Press, New York.

Núñez Seixas, Xosé (2001) "Gaitas y tangos: Las fiestas de los inmigrantes gallegos en Buenos Aires (1890-1930)". *Ayer* N° 43.

Otero, Hernán (2010) "El asociacionismo francés en la Argentina. Una perspectiva secular". *EIAL*, Vol. 21, N° 2.

Pineau, Pablo (2001) "¿Por qué triunfó la escuela?", en *La escuela como máquina de educar. Tres escritos sobre un proyecto de la modernidad*, Inés Dussel, Pablo Pineau y Marcelo Caruso. Paidós, Buenos Aires.

Prats, Llorenç (2005) "Concepto y gestión del patrimonio local". *Cuadernos de Antropología Social* N° 21: 17-35.

Rehrmann, Norbert (2000) "Una aculturación plural indirecta: la herencia sefardita y española en la obra del escritor judío-argentino Alberto Gerchunoff". *Sefarad* 60.2: 397-416.

Rein, Raanan y Lewis Mollie (2008) "Judíos, árabes, sefardíes, sionistas y argentinos: el caso del periódico Israel", en *Árabes y judíos en Iberoamérica. Similitudes, diferencias y tensiones*, Rein (coordinador). Tres Culturas, España.

Rein, Raanan y Lesser, Jeffrey (2007) "Nuevas aproximaciones a los conceptos de etnicidad y diáspora en América Latina: la perspectiva judía". *Estudios sociales* N° 32.

Riegner, Kurt Julio (1990) "Jewish Colonization Association, mito y realidad". *Cuadernos de Judaica*, año 3, N° 3.

Roca, Andrea (2012) "A vida social de um emblema nacional: o caso do sabre do general José de San Martín (1778-1850)". *Mana* vol. 18, N° 1. Rio de Janeiro.

Rocha, Carolina (2010). "Reconstruyendo el pasado a través de imágenes: documentales judíos argentinos". *Nuevo Mundo Mundos Nuevos*, puesto en línea el 14 junio de 2010. URL: http://nuevomundo.revues.org/59923.

Rousso, Henry (1985) "Vichy, le grand fossé". *Vingtième siècle* N° 5.

(1991) "Pour une histoire de la mémoire collective: l'après Vichy" en Peschansky, Pollak y Rousso (editores) *Histoire politique et sciences sociales*. Complexe, París.

Rubel, Yaacov (1972) "Argentina, ¿sí o no? El Eco de la Inmigración Judía a la Argentina en la prensa hebrea de Rusia (1888-1890)". *Comunidades judías de Latinoamérica*, Comité Judío Americano, Buenos Aires.

(2011) "La red educativa judía de la Argentina (1967-2007)", en *Pertenencia y Alteridad: Judíos En/De América Latina: Cuarenta Años de Cambios*, Haim Avni, Judit Bokser Liwerant, Sergio DellaPergola, Margalit Bejarano y Leonardo Senkman (coordinadores). Editorial Iberoamericana Vervuert, México D.F.

(2012) "Cambios en la conformación de la población judía de Moisés Ville. Comparación entre el listado de inmigrantes arribados en el "Weser" en 1889 y los datos del Censo Nacional de 1895", ponencia en "A 120 años de la fundación de las primeras colonias judías en Entre Ríos", Coloquio sobre experiencias de colonización en Argentina, 14, 15 y 16 de agosto de 2012, Buenos Aires.

Sack-Rofman, Nora (2003) "El camino del Sur, 1988. Juan Bautista Stagnaro". *Amérique Latine Histoire et Mémoire. Les Cahiers ALHIM*, 6-2003, URL: http://alhim.revues.org/index746.html. Consultado el 24/3/2013.

Saint Sauveur-Henn, Anne (2011) "Problemas específicos de la integración: los colonos judío-alemanes en la Argentina, 1933-1945". *Estudios Migratorios Latinoamericanos*, año 25, Nº 70.

Salomón, Mónica (1995) "Las escuelas judías de Entre Ríos (1908-1912)". *Todo es historia* Nº 332.

Sartelli, Eduardo (2009) "Filantropía y capital. Las contradicciones del desarrollo agrario en las colonias judías (Argentina, 1900-1920)". *Projeto História*, San Pablo, n° 38: 41-55.

Scarsi, Josés Luis (2007) "Noé Trauman, el anarquista que no fue. Entre las historias fantásticas y la triste realidad". *Todo es Historia* N° 482.

Schenkolewski-Kroll, Silvia (1997) "Isaac Kaplan y la tierra: Argentina, Eretz Israel y el Estado de Israel". *Judaica Latinoamericana* Nº III. Universidad Hebrea de Jerusalén, Jerusalén.

Schenquer, Laura (2011) "Religión, política y 'comunidad' judía: representaciones e imaginarios sociales en el contexto de la dictadura argentina" en *Marginados y consagrados: nuevos estudios sobre la vida judía en la argentina*, Emmanuel Kahan, Laura Schenquer, Damian Setton y Alejandro Dujovne (compiladores). Lumiere, Buenos Aires.

Schwarz, Ernst y Te Velde, Johan C. (1939) "Jewish Agricultural Settlement in Argentina: The ICA Experiment". *The Hispanic American Historical Review*, Vol. 19, N° 2: 185-203.

Senkman, Leonardo (1980) "Gerchunoff y la crisis del liberalismo argentino (1938-1945)". *Coloquio*, año II, Nº 4-5, agosto-diciembre.

(1992) "Etnicidad e inmigración durante el primer peronismo". *EIAL*, Vol. 3, Nº 2.

(1999) "*Los gauchos judíos*: una lectura desde Israel". *EIAL*, Vol. 10, N° 1.

(1990) "Nacionalismo e Inmigración: La Cuestión Étnica en las Elites Liberales e Intelectuales Argentinas, 1919-1940". *EIAL*, Vol. 1, N° 1.

(1995) "Entre Ríos, patria chica de los gauchos judíos", en Tierra de Promesas: cien años de colonización judía en Entre Ríos. Colonia Clara, San Antonio y Lucienville, Susana Chiaramonte, Elena Finvarb, Nora Fistein y Graciela Rotman. Ediciones Nuestra Memoria, Argentina.

(2007) "Ser judío en la Argentina: las transformaciones de la identidad nacional", en *Identidades judías, modernidad y globalización*, Paul Mendes-Floehr, Yom Tov-Assis y Leonardo Senkman (compiladores). Lilmod, Buenos Aires.

Setton, Damián (2012) *Judíos ortodoxos y judíos no afiliados en procesos de interaccion. El caso de Jabad Lubavitch de la Argentina*, tesis doctoral inédita.

Slavsky, Leonor (1993) "Practicas funerarias, creencias e identidad étnica en la Comunidad Judía de Buenos Aires". *Sociedad y Religión* N° 10/11.

Skura, Susana (2007) "A por gauchos in chiripá... Expresiones criollistas en el teatro ídisch argentino (1910-1930)". *Iberoamericana* N° 27: 7-23.

Sneh, Perla (2007) "Alberto Gerchunoff, entre el nombre y el pronombre", prólogo a la edición de *Los gauchos judíos/El hombre que habló en La Sorbona*. Colihue y Biblioteca Nacional, colección Los Raros.

(2010) "Alberto Gerchunoff, una lectura bicentenaria". *Convergencia* N° 40.

Soria, Sofía (2011) "La reinvención de la nación en la Argentina actual: estado, relato nacional y pueblos indígenas". *Nómadas* N° 34: 214-228.

Sosnowski, Saúl (2000) "Fronteras en las letras judías-latinoamericanas". *Revista Iberoamericana*, Vol. LXVI, N° 191: 263-278.
Svarch, Ariel (2012) "Don Jacobo en la Argentina. Battles the *Nacionalistas*: *Crítica*, the Funny Pages, and Jews as a Liberal Discourse (1929-1932)", en *The New Jewish Argentina*, Adriana Brodsky y Raanan Rein (editores). Brill, USA.
Szurmuk, Mónica (2012) "El viaje a Europa de Alberto Gerchunoff", artículo online.
Szajkowski, Zosha (1990) "Los comienzos de la inmigración judía en la Argentina: el rol de la Alliance Israélite Universelle". *Índice* N° 3, segunda época.
Tal, Tzvi (2007). "Migración y memoria: la reconstrucción de la identidad de judíos y palestinos en películas recientes de Chile y Argentina". Simposio "Judíos en el Mundo Iberoamericano: Similitudes, Diferencias y Tensiones sobre el Trasfondo de las Tres Culturas". Universidad de Tel Aviv, 29 de abril-1 de mayo.
(2010). "Terror, etnicidad y la imagen del judío en el cine argentino contemporáneo". *Nuevo Mundo Mundos Nuevos*, puesto en línea el 06 enero 2010. URL: http://nuevomundo.revues.org/58355.
Toker, Eliahú (1992) "Introducción", en *Colonia Mauricio: memorias de un colono judío*, Marcos Alpersohn. Comisión Centenario de la colonización judía en colonia Mauricio, Carlos Casares.
Tolcachier, Fabiana (2009) "De Gerchunoff al monumento del Barón de Hirsch: relatos de una argentinidad estereotipada", en Arte Público y espacio urbano. Relaciones, interacciones, reflexiones. 1er. Seminario Internacional sobre Arte Público en Latinoamérica, organizado por Teresa Espantoso Rodríguez y Carolina Vanegas Carrasco, Grupo de Estudios sobre Arte

Público en Latinoamérica-Instituto de Teoría del Arte "Julio E. Payró"-Facultad de Filosofía y Letras-UBA. BuenosAires, 11-12-13 de noviembre de 2009. Buenos Aires, Editorial de la Facultad de Filosofía y Letras de la Universidad de Buenos Aires (edición en CD).

(2009b) "Del Barón de Hirsch a la trinchera: Identidades Migratorias y Espacio Urbano", ponencia presentada en las XII Jornadas Interescuelas Departamentos de Historia; 28, 29, 30 y 31 de octubre de 2009, Bariloche.

Tortti, María Cristina (2002) "La nueva izquierda a principios de los '60: socialistas y comunistas en la revista Ché". *Estudios Sociales* N° 22-23.

Toselli, Claudia (2004) "Algunas tendencias del turismo cultural en la Argentina. El patrimonio 'olvidado' como recurso turístico". *Travelturisme*, publicación on line de la Agencia Valenciana de Turismo, España.

Verbitsky, Bernardo (1966) "Premio Alberto Gerchunoff". *Comentario* N° 44. Buenos Aires.

Visacovsky, Nerina (2009) "El tejido icufista: cultura de izquierda judía en Villa Lynch (1937-1968). Judíos, comunistas y educadores", tesis doctoral inédita.

Warszawski, Paúl (1976) "La inmigración judía en América del Sur", ponencia presentada en el Primer coloquio latinoamericano sobre pluralismo cultural, edición del Congreso Judío Latinoamericano.

(1964) "Jewish Agricultural Colonization in Argentina". *Geographical Review*, vol. 54, N° 4.

Yarfitz, Mir (2009) "Caftens, Kurvehs, and Stille Chuppahs: Jewish Sex Workers and their Opponents in Buenos Aires, 1890-1930", ponencia presentada en el Symposium on Jewish Urban History in the Americas: A Comparative Look at Jewish Buenos Aires and Jewish Los Angeles, UCLA Center for Jewish Studies, 8 y 9 de febrero, 2009.

Yerushalmi, Yosef Hayim (1989) "Reflexiones sobre el olvido", en Yerushalmi, Y.; Loraux, N.; Mommsen, H.; Milner, J. C. y Vattimo, G. *Usos del olvido*. Nueva Visión, Buenos Aires.

Zablotsky, Edgardo (2004) "El proyecto del Barón de Hirsch. ¿Éxito o fracaso?". *Análisis* N° 38.

(2004b) "Filantropía no asistencialista. El caso del Barón Maurice de Hirsch". Pulbicación online, Universidad del CEMA.

Zadoff, Efraín (1988) "La educación general y judía en las colonias agrícolas judías en la Argentina y Eretz Israel a fines del siglo XIX". *Coloquio* N° 19.

Este libro se terminó de imprimir en marzo de 2017 en Imprenta Dorrego (Dorrego 1102, CABA).